——— 프루스트는 신경과학자였다 ———

● **PHOTO CREDITS**

page 27, Courtesy of the Oscar Lion Collection, Rare Books Division, The New York Public Library, Astor, Lenox and Tilden Foundations; page 52, Courtesy of the Henry W. and Albert A. Berg Collection of English and American Literature, The New York Public Library, Astor, Lenox and Tilden Foundations; page 66, Courtesy of Image Select/Art Resource, New York; page 143, Courtesy Erich Lessing/Art Resource, New York; page 158, Courtesy of Christie's Images; page 185, Courtesy of Musée d'Orsay/Erich Lessing/Art Resource, New York; page 204, Courtesy of Galerie Beyeler/Bridgeman-Giraudon/Art Resource, New York; page 218, Courtesy Leopold Stokowski Collection of Conducting Scores, Rare Book & Manuscript Library, University of Pennsylvania; page 261, Courtesy of the Metropolitan Museum of Art(47.106); page 296, Courtesy of the New York Public Library/Art Resource, New York; page 302, Courtesy British Library/HIP/Art Resource, New York

프루스트는 신경과학자였다

조나 레러 지음 | 최애리 · 안시열 옮김

PROUST
Was a
NEUROSCIENTIST

여덟 명의 작가와 화가, 작곡가, 요리사가 발견한 인간 두뇌의 비밀

지호

▶ **일러두기**

1. 이 책은 Jonah Lehrer, *Proust was a Neuroscientist*(Houghton Mifflin Company, 2007)를 우리말로
   옮긴 것이다.
2. 본문 내의 각주는 ◈로 표시하였으며, 원주와 별도로 옮긴이의 주일 경우 (옮긴이)라고 표시하였다. 그리고
   본문에 번호를 붙여 표시한 것은 인용 출처를 밝힌 후주로서 권말에 장별로 따로 정리하였다.
3. 책, 잡지, 장편소설 등은 『 』, 시, 단편소설, 논문, 강의록 등은 「 」, 그리고 그림, 음악작품, 영화, 신문 등
   은 〈 〉로 구분하였다.
4. 각 장의 첫머리에 있는 예술가들의 약력은 독자의 이해를 돕기 위해 옮긴이가 요약, 정리한 것이다.

새러와 아리엘라에게

현실은 가장 존엄한 상상력의 산물이다.

−월리스 스티븐스

과학은 인성이 사상事象의 조건이 될 수 있다는 것을 철저히 부인한다.

우리 세계가 근본적이고 가장 깊은 본성에서 엄밀히 비인격적인 세계라는 이 믿음은,

세월이 흐른 후에는, 우리가 자랑삼던 과학에서 우리 후손들이 가장 놀라워할 결함이 될지도 모른다.

그들이 보기에는 그처럼 인성을 무시하는 것이야말로 우리의 과학이 원근감이 없고

얕아 보이는 가장 큰 요인일 터이다.

−윌리엄 제임스

서론

나는 신경과학 실험실에서 일하고 있었다. 우리는 인간의 마음이 어떻게 기억을 하는지, 일련의 세포들이 어떻게 우리의 과거를 캡슐에 싸듯 간직하는지 알아내려는 중이었다. 나는 그저 실험실 기술자일 뿐이었고, 실험실 과학 특유의 동사들—증폭하기amplifying, 와동시키기vortexing, 피펫으로 옮기기pipetting, 염기서열 결정하기sequencing, 침지沈漬하기digesting 등—을 행동에 옮기는 데 하루 온종일을 바치곤 했다. 일 자체는 손쉬운 수작업이었지만, 작업의 의미는 심오하다고 느껴졌다. 인간이라는 신비가 사소한 질문들로 증류되었고, 내 실험이 실패하지만 않는다면 결국은 해답을 얻게 되어 있었다. 진리는 천천히 축적되는 것으로 보였다. 마치 먼지가 쌓이는 것처럼.

그러면서 나는 프루스트를 읽기 시작했다. 종종 『스완네 집 쪽으로』를 들고 실험실에 가서, 실험 결과가 나오기를 기다리는 동안 몇 페이지씩 읽곤 했다. 내가 프루스트에게서 기대하는 것은 그저 약간의 기분전환이었고, 기껏해야 문장을 구축하는 기술을 좀 더 배워보려는 것뿐이었다. 한 남자의 기억에 관한 이야기가 내게는 그저 이야기일 뿐이었다. 그것은 허구요 과학적 사실의 정반대였다.

그러나 일단 이런 형식적 차이—내 과학은 약어略語들로 말하는 반면, 프루스트는 우회적인 산문을 선호했다—를 극복하고 나자 놀라운 일치점이 보이기 시작했다. 이 소설가는 내 실험들을 이미 예고하고 있었다. 프루스트와 신경과학은 우리의 기억이 어떻게 작용하는가에 대한 시각을 공유하고 있었다. 만일 주의 깊게 귀를 기울이기만 한다면, 그 두 가지는 사실상 같은 내용을 말하는 것이었다.

이 책은 신경과학의 발견들을 예견한 예술가들에 관한 것이다. 이 작가, 화가, 작곡가들은 인간의 마음에 대한 진실들을 발견했고, 과학은 그것들을 이제야 재발견하고 있다. 예술가들의 상상력이 미래의 사실들을 예언한 셈이다.

물론 이것은 통상적으로 알려진 지식의 진보 방식과는 다르다. 통상적으로는, 예술가는 그럴싸한 이야기를 지어내는 반면, 과학자는 우주를 객관적으로 묘사한다고 여겨진다. 우리는 난해한 과학 논문이야말로 현실을 완벽하게 반영하는 것이라고 상상하고, 언젠가는 과학이 모든 것을 해결하리라고 기대한다.

이 책에서 나는 그와는 좀 다른 이야기를 하려 한다. 이 예술가들은 현대 과학의 탄생을 지켜본 증인들이었지만—휘트먼과 엘리엇은 다윈의 진화론을 심사숙고했고, 프루스트와 울프는 아인슈타인을 숭배했다—그래도 여전히 예술의 필요성을 믿어 의심치 않았다. 과학자들이 우리의 생각을 해부학적인 부분들로 나누기 시작하던 때, 이 예술가들은 의식을 내부로부터 이해하기를 원했다. 그들은 우리의 진실이 우리와 더불어, 현실이 어떻게 **느껴지는가**와 더불어 시작해야 한다고 말했다.

이 예술가들은 각기 독특한 방법을 지니고 있었다. 마르셀 프루스트는 온종일 침대에 누워 지난날을 되씹었다. 폴 세잔은 사과 한 알을 몇 시간씩 뚫어져라 바라보았다. 오귀스트 에스코피에는 고객들의 입맛을 만족시키느라 최선을 다했다. 그런가 하면, 이고르 스트라빈스키는 청중을 즐겁게 하지 **않기** 위해 애썼다. 거트루드 스타인은 단어들을 가지고 놀기를 즐겼다. 그러나 이런 기술적 차이들에도 불구하고, 이 예술가들은 모두가 인간의 경험에 대한 지속적인 관심을 공유하고 있었다. 그들의 창조는 탐험 행위였고, 자기들이 이해하지 못하는 신비와 씨름하는 방식이었다.

이 예술가들은 불안의 시대를 살았다. 19세기 중엽에는 이미 기술이 낭만주의를 몰아낸 터였고, 인간 본성의 본질에 대한 의문이 제기되고 있었다. 과학의 낙심스러운 발견들 덕분에 불멸의 영혼은 죽었다. 인간은 원숭이이지 타락한 천사가 아니었다. 새로운 종류의 표현을 찾으려 노심초사하던 예술가들은 새로운 방법을 생각해냈으니, 거울을 들여다보는 것이었다.(랄프 왈도 에머슨이 선언했듯이, "마음은 그 자신을 알게 되었다".) 이런 내부로의 전환이 섬세한 자의식의 예술을 창조했으니, 그 주제는 우리의 심리였다.

현대 예술의 탄생은 혼란스러웠다. 대중은 자유시나 추상화, 줄거리 없는 소설 같은 것에 익숙지 않았다. 예술은 아름답거나 즐겁거나, 또는 그 둘 다일 것으로 기대되었다. 예술은 우리에게 세상에 대한 이야기를 들려주고, 마땅히 그래야 하는 바의, 또는 그럴 수 있는 바의 삶을 보여주어야 했다. 현실은 가혹했고, 예술은 우리의 도피처였다. 그러나 현대 예술가들은 우리가 원하는 것을 주려 하지 않았다. 야심만만한 기세로, 그들은 진실을 말하는 허구들을 발명하려 했다. 그들의 예술은 어려웠지만, 그들은 투명성을 지향했다. 작품의 형태와 균열 속에서 그들은 우리가 우리 자신을 보게 되기를 원했다.

이 책에 등장하는 여덟 명의 예술가들만이 인간의 마음을 이해하려 했던 것은 물론 아니다. 내가 그들을 고른 것은 그들의 예술이 가장 정확한 것으로 드러났기 때문이다. 다시 말해 그들이 우리의 과학을 가장 분명히 예고했기 때문이다. 그러나 이 예술가들의 독창성은 수많은 다른 사상가들의 영향을 받았다. 휘트먼은 에머슨에게서 영감을 얻었으며, 프루스트는 베르그송에 심취했고, 세잔은 피사로를 연구했으며, 울프는 조이스 덕분에 대담해졌다. 나는 그들의 창조적 과정이 어떤 지적 분위기에서 형성되었는지, 그들의 예술이 어떤 주변 인물들과 사상들에서 배태되었는지를 살펴보고자 했다.

이 모든 예술가들에게 가장 중요한 영향을 미친—그리고 그들 모두가 유일하게 공유한—한 가지 요인은 당대의 과학이었다. C. P. 스노가 두 문화의 분리에 대해 애도를 표하기 훨씬 이전에, 휘트먼은 뇌 해부 교과서를 연구하고 섬뜩한 외과수술을 지켜보았으며, 조지 엘리엇은 다윈과 제임스 클라크 맥스웰의 책을 읽었다. 스타인은 윌리엄 제임스의 실험실에서 심리학 실험을 했고, 울프는 정신병의 생물학에 대해 배웠다. 그들의 예술은 과학에 대한 관계를 고려하지 않고는 이해되지 않는다.

과학을 공부하기에는 신나는 시절이었을 것이다. 20세기 초에는 계몽주의의 오랜 꿈이 곧 이루어질 것만 같았다. 과학자들의 눈길이 닿는 곳마다 신비는 물러나는 성싶었다. 생명이란 화학일 뿐이며, 화학은 물리학일 뿐이었다. 온 우주가 진동하는 분자들의 덩어리에 불과했다. 대개의 경우, 이 새로운 지식은 방법의 승리를 의미했으니, 과학자들은 환원주의를 발견했고 그것을 현실에 성공적으로 적용하고 있었다. 플라톤의 은유를 빌리자면, 환원주의자들은 "훌륭한 백정처럼 자연의 마디를 자르는 것"을 목표로 한다. 전체는 현실을 해부함으로써, 부스러질 만큼 잘게 쪼갬으로써 비로소 이해될 수 있다. 우리는 부분이요 약호이며 원자들에 불과하다.

그러나 이 예술가들은 과학의 사실들을 그럴싸한 새로운 형태로 옮기기만 한 것이 아니었다. 그랬더라면 너무 쉬웠을 것이다. 그들은 자신의 경험을 탐구함으로써 어떤 실험도 보여줄 수 없는 것을 표현했다. 그 후로도 새로운 과학 이론들이 나타났다가 사라졌지만, 그들의 예술은 그 예지와 반향을 언제까지나 간직할 것이다.

우리는 이제 프루스트가 기억에 대해 말한 것이 옳았음을 안다. 세잔은 시각피질에 대해 신기할 만큼 정확했으며, 스타인은 촘스키를 예고했고, 울프는 자의식의 신비를 꿰뚫어보았다. 현대 신경과학은 이들의 예술적 직관을 확증해주었다. 이 책의 각 장章에서 나는 과학적 과정에 대해, 과학자들이 그들의 데이터를 엄밀한 새로운 가설들로 증류해가는 과정에 대해 조금이나마 소개하고 싶었다. 모든 탁월한 실험은, 위대한 예술작품과 마찬가지로, 상상력의 작용과 더불어 시작된다.

불행히도 오늘날의 문화는 아주 편협하게 정의된 진리를 신봉하고 있다. 측량되거나 계산되지 못한 것은 진리가 아니라는 식이다. 이런 엄밀한 과학적 접근이 워낙 많은 것을 설명해왔으므로, 우리는 그것이 모든 것을 설명할 수 있을 것처럼 생각한다. 그러나 모든 방법은, 실험적 방법까지도, 한계가 있다. 인간의 마음을 예로 들어보자. 과학자들은 우리의 뇌를 물리적으로 자세하게 묘사한다. 그들은 우리가 전기적 세포들과 시냅스 공간들의 고리일 뿐이라고 말한다. 하지만 과학은 우리가 세계를 그런 식으로 경험하지 않는다는 사실을 간과하고 있다.(우리는 기계가 아니라 영혼처럼 느낀다.) 아이러니컬한 것은, 우리가 실제로 경험하는 현실이야말로 과학이 환원적으로 설명할 수 없는 유일한 현실이라는 사실이다. 그 때문에 우리는 예술을 필요로 하는 것이다. 우리의 실제 경험을 표현함으로써 예술가는 우리에게 과학의 불완전함을, 제아무리 물질을 규명한다 해도 우리 의식의 비물질성을 설명할 수는 없다는 사실을 상기시켜준다.

이 책의 교훈은 우리가 예술과 과학을 모두 필요로 한다는 것이다. 우리는 꿈의 바탕이 되는 질료이지만, 그러면서도 또한 질료이다. 우리는 뇌의 신비가 언제까지나 신비로 남으리라는 사실을 알 만큼은 뇌에 대해 안다. 마치 예술작품이 그렇듯이, 우리는 우리를 이루는 질료 이상이다. 과학은 채 석명할 수 없는 신비 때문에 예술을 필요로 하지만, 예술은 모든 것이 신비가 아니기 때문에 과학을 필요로 한다. 어느 쪽의 진실도 그 하나만으로는 우리의 해결책이 될 수 없다. 우리의 현실은 다중적이기 때문이다.

나는 이런 예술적 발견의 이야기들을 통해, 인간의 뇌에 대한 어떤 묘사도 예술과 과학 모두를 필요로 한다는 사실을 보여주고자 한다. 과학의 환원주의적 방법들은 우리 경험에 대한 예술적 탐구와 제휴해야 한다. 이 책에서 나는 예술과 과학 사이의 그런 대화를 다시금 음미해보고자 한다. 예술의 시각에서 과학을 보고, 과학의 견지에서 예술을 해석하고자 한다. 실험과 시는 서로 보완한다. 그럴 때 비로소 인간의 마음은 온전해진다.

01

월트 휘트먼 : 감정의 질료

> **월터 휘트먼 Walt Whitman, 1819~1892__** 미국의 시인. 목수의 아들로 태어나 초등학교를 중퇴하고 여러 직업을 전전하며 독학으로 교양을 쌓은 후, 1830년 무렵부터 저널리스트로 활동했다. 1855년 시집 『풀잎』을 자비 출판했는데, 이것은 전통적 운율을 무시하고 일상 언어와 자유로운 리듬을 구사한 것으로서, R. W. 에머슨의 추천 외에는 많은 비난을 받았다. 그러나 휘트먼은 계속적으로 강한 자아의식, 평등주의, 민주주의, 동포애 등을 대담하게 노래하여 미국 시에 새로운 전통을 수립했다. 1862년 겨울, 남북전쟁에 종군 중이던 동생의 부상을 계기로 이후 1년 이상 워싱턴의 병원에서 부상병을 간호하기도 했다. 고통과 죽음을 견디는 젊은 병사들의 모습을 직접 목격한 이때의 경험은 그의 마음속에 미국의 미래에 대한 희망을 불러일으켰다. 1865년, 남북전쟁을 소재로 한 72페이지의 작은 시집 『북소리』를 출판했으며, 이 시들을 1867년판 『풀잎』에 수록한 것을 비롯하여 세상을 떠나기까지 『풀잎』을 개정, 보완하기를 계속했다. 1888년 앓고 있던 중풍이 재발한 후, 1892년 폐렴으로 세상을 떠났다.

시인은 자기 몸의 역사를 쓴다.

—헨리 데이비드 소로

월트 휘트먼에게 미국의 남북전쟁(1862~1865)은 사람의 몸에 관한 것이었다. 남부 연합의 범죄는 흑인들을 단순한 살덩어리 이상으로 취급하지 않고 고기 조각처럼 사고판 것이라고 그는 믿었다. 그가 뉴올리언스의 노예 경매 시장에서 처음으로 깨달은 것은 사람의 몸과 마음을 따로 나눌 수 없다는 사실이었다. 몸을 채찍질하는 것은 영혼을 채찍질하는 것이다.

이것이 휘트먼 시의 중심 사상이다. 우리는 몸을 **가진** 것이 아니며, 우리가 곧 몸**이다**. 우리의 감정은 비물질적으로 느껴지지만, 사실은 육신에서 시작되는 것이다. 휘트먼은 자신의 유일한 시집 『풀잎』의 도입부에서 "기도보다 고상한 내 겨드랑 향내"인 자신의 영을 살가죽에 불어넣는다.

누군가 영혼을 보여 달라 했던가?

보아라, 네 자신의 모양과 생김새를……

보라, 몸은 의미를 담고 있으며 의미이다

주된 관심을, 영혼을 담고 있으며 영혼이다[1]

　이렇듯 몸과 영혼이 하나라는 것은 혁명적인 생각이었고, 그가 채택한 자유시 형식만큼이나 급진적인 개념이었다. 당시 과학자들은 우리의 감정이 뇌에서 나오며, 몸은 생기 없는 물질의 덩어리일 뿐이라고 믿었다. 그러나 휘트먼은 우리의 마음이 몸에 달려 있다고 보았다. 그래서 그는 우리의 '완전한 형태'에 대한 시를 쓰기로 결심했다.

　휘트먼의 시가 긴박감으로 넘치는 것은 그 때문이다. '땀으로부터 아름다움'을, 기름덩어리와 살가죽으로부터 형이상학적인 영혼을 짜내고자 했기 때문이다. 휘트먼은 수 세기째 철학자들이 해왔듯이 세상을 이분법으로 나누지 않았고, 모든 것이 다른 모든 것과 이어져 있다고 믿었다. 휘트먼이 보기에, 육체와 영혼, 범속함과 심오함은 서로 이름만 다를 뿐 같은 것이었다. 보스턴의 유명한 초절주의자 랠프 월도 에머슨이 공언했듯이, "휘트먼은 『바가바드기타』와 〈뉴욕 헤럴드〉의 탁월한 혼합"이었다.

　육신으로부터 감정이 나온다는 휘트먼의 이론은 자기 자신을 탐구한 결과이다. 『풀잎』에서 휘트먼이 의도한 것은 오직 "한 **개인**, 한 인간 존재(19세기 후반 미국에 살고 있는 나 자신)를 자유롭게, 완전하게, 그리고 진실하게 기록"[2]하는 것이었다. 그래서 시인은 스스로 경험주의자가 되어, 경험을 시로 읊었다. 휘트먼은 『풀잎』의 서문에 이렇게 썼다. "너는 내 곁에 서서 나와 함께 거울을 들여다보라."

휘트먼이 영혼과 육체가 서로 구별할 수 없을 정도로 '배어들어' 있음을 발견한 것은 그런 방법을 통해서였다. 그는 육신을 이방인처럼 취급하지 않는 시를 쓴 최초의 시인이 되었다. 그러기는커녕, 휘트먼의 율격 없는 시에서, 육체의 풍경은 시적 영감의 원천이 되었다. 그가 쓴 모든 시행은 오장육부의 충동들로, 그리고 그 지혜로운 욕망들과 말로 표현되지 않는 연민으로 신음한다. 아무것도 부끄러워하지 않으므로, 그는 아무것도 배제하지 않는다. 휘트먼은 독자에게 약속한다. "네 육신 자체가 위대한 시가 되게 하리라."[3]

오늘날의 신경과학은 휘트먼의 시가 진실을 말했음을 안다. 우리의 감정이 육신에서 생겨난다는 진실 말이다. 우리의 감정은 덧없어 보이지만, 사실은 근육의 움직임과 장기들의 꿈틀거림에 바탕을 두고 있다. 나아가 이런 물질적 감정들은 사고 과정의 근본 핵심요소이다. 신경과학자 안토니오 다마시오가 말했듯이, "마음은 몸에 들어 있지…… 그저 뇌에만 들어 있는 것이 아니다".[4]

그러나 당시에는 휘트먼의 생각이 음탕하고 대담한 것으로만 보였다. 그의 시는 '외설스러운 언설'이라고 비난당했고, 미풍양속을 염려하는 시민들은 문제의 시집에 대한 검열을 요구했다. 휘트먼은 이런 논란을 즐겼다. 그에게는 새침 떠는 빅토리아 식 도덕규범을 해체하는 것이나 과학적 사실로 알려진 것들을 뒤엎는 것만큼 유쾌한 일도 없었다.

뇌를 육체와 별개로 보는 관점은 르네 데카르트에게서 시작되었다. 17세기의 가장 영향력 있는 철학자였던 그는 우리의 존재를 확연하게 구별되는 두 가지 실체로 나누었다. 즉 거룩한 영혼과 죽으면 없어질 육신이라는 껍질이 그것이었다. 영혼은 이성과 과학과 모든 멋진 것의 원천이었다. 반면 육체는 '시계 같은' 기계에 불과했다. 유일한 차이는, 인간이라는 기계는 피를 흘린다는 것뿐이었다. 이렇듯 인간 존재를 분열시킨 뒤, 데카르트는 육신을 뇌에 종속적인 것으로, 뇌라는 전구에 불을 밝히기 위한 발전소로 격하시켰다.

휘트먼이 살던 시대에는 뇌를 숭배하고 몸을 천시하는 데카르트적 바람이 골상학이라는 새로운 '과학'을 불러일으켰다. 골상학은 19세기 초 프란츠 요제프 갈이 창시한 것으로, 골상학자들은 두개골의 형태, 즉 그 이상하게 들어가고 나온 모양이 그 안에 들어 있는 정신을 정확하게 반영한다고 믿었다. 이 유사과학자들은 두개골의 울퉁불퉁한 부분들을 측정함으로써, 즉 뇌의 어떤 부분이 자주 사용하여 부풀어 올랐으며 어떤 부분이 사용하지 않아 쭈그러들었는지를 알아봄으로써 피실험자의 성격을 측정할 수 있으리라고 기대했다. 두개골이라는 포장재가 우리의 내면을 반영하며, 몸의 다른 부분은 중요치 않다는 것이었다.

19세기 중반에는 골상학이 내건 약속이 거의 실현되는 성싶었다. 골상학 이론을 뒷받침하기 위해, 기술적 도해로 빽빽이 채워진 무수히 많은 의학 논문들이 쏟아져 나왔다. 두개골 치수가 끝도 없이 측정되었다. 27가지 서로 다른 성격 특질이 발견되었다. 정신에 대한 이 최초의 과학적 이론이 결정적인 이론이 될 듯했다.

그러나 측정이란 늘 불완전하기 마련이며, 원인이란 수월하게 꾸며낼 수 있다. 과학자들이 진지하고 성실한 태도로 축적한 골상학의 증거란 사실상 우연한 관찰의 집적에 불과했다.(뇌는 매우 복잡한 신체기관이므로, 뇌의 열구裂溝는 온갖 공상적인 가설들의 근거가 될 수 있었다. 적어도 더 나은 가설이 나올 때까지는 그랬다.) 예컨대 갈은 '관념성'의 특징이 '전두골 관자선'에 위치한다고 주장하면서, 호메로스의 흉상을 근거로 들었다. 그 흉상은 전두골 관자선이 부풀어 있다는 것이었다. 근거가 하나 더 있었다. 시인들은 시를 쓸 때 머리의 관자선을 만지는 경향이 있다는 것이었다. 이런 것이 그의 과학적 데이터였다.

물론 골상학은 현대적 감수성을 지닌 우리가 보기에 한심하게 비과학적이며, 그야말로 뇌의 점성술이라 할 만하다. 어떻게 이런 것이 19세기 내내 과학으로 통하면서 사람들을 미혹할 수 있었는지 이해가 가지 않는다.❖ 이 문제에 관해 휘트먼은 소설가이자 의학자인 올리버 웬들 홈스의 말을 인용하곤 했다. "머리의 울퉁불퉁함을 더듬어보고 그 머리에 든 것을 알려고 하는 것은 문고리만 잡아보고 그 집

❖골상학의 최대 약점은 예측에 빗나가는 데이터를 소화하는 능력이 없었다는 것이다. 예를 들어 골상학자들은 데카르트의 두개골을 측정하여 그의 이마가 지극히 좁다는 사실을 발견했는데, 골상학에 따르면 좁은 이마는 '논리적 및 이성적 능력의 부족'을 시사했다. 그러자 골상학자들은 자신들의 가설을 의심하기보다는 데카르트를 조롱하며 "데카르트는 알려진 것만큼 위대한 사상가는 아니었다"고 선언했다.

에 돈이 얼마나 있는지 알아맞히려는 것과 같다."[5] 그러나 지식은 실수라는 쓰레기 더미로부터 나오는 것이다. 연금술에서 화학이 발전했듯이, 골상학의 실패는 과학을 한 차원 높은 길로, 겉껍질이 아니라 뇌 자체에 대한 연구로 이끌었다.

휘트먼은 자기 시대 과학의 열정적인 학생이었고[◈] 골상학과도 복잡한 인연을 맺고 있었다. 그는 골상학 강좌를 처음 듣고서 이런 글을 남겼다. "일찍이 들었던 강좌 중에서 최대의 잘난 척과 우스꽝스러움의 덩어리였다…… 골상학에 진실이 전혀 없다는 말이 아니라, 파울러 씨가 내세우는 것 같은 골상학의 신빙성이란 전혀 터무니없다는 말이다."[6] 그런데 이 파울러 씨가 십여 년 후에는 맨해튼에 있는 파울러 앤 웰스 출판사의 대표가 되어 『풀잎』 초판을 독점 배급하게 되었다. 휘트먼의 시를 출간하겠다고 나서는 다른 출판사가 없었기 때문이다. 그러면서 휘트먼은 골상학에 대한 비판적 시각을 다소 완화한 듯 보이지만(심지어 몸소 골상학 검사를 받기까지 했다[◈◈]), 그럼에도 그의 시는 골상학의 가장 기본적인 전제 자체를 완강히 부인

◈ 휘트먼은 과학 공부를 즐겼지만, 어떤 과학적 발견도 무비판적으로 받아들이지는 않았다. 그의 공책을 보면, 실험의 진실성을 늘 의심해야 함을 스스로 상기시켰던 것을 알 수 있다. "지질학, 역사, 언어 등의 이론들은 끊임없이 변한다. 이 사실을 과학적 인유 및 과학과 유사한 인유들을 마주할 때 기억하라. 지금으로부터 몇 세기가 흐른 후에도 적절할 것만을 받아들이도록 주의하라."

◈◈ 이 점에서 휘트먼은 혼자가 아니었다. 마크 트웨인에서 에드거 앨런 포에 이르기까지 모두 골상학 검사를 받았다. 조지 엘리엇은 골상학자가 머리뼈의 굴곡을 좀 더 정확하게 진단할 수 있도록 머리를 밀기까지 했다.

했다. 데카르트처럼 골상학자들도 마음을 머리에서만 찾으려 했고, 정신을 두개골의 원인들로 환원하기에 급급했다. 휘트먼은 그런 식의 환원이 전적인 오류임을 깨달았다. 몸의 신비를 무시하는 골상학자들은 영혼의 신비도 결코 설명할 도리가 없었다.『풀잎』이 "그 전체성—그 덩어리짐"[7] 안에서만 이해될 수 있듯이, 자신의 존재도 "부분 부분으로 따로 떼어놓고는 결코 이해할 수 없고, 하나의 전체로서는 언제든 이해할 수 있다"고 휘트먼은 믿었다. 휘트먼의 시적 사유의 핵심은 인간이 무엇으로도 환원할 수 없는 온전한 존재라는 것이다. 몸과 영혼은 서로 속에 녹아든다. "어떤 형태로든 존재하다니, 그게 대체 뭔가?"라고 휘트먼은 물은 적이 있다. "내 몸은 그저 딱딱한 겉껍질이 아니다."

에머슨

몸에 대한 휘트먼의 이런 믿음은 초절주의자 랠프 월도 에머슨에게서 크게 영향받은 것이다. 휘트먼이 아직 브루클린에서 고달픈 기자 생활을 하고 있을 때, 에머슨은 자연에 대한 강연을 막 시작한 참이었다. 전통 신앙을 저버린 유니테리언 교파의 설교자였던 에머슨은 머나먼 신에 대한 설교보다는 자기 정신의 신비에 더 관심이 많았다. 그는 조직화된 종교를 싫어했다. 그런 종교는 "이 낮은 땅에 사는 보통 사람들" 가운데서 영혼을 보는 대신 영적인 것을 하늘 위의 어딘가에 두려 하기 때문이었다.

에머슨의 신비주의 없이는 휘트먼의 시를 상상할 수 없다. 휘트먼은 "나는 뭉근히, 뭉근히, 뭉근히 고아지고 있었는데, 에머슨이 나를 끓는점에 이르게 했다"[8]고 말했다. 에머슨으로부터 휘트먼은 자기 경험을 신뢰하는 법을, 심오한 것의 계시를 자기 자신 안에서 찾는 법을 배웠다. 하지만 에머슨의 위대함이 막연함에 있었다면(그가 옹호한 자연은 대문자 N으로 시작하는 자연Nature이었다), 휘트먼의 위대함은 직접성에 있었다. 휘트먼의 모든 시는 그 자신에서, 그 자신의 육체 안에 구현된 자연에서 시작한다.

게다가 휘트먼과 에머슨은 철학적으로는 일맥상통할망정, 실제 용모나 성품에서는 완전 딴판이었다. 에머슨은 광대뼈가 높고 코가 길고 우뚝한 것이 꼭 청교도 목사 같은 인상이었다. 고독을 즐기는 사람이었던 에머슨은 몰아지경에 빠지기 일쑤였다. "나는 예배가 시작되기 전의 조용한 예배당을 좋아한다"[9]고 그는 「자조론 自助論」(1841)에서 고백했다. 일기에서는 '사람'은 좋아하지만 '사람들'은 좋아하지 않는다고 적었다. 사색에 젖고 싶을 때는 혼자서 숲속을 오래 걷곤 했다.

휘트먼은 자신을 "넓은 어깨, 우락부락한 살집, 바쿠스의 눈썹, 사티로스의 수염, 그리고 고약한 악취"[10]로 묘사한다. 그의 종교적 원천은 브루클린의 흙먼지 날리는 거리와 마부, 바다와 뱃사람, 애 딸린 여자들과 남자들이었다. 섬뜩할 정도로 정확한 골상학 검사에 따르면,◈ "인품의 두드러진 특징은 우정, 연민, 고상함, 자기 존중인 것

월트 휘트먼의 동판화 초
상. 1854년 7월. 『풀잎』의
초판에 권두화로 실림.

으로 나타난다. 그리고 성격적 조합 중 눈에 띄는 것으로는 게으름
이라는 취약점, 관능과 식탐의 쾌락을 즐기려는 성향, 남들의 생각
을 전혀 아랑곳하지 않는 동물적 의지의 무모한 발휘 등이 두드러진
다".[11]

　휘트먼은 1842년에 처음으로 에머슨의 강연을 들었다. 에머슨은

⊛ 휘트먼이 골상학에 대한 견해를 조금 긍정적으로 바꾼 까닭 중 하나는 자신의 두개골에
대한 골상학의 평가가 매우 좋았기 때문인 것 같다. 그는 거의 모든 가능한 골상학적 특징
에서 완벽에 가까운 점수를 받았다. 그런데 참으로 이상하게도, '음률'과 '언어'의 점수는
매우 낮았다.

새로 출간한 『수상록』을 홍보하려고 순회강연을 시작한 터였다. 휘트먼은 뉴욕판 『오로라』지에, 에머슨의 강연이 일찍이 들어본 "가장 풍부하고 가장 아름다운 연설 중 하나"[12]라고 썼다. 휘트먼은 특히 에머슨이 새로운 미국 시인, 민주주의에 맞는 시인에게 호소한 데 깊은 감동을 받았다. 에머슨은 이렇게 말했던 것이다. "이 시인은 부분적인 사람들 가운데서 완전한 사람을 표상한다. 그는 사물들을 다시금 전체에 결속시킨다."[13]

그러나 휘트먼은 아직 시인이 될 준비가 되어 있지 않았다. 이후 십 년 동안 그는 계속 뭉근히 고아지기만 했으며, 〈브루클린 이글〉지와 〈프리맨〉지의 기자이자 편집자의 눈으로 뉴욕을 보았다. 그는 범죄, 노예제 폐지론자, 오페라 스타, 신형 풀턴 페리선船 등에 대한 기사를 썼다. 〈프리맨〉이 문을 닫자, 휘트먼은 뉴올리언스로 여행을 떠났고, 그곳에서 경매대 위에 세워져 팔려 나가는 노예들을, "금속 사슬로 칭칭 감겨진 노예들의 몸"을 보았다. 그는 외륜선을 타고 미시시피 강을 거슬러 올라가면서, 서부의 황량함과 함께, "미합중국 자체가 본질적으로 위대한 한 편의 시"라고 느꼈다.

휘트먼이 시를 쓰기 시작한 것은 바로 이 힘든 시절이었다. 실직 기자가 된 후 그는 처음으로 시라는 것을 쓰기 시작해, 싸구려 공책에 4행시와 압운시를 끼적였다. 자기 자신밖에는 시를 들어줄 사람이 없었으므로, 자유롭게 실험할 수 있었다. 다른 모든 시인이 여전히 음절 수를 세고 있던 시대에, 휘트먼의 시행들은 현재분사, 신체부위들, 성애적인 은유들의 어지러운 몽타주가 되어가고 있었다. 그는 엄격한 운율을 벗어던졌다. 자연을 반영하는 시, "너무도 생생하게 살아 있어서 자기 나름의 얼개를 갖는" 생각들을 표현하는 시를 쓰고 싶어서였다. 에머슨이 수년 전에 강조했던 대로, "의심치 말라, 오 시인이여, 끈질기게 견디라. '시는 내 안에 있으며, 나아가리라'고 말하라"[14]였다.

그래서 나라가 서서히 분열되어가던 무렵에, 휘트먼은 새로운 시학을, 설명할 수 없는 이상한 형식을 만들어냈다. 자의식 강한 '언어 창조자' 휘트먼에게는 선배가 없었다. 영어의 역사상 어떤 시인도 휘트먼 같은 독특한 박자[가령 "sheath'd hooded sharp-tooth'd touch(칼집으로 두건 쓴 날카로운 이빨 달린 촉감)"이라든가], 새로운 동사들[unloosing(풀다), preluding(전조가 되다), unreeling(얼레에서 풀어내다) 등], 해부학적 용어들의 나열※ 같은 것을 예고한 바 없었다. 그는 자기 자신이 아닌 다른 어떤 것도 되지 않겠다는 단호한 결의를 보였으며, 음절들은 고초를 겪어야 했다. 그의 나쁜 시조차 완전히 독창적인 방식으로 나쁘다. 휘트먼은 자기 자신밖에는 모방하지 않았기 때문이다.

하지만 그 모든 불가해한 독창성에도 불구하고, 휘트먼의 시는 시

※ 폐 섬유조직, 위 – 주머니, 달콤하고 깨끗한 창자들,
두개골이라는 틀 안의 쭈글쭈글한 뇌,
교감, 심장 판막, 구개 판막, 성애, 모성애……
(The lung sponges, the stomach – sac, the bowels sweet and clean,
The brain in its folds inside the skull frame,
Sympathies, heart – valves, palate valves, sexuality, maternity……)[129]

대의 상처들을 담고 있다. 정치적 연합과 육체적 조화에 대한 열정, 이율배반적인 것들을 하나로 묶는 일, 이런 주제들은 미국이 어쩔 수 없이 남북전쟁으로 말려들어가던 시대 상황에서 출발한다. "내 책과 남북전쟁은 하나"라고 휘트먼은 말한 바 있다. 그의 공책은 그 십 년 간 화해할 수 없었던 것을 합치려 하는, 남과 북, 주인과 노예, 몸과 영혼이라는 대립항들을 하나로 묶으려 하는 시행들 가운데서 비로소 자유시의 형태로 분출한다. 오직 시에서만 휘트먼은 그토록 갈구하던 온전함을 발견할 수 있었다.

> 나는 몸의 시인이며
> 영혼의 시인이다.
> 나는 이 땅의 노예들과 함께 가며 주인들과도 함께 간다.
> 나는 주인들과 노예들의 중간에 서리라.
> 두 편으로 모두 들어가 둘 다 나를 이해하게 하리라.[15]

몇 년을 "게으른 시 짓기"로 보낸 후 마침내 1855년에 시집을 발간했다. 그는 자기 '풀'—인쇄공들이 무가치한 글을 가리키는 은어였다—의 '잎'—페이지를 나타내는 인쇄 은어였다—들을 모았다. 이 풀잎들은 천으로 장정된 95쪽짜리 얄팍한 시집으로 묶였다. 휘트먼은 에머슨에게 자기 책의 초판본을 보냈다. 에머슨은 답장을 보내주었고, 전하는 말에 따르면, 휘트먼은 그해 여름 내내 그 편지를 호주머니에 넣고 브루클린을 쏘다녔다고 한다. 당시 휘트먼은 무명 시인이었고, 에머슨은 유명한 철학자였다. 그 유명한 철학자가 휘트먼에게 쓴 편지는 미국 문학사에서 가장 너그러운 찬사 중 하나이다. 에머슨은 "친애하는 선생께"라는 말로 편지를 시작한다.

나는 '풀잎'이라는 놀라운 선물의 가치를 몰라볼 만큼 눈이 어둡지 않습니다. '풀잎'은 미국이 낳은 가장 특별한 이지와 지혜의 작품입니다. 그것을 읽으면서 나는 매우 행복했습니다. 수공이 지나친 탓인지 기질 속에 점액질이 너무 많은 탓인지 우리 서구의 정신이 비만하고 비열해지는 듯하여, 메마르고 인색해 보이는 시정에 대해 내가 늘 요구해온 것을 '풀잎'은 충족시켜줍니다. 선생의 자유롭고 대담한 발상에 기뻤습니다…… 위대한 경력의 출발점에 서 있는 선생을 경하해 마지않습니다.[16]

휘트먼은 '거장'이 보내온 호평을 그저 흘려 보낼 사람이 결코 아니었으므로, 에머슨의 이 사적인 편지를 〈트리뷴〉지에 보냈다. 그렇게 해서 세상에 공개된 이 편지는 『풀잎』의 재판본에 실렸다. 하지만 1860년 즈음의 에머슨은 아마도 이 시집의 문학적 가치를 인정한 것을 후회했을 터이다. 휘트먼이 『풀잎』에 「아담의 후예들」이라는 에로틱한 연작시를 추가한 것이다. 이 연작에는 「갇혀 신음하는 강으로부터」, 「내가 사랑으로 신음하는 그로다」, 「오, 하이멘! 오, 하이메네!」*가 포함되어 있다. 에머슨은 휘트먼이 시집의 재판을 찍을 때는 이런 에로틱한 시들을 빼버리기를 바랐다. 명백히, 자연의 일부는 여전히 검열을 받아야 했던 시대였던 것이다. 두 사람이 보스턴 커먼 공원을 가로질러 산책하는 동안, 에머슨은 그 점을 분명히 했고, 휘트먼이 자유연애라는 "불운한 이단의 올무에 걸리는 위험"에 처해 있는 것이 아닌가 하는 우려를 표명했다.[17]

휘트먼은 비록 여전히 세상의 인정을 받지 못한 시인이었지만, 단호히 거절했다. 「아담의 후예들」은 반드시 들어가야 한다는 것이었다. 그걸 잘라내는 것은 시집을 거세하는 것과 같을 터이니, 하고 그는 되물었다. "남자가 남성성을 잃고 나면 뭐가 남겠는가?"[18] 휘트먼에게 성은 인간의 온전한 형태를 드러내주는 것이며, 육신의 욕구들이 영혼의 감정으로 변모하는 방식이었다. 훗날 그는 『풀잎』의 최종판(1892) 서문으로 실리게 될 「걸어온 길을 뒤돌아보며」라는 글에서, 에머슨과의 대화를 통해 오히려 자신의 시적 주제들을 명료하게 깨닫게 되었다고 회고했다. 휘트먼은 자신의 시가 "성과 호색과 심지어는 동물성에 대한 공공연한 노래임"을 인정하기는 했지만, 자기 예술이 "〔이런 육체적 비유들을〕 다른 빛과 분위기 속으로 들어올렸다"고

❖ 하이멘(Hymen, 그리스어로는 휘멘)은 '처녀막' 또는 '결혼의 신'을 뜻하며, 하이메네(Hymenee, 휘메나이오스)는 '결혼의 신'이다. 이 짧은 시의 전문은 이렇다. "오, 하이멘! 오, 하이메네!/그대는 왜 그리 내 속을 태우는가?/오, 왜 그리 짧은 순간만 나를 쏘는가?/왜 계속할 수 없는가?/오, 왜 이제 그치는가?/짧은 순간을 넘어 계속하다간 곧 나를 죽이고 말 것이라 그러한가?(O HYMEN! O hymenee! why do you tantalize me thus?/ O why sting me for a swift moment only?/ Why can you not continue? O why do you now cease?/ Is it because if you continued beyond the swift moment you would/ soon certainly kill me?)"(옮긴이)

믿었다. 과학과 종교는 육체를 수치스러운 것으로 바라볼지 모르지만, 시인은 온전함을 사랑하는 자로서, "인간의 육체와 영혼은 끝까지 하나의 전체로 남아야 한다"는 것을 안다. "**그것**이 바로, 보스턴 커먼의 그 늙은 느릅나무들 아래에서 에머슨의 격렬한 논변에 오직 침묵으로써만 답하면서, 내가 내 뇌와 심장의 가장 깊은 곳에서 느낀 것"[19]이었다고 휘트먼은 거듭 강조했다.

이렇듯 휘트먼은 자신의 에로틱한 시들의 가치를 확신하기는 했지만, 그래도 에머슨과의 산책에 기분이 언짢았던 것은 사실이다. 아무도 그의 초기 시를 이해하지 못했단 말인가? 아무도 그 철학을 보지 못했단 말인가? **몸이 곧 영혼이다.** 얼마나 여러 차례 그렇게 썼던가? 그것도 얼마나 다양한 방식으로? 그리고 몸이 영혼이라면, 도대체 왜 몸이 검열을 받아야 한다는 말인가? 「아담의 후예들」의 중심 시인 「짜릿한 몸을 노래하다」에서 썼듯이,

오 나의 몸아! 나는 감히 너의 동류들을 버릴 수 없구나, 남자들의 것이든

여자의 것이든, 너의 부분들의 동류들도 버리지 못하겠구나,

내가 믿기에 너의 동류들은 서고 지기를

영혼의 동류들과 함께 하는데, (그리고 그들이 영혼인데,)

내가 믿기에 너의 동류들은 서고 지기를 나의

시와 함께 하는데, 그리고 그들이 나의 시인데.[20]

그런 까닭에 휘트먼은 에머슨의 요청을 저버리고 「아담의 후예들」을 그대로 실었다. 에머슨이 예견했듯이, 시집은 분노의 함성을 불러일으켰다. 한 비평가는 "「아담의 후예들」의 시를 인용하는 것은 미풍양속에 너무나 저속하여 용인할 수 없는 손상이 될 것이다"라고 말했다. 그러나 휘트먼은 개의치 않았다. 늘 그렇듯이 익명으로 자신의 시집에 대한 평론을 썼다. 그는 알고 있었다. 자신의 시가 살아남으려면 무엇 하나도 감추거나 빠뜨려서는 안 된다는 것을. 솔직해야 하고, 진실해야 한다는 것을.

환각의 팔다리

1862년 겨울, 남북전쟁의 피비린내가 한창 고조될 무렵에, 휘트먼은 프레데릭스버그 전투에서 부상을 당한 동생을 찾으러 버지니아에 갔다. 최전선에는 처음 가보는 것이었다. 전투는 불과 이삼 일 전에 끝난 터였고, 휘트먼은 "값을 매길 수 없이 소중한 피가 전장의 풀밭을 붉게 물들인 곳"[21]을 보았다. 매캐한 화약 냄새가 여전히 공기 중에 남아 있었다. 마침내 휘트먼은 북부 연합군 병원을 찾아냈다. 작은 천막들 곁에 막 흙을 덮은 새 무덤들이 줄지어 있었고, "통桶의 널 조각이나 부러진 판자에" 끼적여 놓은 망자들의 이름이 "땅에 꽂혀 있었다".[22] 어머니에게 쓴 편지에서, 휘트먼은 "병원 앞 나무 아래 무더기로 쌓여 있는, 잘려나간 팔, 발, 다리 등등"[23]을 묘사했다. 몸뚱

이에서 갓 끊어진 팔다리가 이미 썩어 들어가고 있었다.

휘트먼은 프레데릭스버그에서 죽은 자들과 죽어가는 자들을 본 후, 병사들을 돕는 일에 뛰어들었다. 이후 3년 동안 그는 붕대 감는 자로 자원하여 연합군 병원 이곳저곳에서 일했고, 그러면서 "어느 정도 영혼과 육신을 돌보는 자가 되어, 8만에서 10만 명 가량의 병자와 부상자들을" 지켜보았다. 그는 북군과 남군 모두를 간호했다. "나는 이 사람들을 떠날 수 없습니다"라고 휘트먼은 적고 있다. "가끔씩 낯모르는 젊은이가 사력을 다해 내게 매달립니다. 그럴 때면 나는 내가 할 수 있는 모든 일을 합니다." 휘트먼은 병사들의 손을 잡아주고, 레모네이드를 만들어주고, 아이스크림과 속옷과 담배를 사주었다. 때로는 시를 읽어주기까지 했다. 의사들이 상처를 치료하는 동안, 휘트먼은 병사들의 영혼을 보살폈다.

이렇게 병원에서 자원봉사자로 보낸 시절을 휘트먼은 평생 기억했다. 야전일지 형식의 자서전인 『표본적 날들』에서는 "그 3년이란 〔전쟁의〕 세월을 내 인생에서 가장 심오한 교훈으로 여긴다"고 회고했다. 자신이 그토록 유용하다는 느낌, "뿌리까지 속속들이, 아주 몰입한"[24] 느낌을 다시는 느껴보지 못했다고 했다. "사람들은 내게 말하곤 했다. '월트, 자네는 병원에 있는 이 친구들에게 기적을 행하고 있는 거야.' 그게 아니었다. 나는 다만…… 나 자신에게 기적을 행하고 있었다."

늘 그렇듯이 휘트먼은 그 경험을 시로 승화시켰다. 그는 에머슨에게 병원에서 보낸 시간에 대해 쓰고 싶다고 말했다. 왜냐하면 그 날들은 "어떻게인가 내게 새로운 세상을 열어주었고, 더 면밀한 통찰과 새로운 것들을 주었으며, 어느 때보다도 깊은 광맥을 탐색케 해주었기 때문"[25]이었다. 전쟁에 대한 연작시 「북소리」는 휘트먼이 개작을 하지 않은 유일한 연작시인데, 거기서 그는 날마다 병원에서 보았던, 고통당하는 신체부위들을 묘사한다.

> 팔의 그루터기로부터, 절단된 손
> 나는 엉겨 붙은 붕대를 풀고, 딱지를 떼고, 고름과 피를 씻는다.
> 베개 위에는 병사가 목을 굽히고 머리는 옆으로 떨어뜨린 채 까부라져 있다.
> 창백한 얼굴로, 두 눈을 감은 채, 차마 피투성이 그루터기를 보지 못한다.[26]

휘트먼은 그 그루터기를 감히 보았다. 전쟁의 핏물에 전율했다. 야전병원 이곳저곳에서 자원봉사를 하면서 휘트먼은 외과술의 잔혹한 메스를 목도했다. "외과의의 칼날이 스삭거리는 소리, 외과의의 톱날이 이를 가는 소리/ 쌕쌕거리고, 쯧쯧거리고, 핏방울 뚝뚝 떨어지는 소리."[27] 죽어가는 병사들과 아무도 찾아가지 않는 시체들이 내뿜는 악취 가운데서 휘트먼은 우리의 몸이 단순히 몸만은 아니라는 생각으로 위안을 삼았다. 간호사로서 휘트먼은 의사가 만질 수 없는 부분을 치유하고자 애썼다. 그는 의사가 만질 수 없는 그 상처를 우리의 "가장 깊은 상흔"이라고 불렀다.

전쟁이 두 번째 해로 접어들 무렵, 휘트먼이 젖은 붕대로 전투의 상처를 싸는 법을 한창 배우고 있던 무렵에, 야전병원에서 일하는 의사들은 매우 기이한 현상에 주목하기 시작했다. 사지를 절단당한 많은 병사들이 팔과 다리를 계속해서 '느끼는' 것이었다. 환자들은 유령과 함께 사는 것 같다고 말했다. 자신들의 잘려나간 살덩이가 되돌아와 어른대며 그들을 괴롭혔다.

의학은 이런 증상을 무시했다. 팔다리도, 거기 딸린 신경도 이미 사라졌다. 더 잘라낼 것이 없었다. 그러나 병사들의 이상한 이야기를 믿는 의사가 한 명 있었다. 그의 이름은 사일러스 위어 미첼이었다. 그는 필라델피아에 있는 터너스 레인 병원의 '신경과의사'였다. 미첼은 휘트먼의 좋은 친구이기도 했다. 의사와 시인은 그 후로도 오랫동안 편지를 주고받으며, 문학에 대한 사랑과 의학에 관한 이야기들을 나누었다. 사실, 1878년 휘트먼에게 뇌혈관 파열 진단을 내리고 '산의 맑은 공기'를 처방해준 것도 위어 미첼이었다. 그 후 위어 미첼은 시인에게 재정적인 지원까지 하여, 2년이 넘도록 매달 15달러씩 보내주었다.

하여간 남북전쟁 동안 휘트먼이 간호사로 일할 때, 위어 미첼은 이 환각의 팔다리를 이해하고자 애썼다. 게티즈버그 전투 때문에 병원은 사지가 절단된 환자들로 우글거렸다. 위어 미첼은 의학 공책에 '감각 유령sensory ghost'의 다양한 유형들을 기술하기 시작했다. 사지 절단을 사실이 아닌 것처럼 느끼는 환자들이 있는 반면, 어떤 이들은 엄정한 사실로 받아들였고, 고통을 느끼는 자도 있고 고통을 느끼지 못하는 자도 있었다. 사지를 절단당한 병사들 중 몇몇은 잘려나간 팔다리를 차츰 잊게 되었지만, 대다수는 "잃어버린 팔이나 다리가 살아서 붙어 있는 팔다리보다 더 생생하고 확실하고 거북하게 존재하는 느낌"을 고스란히 간직했다.[28] 육체의 환상은 육체 그 자체보다 더 사실적이었다.

위어 미첼은 이 현상을 최초로 문서화한 사람이 자기라고 믿었지만, 사실은 그렇지 않았다. 그보다 12년 전에 허먼 멜빌이 『모비 딕』에서 성질 사나운 선장 에이허브의 감각 유령 현상을 묘사했던 것이다. 즉 에이허브는 한쪽 다리를 잃었으며(흰 고래 모비 딕이 먹어버렸다), 제108장에서 목수를 불러 새 상아 의족을 만들게 한다. 그러면서 목수에게, 자신의 잘려나간 다리가 "보이지 않게, 그리고 감각은 통하지 않지만" 여전히 느껴진다고 말한다.[29] 그의 유령 다리는 마치 그에게 '수수께끼'를 내는 것만 같다. 에이허브는 말한다. "자, 자네의 산 다리를 여기, 내 다리가 있던 곳에 두어보게. 그러면 눈에는 다리가 하나처럼 보이지만, 영혼에는 두 개인 것이지. 그대가 스멀스멀한 삶을 느끼는 그곳, 거기, 바로 거기, 정확히 거기에서 나도 느끼는 걸세. 수수께끼가 아닌가?"

위어 미첼은, 멜빌의 이런 통찰력을 미처 알지 못했으므로, 에이허브의 의학적 상태에 대해 언급하지 않았다. 그는 자신의 신기한 관찰 내용을 두 권의 신경학 교과서로 출간했다. 이런 현상에 대해 특별 보고서를 발간하기까지 했고, 이 보고서를 1864년 미 공중위생국은 다른 군사 병원들에도 배포했다. 그러나 위어 미첼은 의학 보고서의 메마른 임상적 어투로는 다 옮길 수 없는 무엇인가가 있다고 느꼈다. 자기 병원의 병사들이 겪는 경험에는 뭔가 깊은 철학적 함의가 담겨 있다고 믿었다. 요컨대 감각 유령이란 우리의 육신이 영과 뒤얽혀 있다는 휘트먼 시의 산 증거인 셈이었다. 살을 자르면, 영혼도 잘리는 것이다.

그래서 위어 미첼은 익명으로 일인칭 단편소설을 쓰기로 결심했다.[*] 1866년 『애틀랜틱 먼슬리』에 게재된 「조지 데들로의 사례」에서, 위어 미첼은 자신을 치카모가 전투에서 두 팔과 두 다리에 총상을 입은 병사 조지 데들로로 상정한다. 데들로는 고통으로 혼절한다.

깨어나 보니, 어느 야전병원의 막사에 있다. 팔다리는 모두 잘려나가고 없다. 데들로는 스스로를 "쓸모없는 동체, 인간의 모양이라기보다는 마치 이상한 유충 상태"라고 묘사한다. 그러나 팔다리가 잘려나갔는데도, 데들로는 여전히 사지를 **느낀다**. 잘려나간 신체 부분은 유령이 되었지만, 여느 때만큼이나 생생하게 느껴진다. 위어 미첼은 이 현상을 뇌와 연관 지어 설명한다. 즉 뇌와 몸은 서로 긴밀히 연결되어 있으므로, 정신은 "없어진 〔신체〕 부분에 대해서도 여전히 관여하며, 그래서 불완전하게나마, 갖고 있지 않은 것을 갖고 있는 듯한 의식을 간직한다". 나아가 위어 미첼은 뇌가 그 느낌과 정체성에서도 신체에 의존한다고 믿었다. 데들로는 일단 사지를 잃은 후, "두렵게도, 때때로

---

[*] 후에, 위어 미첼은 의학의 길을 완전히 떠나 소설과 시를 쓰는 데 일생을 바친다. 『휴 윈』(1897)은 미국 혁명 당시 한 퀘이커 교도가 겪은 경험에 대한 소설로서 특히 인기가 높았다.

나 자신과 내 실존에 대해 이전보다 덜 의식하게 되었다…… 그리하여 나는 **사람은 뇌 또는 뇌의 일부분이 아니라, 그를 이루는 모든 것이며, 따라서 그 모든 것 중 어느 한 부분이라도 잃게 되면 그 자신의 실존에 대한 감각마저 줄어들 수밖에 없다는 결론에 도달했다**".[30]

또 다른 단편소설에서 위어 미첼은 휘트먼 풍의 생리학을 그려낸다. 영혼이 몸이고 몸이 영혼이므로, 몸의 일부를 잃는 것은 영혼의 일부를 잃는 것이다. 휘트먼이 「나 자신의 노래」에 썼듯이, "하나가 부족하면 둘 다 부족하다". 정신은 물질에서 분리될 수 없다. 왜냐하면 정신과 물질은 겉보기에는 서로 상반되는 것 같지만, 실상은 극도로 얽혀 있기 때문이다. 휘트먼은 『풀잎』의 첫머리에서 자신의 시적 주제를 다음과 같이 기술함으로써 이와 같은 인간의 총체성을 명백히 한다.

> 머리끝에서 발끝까지의 생리학을 나는 노래한다.
> 용모만으로는, 뇌만으로는, 감히 뮤즈에게 값하지 못하리니,
> 나는 말하노라, 완전한 형태가 한결 값지다고.

전쟁 후, 위어 미첼의 임상 관찰은 잊혀졌다. 환각 지체肢體에 대한 물질적 설명이 불가능했기 때문에 의학은 이 현상을 무시해버렸다. 윌리엄 제임스만이 1887년 발표한 논문 「상실 지체에 대한 의식」에서 위어 미첼의 초자연적인 가설을 계속 연구했다.※ 하버드 대학 최초의 심리학 교수였던 제임스는 짧은 설문지를 지체불구자 수백 명

에게 돌렸다. 그 설문지는 "그 부분이 어느 정도로 느껴집니까?", "그 부분이 방금 움직였다고 강렬하게 **상상함으로써** 그 부분이 정말로 움직였다고 느낄 수 있습니까?"[31] 등등 상실된 지체에 대한 여러 가지 질문을 담고 있었다. 조사 결과 제임스가 감각 유령에 대해 알아낸 단 한 가지 사실은 상실된 지체를 경험하는 데는 일반적 유형이 없다는 것이다. 각각의 신체에는 그 나름의 의미가 담겨 있었다. "이 과정에서 불변의 결과는 결코 얻을 수 없다"고 제임스는 썼다. "우리의 정신생활에 관한 모든 경험적 법칙에는 예외가 있으며, 이 예외들은 각기 개별적인 일탈로 취급될 수밖에 없다." 윌리엄 제임스의 동생으로서 소설가였던 헨리 제임스는 이렇게 썼다. "없는 것 속에 실재가 있다." 그 실재란 바로 우리 자신의 실재이다.

감정의 해부학

휘트먼의 육신에 대한 믿음은, 비록 검열의 원인이 되기는 했지만, 당대의 사상에 깊은 영향을 미쳤다. 몸과 영혼을 그토록 에로틱하게 융화시킨 그의 시들은 심리학을 비슷한 발견으로 이끄는 자극제가

※ '감각 유령'은 또 다시 30년이 흘러서야, 그리고 또 한 번의 잔혹한 전쟁을 거친 후에야 재발견되었다. 1917년, 제1차 세계대전에서 불구가 된 병사들을 진찰한 신경학자 J. 바빈스키는 감각 유령을 자기 식으로 기술했고, 허먼 멜빌, 윌리엄 제임스, 위어 미첼에 대해서는 아무런 언급도 하지 않았다.

되었다. 휘트먼의 열광적인 지지자였던 윌리엄 제임스는 휘트먼의 시가 문자 그대로 진실임을 깨달은 최초의 과학자였다. 즉 우리의 육체가 감정의 원천이라는 진실 말이다. 육신은 우리가 느끼는 것의 일부가 아니며, 우리가 느끼는 것 그 자체**였다**. 휘트먼이 예언자적으로 읊었던 대로였다. "보라, 몸은 의미를 담고 있으며 의미이다/주된 관심을, 영혼을 담고 있으며 영혼이다."

평생 제임스는 휘트먼의 시를 소리 내어 읊기를 즐겼으며, "그의 단어들에 배어 있는 열정적이고 신비로운 존재론적인 감정"을 느꼈다.[32] 제임스는 휘트먼이야말로 "우리 시대의 예언자", "통상적인 인간적 구분을 폐지"할 줄 아는 예언자라고 보았다.[33] 제임스에 따르면, 휘트먼은 육체에 대한 시적 탐구를 통해 "일찍이 이 세상에 있었던, 그리고 장차 있을, 모든 흥분과 기쁨과 의미로 짜인 물질인……그런 힘줄"을 발견했다.[34] 휘트먼은 우리가 어떻게 느끼는지를 깨달았던 것이다.

제임스와 휘트먼의 생각이 하나로 모아지는 것은 놀랄 일이 아니다. 따지고 보면, 두 사람은 에머슨이라는 공통의 뿌리를 갖고 있었다. 1842년 에머슨이 순회 강연차 뉴욕에 왔을 때, 그의 강연 「시인」은 기자 월트 휘트먼으로부터 찬사를 받았다. 휘트먼은 "운율로 표현되는 논변meter-making argument"❖에 대한 에머슨의 말을 액면 그대로

❖에머슨은 「시인」이라는 강연에서, 운문을 짓는 솜씨는 일품이지만 시적 내용argument은 형편없는 시인을 비판하면서, "한 편의 시를 만드는 것은 운율이 아니라 운율로 표현되는 논변"이라고 말했다.(옮긴이)

받아들였다. 뉴욕에 머무는 동안, 에머슨은 아마추어 신비주의자이자 비평가였던 헨리 제임스 시니어의 집에 초대를 받았다. 장남인 윌리엄 제임스가 막 세상에 태어난 때였다. 전해지는 말에 따르면, 에머슨이 요람 속의 윌리엄을 축복하고 그 아기의 대부가 되었다고 한다.

참말이든 거짓말이든, 이런 풍문은 미국의 지성사를 정확히 반영한다. 즉 윌리엄 제임스는 대부 에머슨의 철학적 전통을 이어받았다고 할 수 있는 것이다. 제임스가 창시한 미국 고유의 철학인 실용주의는 어느 정도 에머슨의 회의적 신비주의를 체계화한 것이라 할 수 있기 때문이다. 에머슨이나 휘트먼과 마찬가지로, 제임스는 19세기 과학의 자만에 흠집 내기를 즐겼다. 그는 과학 이론을 자연의 거울— 그 자신의 표현에 따르면 '진실의 사본'—으로 여기지 말아야 한다고 생각했다. 과학적 사실들은 어디까지나 도구로, "경험과 만족스러운 관계를 맺도록 도와주는" 도구로 보아야 할 것이었다. 제임스는 "어떤 사상의 진실성은 그 용도에, '현금 가치'에 달려 있다"고 썼다. 그러므로 실용주의자들에 따르면, 실용적인 시인은 정확한 실험만큼이나 진실할 수 있다. 중요한 것은 어떤 사상이 우리의 실생활에서 산출하는 '구체적인 차이'였다.

그러나 윌리엄 제임스는 철학자이기 이전에 심리학자였다. 1875년, 그는 하버드에 세계 최초의 심리실험실 중 하나를 열었다. 그래서 의과대학에 속하게 되었지만, 제임스는 '금관악기 심리학brass instrument psychology'을 할 의도는 추호도 없었다. 금관악기 심리학이란 제임스가 만든 말로, 정신을 원소적 감각지각elemental sensation⁕으로 계량화하려 하는 새로운 과학적 접근법을 비판하여 붙인 명칭이었다. 금관악기 심리학자들은 물리학자들이 우주를 연구하는 방식으로 인간의 의식을 연구하고자 했다. 이들은 용어까지 물리학에서 그대로 가져왔으니, 생각은 '속도'를, 신경은 '관성'을 가지며, 정신이란 '기계적 반사작용'에 지나지 않는다는 것이었다. 그렇듯 조야한 형태의 환원주의를 제임스는 경멸했다. 그런 연구가 제시하는 사실들은 무가치하다고 생각했다.

제임스는 이런 신식 심리학에 별로 뛰어나지 못했다. "그것은 각별한 참을성과 정확성을 갖춘 사람들에게나 호소력을 갖는 일이다"라고 그는 자신의 명저『심리학의 원리』에 썼다. 그 자신은 참을성도 정확성도 없는 사람이었다.[35] 그는 대답보다는 질문을, 이성의 확신보다는 신념의 불확실성을 사랑했다. 그는 우주를 유니버스universe가 아니라 플루리버스pluriverse※※라고 부르기를 원했다. 심리학 실험을 하면서 제임스는 그런 정신적 환원주의가 무시하는 현상에 끌리게 되었다. 즉 정신의 어떤 부분들이 측량할 수 **없는** 것일까?

측정할 수 없는 것들을 찾던 제임스는 곧장 감정이라는 문제에 이르게 되었다. 우리의 주관적 감정은, 그의 말에 따르면, "실존의 비과학적인 반쪽"※※※이었다. 우리는 감정을 의식된 전체로서―개별적

※ 감각sense과 구별하여 sensation은 '감각지각'으로 옮기기로 한다.(옮긴이)
※※ uni-verse, pluri-verse의 uni와 pluri는 각기 '단일한'과 '다중적인'이라는 의미의 접두사이다.(옮긴이)

감각지각들의 총계로서가 아니라—체험하므로, (과학이 시도하듯이) 감정적인 부분을 따로 뗀다는 것은 감정을 감정 아닌 것으로 만드는 일이 될 터였다. 제임스는 이렇게 썼다. "감정의 원자들을 찾자는 것은 순전한 객기이며, 부당한 은유이다. 이성적으로, 우리는 그런 시도에 줄줄 끌려 나올 당혹스러운 문제들을 본다. 또한 경험적으로는, 그 어떤 사실도 감정의 원자들을 찾아낼 가능성을 시사하지 않는다. 왜냐하면 우리 정신의 실제 내용은 늘 모종의 **앙상블**의 재현들이기 때문이다."[36]

위의 인용문에서 핵심 단어는 '**앙상블**(전체)'이다. 30년 전에 휘트먼도 같은 말을 했었다. "나는 부분들에 대한 시를 짓지 않고 / 앙상블에 대한 시를 지을 것이다."[37] 제임스는 자신의 내면을 성찰하면서, 휘트먼의 시가 근본적인 진실을 말하고 있다는 것을 깨달았다. 즉 우리의 느낌은 뇌**와** 몸의 상호작용에서 생겨나는 것이지, 둘 중 한 곳에서만 생기는 것이 아니다. 1884년 논문 「정서란 무엇인가?」◈에서 처

◈◈◈ 실용주의자로서 제임스는 감정이—데카르트 식의 순수한 이성이 아니라—우리 신념 대부분의 동인이라고 믿었다. 「믿고자 하는 의지」라는 글에서 제임스는 "진실이나 오류에 대한 우리의 의무감들은 우리의 정서적 삶의 표현일 뿐이다…… 객관적 증거와 확신은 분명 매우 고결한 이상들이지만, 달빛 아래 꿈의 방문을 받는 지구 어디에서 그런 것을 찾아볼 수 있단 말인가?"라고 썼다. 제임스의 에세이는 뜨거운 논란을 불러일으켰다. 그러나 그는 사실상 데이비드 흄의 "이성은 열정의 노예이며, 또 그래야 한다"는 주장의 논리적 결론을 도출했을 뿐이다.

◈ 제임스의 논문이 발행되고 1년 후, 덴마크의 심리학자 카를 랑게도 몸과 감정에 대해 비슷한 이론을 내놓았으므로, 과학자들은 이 이론을 제임스-랑게 가설이라 부르게 되었다.

음으로 기술된 이 심리학 이론은 휘트먼 그대로였다. 제임스도 휘트먼과 마찬가지 결론을 내렸다. 즉 만일 우리의 의식이 몸과 분리된다면, "남는 것이 없을 것이다. 정서 구성의 바탕이 되는 그 어떤 '마음-질료mind-stuff'도 없을 것이다".[38] 언제나 그렇듯이 제임스는 실험적 증거를 평범한 경험에서 얻었다. 그는 실생활에서 곧장 가져온 생생한 예들을 가지고 논증을 전개했다. 가령 숲속에서 곰을 만나는 것도 일례가 되었다. "〔곰을 보고서〕 심장이 빨라지거나 숨이 가빠지거나 입술이 떨리거나 다리에 맥이 빠지거나 온몸에 소름이 돋거나 속이 울렁거리지 않는다면" 하고 그는 묻는다. "대체 어떤 종류의 공포라는 감정이 있을 수 있겠는가?" 제임스의 답은 간단하다. 몸 없이는 두려움도 없다. 왜냐하면 감정은 신체 변화의 지각에서 시작되기 때문이다. 감정의 드라마는 육신을 무대로 하여 펼쳐진다.

감정에 대한 이런 이론은 유물주의의 극치로 보이기도 한다. 감정을 단순히 신체적 상태로 환원하자는 것이 아닌가. 그러나 제임스의 주장은 사실 그 반대였다. 그는 휘트먼의 시적인 심신일치에 고취되어, 우리의 감정들은 몸과 뇌의 부단한 상호작용으로부터 생겨난다고 믿었다. 공포와 공포의 육체적 반응을 분리할 수 없듯이, 공포와 마음을 분리할 수 없다. 마음이 육체의 살덩이에 의미를 부여하는 것이다. 그러므로 과학은 의식—감정은 의식에 **대한** 것이다—을 고려하지 않고서는 감정을 정의할 수 없다. "이 관점을 유물주의적이라 불러서는 안 된다"고 제임스는 독자에게 경고한다. "우리의 감정들은 그것들이 나타나는 생리학적 기반이 어떤 것이든 간에, 내적으로는 항상 있는 그대로라야 한다. 만일 감정들이 그 생리학적 근원에 대한 어떤 이론에서도 깊고 순수하고 가치 있는 영적인 사실들이라면, 오늘날의 감각 이론에서도 여전히 깊고 순수하고 영적이며 존중받을 가치가 있다. 감정들은 나름대로의 가치 척도를 지니고 있다."

짜릿한 몸

현대 신경과학은 휘트먼 시의 기저를 이루는 해부학을 발견하는 중이다. 현대 신경과학은 그의 시적 가설—우리의 감정이 육체에서 시작된다는 생각—을 받아들였고, 그 가설이 참임을 증명하는 정확한 신경 및 뇌 부위를 발견하기 시작했다. 감정의 인과관계에 대해 폭넓게 연구한 신경과학자 안토니오 다마시오는 감정이 육체에서 시작되는 이 과정을 신체 고리body loop라고 부른다. 그의 관점에 따르면, 마음은 육체를 줄곧 염탐하고 있으며, 우리는 근육으로부터 기분을 훔친다.

뇌는 어떻게 물리적 신체로부터 형이상학적 감정들을 생성할까? 다마시오에 따르면, 우리가 '정서적 자극'(숲속 곰과의 조우에서 곰에 해당하는 것)을 받으면 뇌는 자동적으로 '신체 장기'에 변화의 파장을 일으키며, 몸은 행동을 준비한다. 심장이 고동치기 시작하고, 동맥이 확장되고, 창자가 수축하며, 아드레날린이 혈류 속으로 쏟아져 들어온다. 이런 신체적 변화들은 대뇌피질에 의해 감지되고, 대뇌피질은 그 변화들을 공포감과 연결 짓는데, 애초에 이 공포감이 그런 변화들을 일으켰던 것이다. 우리가 느끼는 것은 그 결과 생겨나는 정신적 이미지―생각과 육신, 몸과 영혼의 혼합물―이다. 우리 몸이라는 그릇을 꿰뚫고 지나간 것은 하나의 아이디어이다.

뛰어난 학문적 경력 내내 다마시오는 자기 환자들의 삶을 기록했다. 이 환자들의 문제는 그들의 뇌가 몸과 뇌의 이 복잡다단한 연결을 잃어버렸다는 것이었다. 그래서 신체의 감각 자각은 온전히 유지하고 있었지만, 감각지각을 감정으로 변환시킬 수가 없었다. 심장의 두근거림이 결코 공포의 느낌이 되지 않았다. 그들은 마음이 육신과 분리된 채, 무감정한 누에고치 속에 살았다. 그들은 자신의 비극에 대해서도 아무런 감정이 없었다.

다마시오의 연구는 몸의 감정이 왜 필요한가를 소상히 보여준다. 그의 결론은 휘트먼을 생각나게 한다. "몸은 생명 유지 이상의 기여를 한다"고 그는 썼다. "몸은 정상적인 마음의 작용을 이루는 **내용**을 제공한다."[39] 사실, 우리의 몸이 실제로 변화하지 않을 때도, 마음은 신체 변화를 **환각적으로** 체험함으로써 감정을 만들어낸다. 다마시오는 이것을 '마치-척as-if' 신체 고리라고 부른다. 왜냐하면 뇌가 '마치' 몸이 실제 물리적 사건을 경험하기라도 하는 '척' 행동하기 때문이다. 특정한 몸의 상태―빠른 심장 박동이나 아드레날린의 급속한 증가―를 상상함으로써 마음은 그럴 때 느껴질 정서를 유도할 수 있다.

다마시오가 발견한 가장 놀라운 사실 중 하나는 몸이 일으키는 감정이 이성적 사고에 필수적인 요소라는 것이다.[40] 우리는 감정이 이성과 상호작용을 하리라고 막연히 추정하지만, 다마시오는 그 점을 입증했다. 그의 무감정한 환자들은 이성적인 의사결정을 내릴 능력이 없음이 드러났던 것이다. 뇌를 다친 후, 환자들은 모두 혼란스러운 행동 변화를 보였다. 어떤 환자들은 황당한 투자를 하여 파산했고, 어떤 환자들은 부정직하고 반사회적으로 변했으며, 대부분의 환자들은 자질구레한 쓸데없는 일들을 곱씹으며 몇 시간씩 보내곤 했다. 다마시오에 따르면, 이 환자들의 답답한 삶은 합리성이 감정을 요구하고, 감정은 몸을 요구한다는 생생한 증거이다.(니체가 말했듯이, "네 최고의 지혜보다도 네 몸 안에 더 많은 이성이 깃든다".[41])

물론 몇몇 신경증 환자들의 사례에 기초하여 뇌에 대한 일반화를 하기는 어렵다. 정상인의 경우 신체 고리가 어떻게 기능하는지 이해하기 위해 다마시오는 도박에 관한 묘한 실험을 고안했다. 그 실험은 다음과 같이 진행되었다. 피실험자(카드 게임을 하는 사람)에게 카드 네 벌―두 벌은 검은색, 두 벌은 빨간색―과 게임 밑천 2천 달러를 주었다. 각 카드의 뒷면에는 돈을 따거나 잃는다는 것이 적혀 있었다. 피실험자는 카드 네 벌 중 한 벌에서 카드 한 장을 꺼내 뒤집어보라는, 그리고 최대한 돈을 많이 따라는 지시를 받았다.

그런데 카드는 무작위로 나눠주지 않았다. 다마시오는 게임을 조작했다. 네 벌 중 두 벌에는 위험이 높은 카드가 많이 들어 있었다. 이 두 벌의 카드에는 더 많은 상금(100달러)과 엄청난 벌금(1,250달러)이 들어 있었다. 나머지 두 벌의 카드는, 이와 대조적으로 밋밋하고 안전했다. 상금은 적었지만(50달러), 벌금도 거의 없었다. 계속하여 이 재미없는 두 벌에서만 카드를 뽑으면, 한참 앞서나갈 수 있도록 게임은 조작되어 있었다.

처음에는 카드 선택 과정이 완전히 무작위적이었다. 참가자들은 특정한 카드 벌을 선호할 이유가 없었으므로, 각 카드 벌에서 골고루 카드를 뽑았지만, 차츰 돈 따는 양상을 파악하게 되었다. 사람들은 평균 약 50장의 카드를 뒤집어 본 후부터 돈이 되는 카드 벌에서만 카드를 뽑기 시작한다. 그리고 약 80장의 카드를 뒤집어 본 후에는 평균적인 피실험자라면 자신이 **왜** 이 카드 벌을 선호하는지 설명할 수 있게 된다. 논리는 느리다.

다마시오는 논리에는 관심이 없었다. 그는 인체에 관심이 있었다. 그는 피실험자들의 손바닥에 전극을 연결하고 피부의 전도성을 측정했다.(휘트먼이 「나는 짜릿한 몸을 노래하네」에서 주목했듯이 몸은 전기적이며, 우리의 신경들은 약간의 전압에도 노래한다.✢) 일반적으로 피부 전도성이 높다는 것은 신경이 예민해져 있다는 신호이다. 다마

✢ 휘트먼이 작품 활동을 하던 당시에는, 인체가 전기를 띤 이온으로 맥동한다는 증거가 거의 없었다. 일찍이 1780년에 이탈리아의 생리학자 루이지 갈바니가 개구리 다리에 충격을 주면 꿈틀거린다는 사실을 발견했지만, 여전히 논란거리였다. 1875년, 그러니까 휘트먼이 짜릿한 몸electric body에 대해 최초로 노래하고도 20년이 지난 후에야, 리버풀의 의사인 리처드 카튼이 휘트먼이 옳았음을, 다시 말해서 신경계가 실제로 전류를 운반한다는 사실을 발견했다. 카튼은 그 당시로는 불가능할 것으로 보였던 사실을, 반조 검류계reflecting galvanometer로 동물의 노출된 뇌를 직접 검사함으로써 입증해 보였다.(반조 검류계는 새롭게 발명된 장치로서 신경세포가 사용하는 낮은 전압을 감지할 수 있었다.)

시오가 발견한 것은, 불과 10장의 카드를 뽑은 후에는 피실험자들의 손이 위험한 카드 벌 쪽으로 갈 때마다 '신경이 예민'해졌다는 사실이다. 뇌가 게임을 완전히 이해하기도 전에(앞으로 40장의 카드를 더 뽑아야 뇌는 이해한다), 피실험자의 손은 어떤 카드 벌에서 카드를 뽑아야 할지 이미 '알고' 있었다. 나아가 손의 전도성이 높아질수록 실험 대상자들은 유리한 카드 벌에서 더 자주 카드를 뽑았다. 몸에서 생성된 무의식적인 느낌이 의식적 결정에 선행했던 것이다. 손이 마음을 이끌었다.

휘트먼이 이 실험에 대해 알았더라면 좋아했을 것이다. 몸이 전기적으로 짜릿하다고 선언했던 바로 그 시에서 휘트먼은 "손으로 느낄 때 마음이 느끼는 호기심 어린 공감"에 대해 외친다.[42] 다마시오보다 훨씬 앞서 휘트먼은 "영은 몸에게 주는 만큼 몸으로부터 받는다"는 것을 이해했다.[43] 휘트먼이 자신의 육신에 그토록 귀를 기울인 것은 그 때문이었다. 그의 시는 바로 그의 육신에서 시작되었던 것이다.

그러나 휘트먼은 자신의 시가 단순히 물질적 육체에 대한 송가가 아니라는 것도 알고 있었다. 빅토리아 조의 비평가들이 휘트먼을 오해한 것은 바로 이 대목에서였다. 이 비평가들은 오르가슴과 오장육부에 대한 휘트먼의 언급들을 문자 그대로 받아들인 나머지, 그의 진정한 시적 직관을 놓쳤다. 휘트먼의 시가 말하고자 하는 것은 사람의 몸이 단순히 몸이 아니라는 사실이다. 마치 풀잎이 흙에서 자라나듯이, 우리의 느낌들도 육체에서 자라난다는 것이다. 휘트먼이 보여주려 한 것은 이 두 가지 다른 것—풀과 흙, 몸과 마음—이 불가분의 관계에 있다는 사실이었다. 둘 중 하나의 존재를 인정하지 않고서는 나머지 하나에 대한 시를 쓸 수 없는 것이다. 휘트먼은 선언했다. "나는 물질들을 가지고 시를 지을 것이다. 그렇게 지은 시가 가장 정신적인 시라고 생각하기 때문이다."[44]

휘트먼은 모든 것이, 심지어는 낮고 천한 것일지라도, 거룩하다고 믿었고, 그 때문에 결국 과학적 사실들에 이의를 제기하게 되었다. 당대의 물리주의자들materialists이 인체는 진화한 기계에 불과하며 그 안에는 영혼이 없다고 선언할 때, 휘트먼은 특유의 회의주의로 반응했다. 그는 인체의 해부학이 아무리 상세해질지라도 결코 파헤쳐 설명할 수 없는 어떤 것이 여전히 남으리라고 믿었다. 그가 시를 쓰는

1891년 월트 휘트먼이 죽기 몇 달 전에 화가 토머스 에이킨스가 찍은 사진.

것은 그 때문이었다. "실증과학에게 만세를!"이라고 휘트먼은 썼다. "신사 여러분, 여러분께 항상 최고의 영광을!/여러분의 사실들은 유용해도 내 처소는 될 수 없소만/나는 그것들을 나의 처소 한 구역에 들여놓소이다."[45]

에머슨이 몽테뉴에 대해 한 말은 휘트먼에게도 적용된다. 그가 한 말을 자르면 피가 흐를 터이니, "그 말들은 혈관을 가지고 살아 있기 때문이다".[46] 휘트먼의 시는 우리의 해부학적 진실을 기술한다. 그의 예술이라는 거울에서, 우리는 우리 자신의 비개연성improbability이라는 엄연한 사실을 본다. 육신에서 감정이 나온다고? 몸에서 영혼이? 영혼으로부터 몸이? 우리의 실존은 말이 되지 않는다. 우리는 모순 속에 살아간다. 휘트먼은 이러한 진리를 드러내고, 바로 다음 문장에서 그 진리를 받아들인다. 그의 유일한 답은 답이 없다는 것이다. "나와 이 신비, 우리는 여기에 서 있다"고 휘트먼은 말했거니와, 이 말은 그 모든 사정을 대체로 말해준다.[47]

그렇지만 모순의 수용은 그 나름의 결과들을 수반하기 마련이다. 시인 랜덜 재럴은 휘트먼에 대한 에세이를 썼다. "예술작품의 구조가 갖는 모순된 요소 중 한 가지를 제거하면, 그것만 제거하는 것이 아니라 그 요소를 일부분으로 포함하는 모순을 몽땅 제거하게 된다. 그런데 예술작품이 우리를 재현할 수 있는 것은 작품이 갖는 모순들 덕분이다. 이것은 논리적이고 질서정연한 일반화를 통해서는 할 수 없는 일이다. 우리의 세상과 우리 자신도 역시 모순으로 가득 차 있기 때문이다".[48] 휘트먼은 설령 역설적으로 보이는 경험이더라도 자신의 경험을 신뢰함으로써 우리의 해부학적 진실을 발견했다. 끊임없는 검열 요구에도 불구하고, 휘트먼은 결코 자기 시의 예지를 의심하지 않았다. "이제 나는 그것이 진실임을 본다, 내가 추측했던 그것이"라고 휘트먼은 「나 자신의 노래」에 썼다.[49] 그가 추측했던 그것이란, 물론 우리의 영혼이 육신으로 이루어졌다는 것이다.

자기 몸을 묘사하는 시인치고는, 휘트먼의 몸은 형편없이 망가졌다. 그는 종종 "자기 건강의 절묘한 달성"에 대해 떠벌리곤 했지만, 오랜 세월 질병을 앓았고 제대로 돌보지도 않았다. 결국 휘트먼이 사망한 1892년 초봄 즈음 그의 건강은 엉망이었다. 사체를 부검한 의사들은—토머스 에이킨스가 데드마스크를 뜨자마자 의사들은 절개를 시작했는데—내부 상태를 보고 놀라움을 금치 못했다. 왼쪽 폐는 주저앉았고 오른쪽 폐도 8분의 1만이 정상인 것으로 보였다. 남북전쟁 당시 간호사로 봉사하면서 얻은 결핵 때문에 위장과 간장, 신장은 만성적인 염증 상태였다. 폐렴도 있었다. 심장은 부어 있었다. 사실, 제 기능을 했을 것으로 추정되는 기관은 뇌뿐이었다. 바로 두 달 전에 휘트먼은 『풀잎』의 마지막 판본인 '임종판'을 마무리했었다. 늘 그렇듯이 그는 자기 시를 고쳐 썼고, 계속해서 새로운 시들을 써 내려갔다.

자신의 육신이—그가 믿었던 뮤즈가—서서히 자신을 버리고 있음을 느끼면서 휘트먼은 과연 무슨 생각을 할 수 있었을까? 휘트먼은 『풀잎』의 임종판을, 죽음의 그림자 아래에서 쓴 새로운 권두언으로 시작한다.

오라, 내 영혼이 말했다,
내 몸을 위한 그런 시행들을 우리는 쓰자. (우리는 하나이므로)[50]

그의 유일한 시집 『풀잎』의 최종판의 첫 행들인 이 통렬한 두 줄의
시는 휘트먼 철학의 정수를 대변한다. 우리는 시다, 라고 그의 시는
말한다. 몸과 마음의 하나됨에서 솟아나는 시다. 이 연약한 하나됨
이―찰나적인 존재의 괄호가―우리가 가진 전부이다. 그것을 기뻐
하자.

02

조지 엘리엇 : 자유의 생물학

조지 엘리엇George Eliot, 1819~1880__영국의 여성 소설가. 본명은 에번스Mary Ann Evans. 영국 중부 워릭셔의 벽촌에서 종교적 영향을 강하게 받으며 자랐으나 점차 실증주의 철학에 심취하여 불가지론의 입장에 섰다. 슈트라우스의 『예수의 생애』를 번역한 것을 계기로 『웨스트민스터 리뷰』에 기고하게 되었고, 서른 살 무렵부터는 『웨스트민스터 리뷰』의 편집보로서 런던에서 살았다. 1854년 철학자이며 비평가인 G. H. 루이스와 사랑에 빠져 동거생활에 들어갔다. 루이스는 그녀의 예술상의 훌륭한 조언자로, 1857년에 그녀가 데뷔 소설 『에이머스 바튼 목사의 슬픈 운명』을 쓴 것도 루이스의 권유에 의해서였다. 1859년 최초의 장편소설 『아담 비드』로 작가의 지위를 확보한 뒤, 마지막 작품이 된 1876년의 『다니엘 데론다』에 이르기까지 작품마다 명성을 떨쳐 빅토리아 여왕 시대의 문단에 군림했다. 그녀의 소설은 오락을 주축으로 한 이전의 소설에 비해 인간 심리를 심층적으로 탐구하여 소설의 질적 변화를 일으켰다는 점에서 영국의 첫 근대 소설이라 할 수 있다. 특히 역사적 시점에서 지방사회의 전체상을 인간관계의 그물을 통하여 잡아낸 『미들마치』(1871~1872)는 작자의 역량이 최고봉에 이른 걸작으로서 영국 근대 소설의 고전으로 평가된다.

완전한 진리가 인간에 의해 노정되는 일은 극히 드물다.
어떤 일이 조금 위장되거나 조금 오해되지 않는 경우는 좀처럼 없다.[1]

—제인 오스틴, 『엠마』

조지 엘리엇은 여러 개의 이름을 가진 여성이다. 1819년, 즉 빅토리아 여왕이 태어난 바로 그해에 매리 앤 에번스라는 이름으로 태어난 그녀는 살아가는 동안 매리 앤 에번스, 매리언 에번스, 매리언 에번스 루이스, 매리 앤 크로스 등으로 이름을 바꾸었고, 작가로서는 조지 엘리엇이라는 이름을 썼다. 그런 이름들은 모두 그녀의 삶에서 특정한 단계와 연관되며, 그녀의 변모해가는 정체성을 반영한다. 그녀는 비록 여성들이 거의 자유를 누리지 못하던 시절에 살았지만, 자신의 변화를 제한하기를 거부했다. 그녀는 물려받은 재산이 거의 없었고, 글을 써서 작가가 될 생각이었다. 1850년 런던으로 가서 에세이 작가이자 번역가가 된 엘리엇은 37세 때 소설가가 될 결심을 했다. 그해 말에 『에이머스 바튼 목사의 슬픈 운명』이라는 첫 번째 소설을 마쳤고, 그 이야기에 새로운 이름으로 서명했다. 그녀는 이제 조지 엘리엇이 된 것이다.

그녀는 대체 왜 글을 썼던가? 걸작으로 손꼽히는 『미들마치』(1872)를 탈고한 후, 그녀는 한 편지에서 자기 소설들은 "일련의 인생 실험—우리의 생각과 감정이 어떤 일을 할 수 있는지 알아보려는 노력"[2]이라고 썼다. 엘리엇이 '실험'이라는 말을 쓴 것은, 그녀가 쓴 모든 것이 그렇듯이, 우연이 아니다. 경험주의와 상상력을, 사실과 이론을 조심스레 섞은 과학적 과정이야말로 그녀가 글을 쓰는 과정의 모범으로 삼았던 것이다. 헨리 제임스는 한때 엘리엇의 작품들은 과학으로 넘쳐나며 예술이 부족하다고 불평한 적도 있다.[3] 그러나 제임스는 엘리엇의 방법을 이해하지 못했다. 그녀의 소설들은 진리에 봉사하는 허구들로, "인간의 역사를 다양한 시간의 실험들에 비추어 검토하는 것"이었다. 엘리엇은 자신이 주의 깊게 구축한 플롯들에서 항상 대답을 구했다.

그리고 그녀의 사실주의적 형식은 방대한 주제들을 다루지만, 그녀의 소설들은 궁극적으로는 개인의 본성에 관한 것이다. 그녀는 인간의 삶에서 핵심을 이루는 "섬세한 과정들의 잘 알려지지 않은 영역을 통찰하기를" 원했다. 순박한 낭만주의에 대해 비판적이었던 엘리엇은 삭막한 과학적 사실들을 항상 진지하게 받아들였다. 만일 현실이 기계적 원인들에 의해 지배된다면, 그렇다면 인생이라는 것도 일종의 기계일 뿐인가? 우리는 무심한 우주를 떠도는 화학물질과 본능에 지나지 않는가? 우리의 자유의지라는 것도 교묘한 환상에 불과한가?

이런 서사시적인 질문들에 대답하기 위해, 엘리엇은 서사시적인 소설들을 썼다. 빅토리아 시대를 배경으로 하는 그녀의 소설은 물리학과 진화론을 지방 정치와 멜로드라마적인 연애 이야기와 섞어 짠 것이다. 그녀는 19세기의 새로운 경험적 지식이 인간 경험의 오래된 현실과 마주치지 않을 수 없게 만들었다. 엘리엇에게 소설의 목적은 "변전하는 이론보다 좀 더 확실하게" 우리 자신의 모습을 보여주는 것이었다. 과학자들이 우리의 생물학적 한계들을 추구하는 동안 그들은 우리가 유전적 형질들의 포로라고 추정했다 엘리엇의 예술은 우리의 마음이 "대리석에 새긴 것처럼 변치 않는" 것이 아님을 강조했다. 그녀는 인간 본성의 가장 근본적인 요소는 순응성malleability, 즉 우리 각자가 "우리 자신을 변화시키도록 의지력을 발휘할 수 있다"는 것이라고 믿었다. 과학이 아무리 많은 기계적 인과관계들을 발견해낸다 해도 우리의 자유는 그대로 남을 것이었다.

사회물리학

엘리엇의 시대, 개화하는 합리주의의 시대에, 인간의 자유라는 문제는 과학적 논쟁의 중심 주제가 되었다. 실증주의—오귀스트 콩트에 의해 수립된 신종 과학철학—는 이성의 유토피아를 약속했으니, 그 세계에서는 과학적 원리들이 인간의 삶을 완벽하게 만들어줄 것이었다. 신화와 의식儀式으로 이루어진 신화적 세계가 철학적 세계 앞에서 물러났듯이, 철학도 실험과 종형곡선鐘形曲線 앞에서는 한물간 것이 되고 말 것이었다. 결국에는 자연이 완전히 해독될 것이었다.

실증주의가 약속하는 바는 저항하기 어려웠다. 지식인들은 그 이론을 받아들였으니, 통계학자들은 유명인사가 되었고, 사람들은 제각기 뭔가를 측정하려 들었다. 항상 새로운 사상을 향해 발돋움하던 젊은 엘리엇에게는, 실증주의야말로 시의적절한 신조로 여겨졌다. 어느 일요일, 그녀는 돌연 예배 참석을 그만두겠다고 선언했다. 신이란 허구에 지나지 않는다고 그녀는 결론지었다. 그녀의 새로운 종교는 이성적인 것이 될 터였다.

모든 종교가 그렇듯이, 실증주의도 **모든 것**을 설명하고자 했다. 우주의 역사로부터 역사의 미래에 이르기까지, 실증주의가 해결하지 못할 만큼 거대한 문제란 없었다. 그러나 실증주의자들에게 첫 번째 질문은, 그리고 여러 면으로 보아 자신들을 공격하게 될 질문은 자유의지의 역설에 관한 것이었다. 아이작 뉴턴의 중력 이론, 천체들의 타원 운동에 대한 이유를 제시하는 이론에 고취된 나머지, 실증주의자들은 인간 행동의 배후에서도 그와 비슷한 질서를 찾아내기 위해 분투했다. 그들의 울적한 철학에 따르면, 우리는 보이지 않는 끈들로 조종되는 실물 크기의 꼭두각시들이었다.

이런 '인류의 과학'을 수립한 이는 피에르-시몽 라플라스였다. 당대의 가장 유명한 수학자였던 라플라스는 나폴레옹의 내무장관으로 봉직하기도 했다.* 나폴레옹이 그에게 왜 우주 법칙에 관한 그의 다섯 권짜리 논저에 신에 대한 언급이 단 한마디도 없느냐고 묻자, 라플라스는 "저는 그런 특수 가설을 필요로 하지 않습니다"[4]라고 대답했다고 한다. 라플라스는 신의 도움이 필요하지 않았으니, 그의 독특한 발명인 확률 이론이 질문할 만한 가치가 있는 모든 질문을 해결해 주리라고 믿었기 때문이다. 인간의 자유라는 오래된 수수께끼를 포함해서 말이다.

라플라스는 행성들의 궤도를 연구하다가 확률 이론을 발견했다. 그러나 그는 천체역학보다는 그런 역학에 대한 인간적 관찰에 더 큰 관심을 가지고 있었다. 라플라스는 천문학적 측정치들이 뉴턴의 법칙에 부합되는 일이 드물다는 것을 알고 있었다. 시계처럼 정확하기는커녕, 천문학자들이 묘사하는 하늘은 모순투성이었다. 하지만 라플라스는 인간의 눈을 넘어서는 천구들의 질서를 신뢰했고, 이런 불규칙성은 인간의 오류에서 비롯되는 것이라고 생각했다. 그는 같은 시간 같은 행성의 궤도를 기록하는 두 명의 천문학자의 데이터에서 차이가 나리라는 것을 알고 있었다. 과오는 별들이 아니라 우리 자신에게 있었다.

라플라스가 깨달은 것은 이런 불일치를 물리칠 수 있다는 것이었다. 그 비결은 오류를 정량화하는 것이었다. 그러기 위해서는 얼마 전에 발견된 종형곡선을 이용하여 관측에서의 차이를 기입하여 가장 **확률이 높은** 관측치를 알아내기만 하면 되었다. 천체의 궤도는 이제 추적할 수 있게 되었다. 통계학이 주관성을 정복한 것이다.

그러나 라플라스는 목성의 궤도와 금성의 자전에만 머물지 않았

❀ 나폴레옹은 불과 6주 후에 라플라스를 해임했다. 라플라스가 "무한소無限小의 개념을 행정에까지 끌고 왔다"는 것이 이유였다.

다. 『확률 시론』에서 그는 자신이 천문학을 위해 발명한 확률 이론을 다른 불확실성의 영역에도 적용하고자 했다. 그는 인류가 합리적으로 설명될 수 있으며, 인간들의 무지가 사심 없는 수학적 논리로 해결될 수 있음을 보여주고자 했다. 결국 천체역학의 근저에 있는 원리들은 사회역학의 근저에 있는 것과 다를 바 없었다. 천문학자가 행성의 향후 운동을 예측할 수 있는 것처럼, 라플라스는 우리도 조만간 우리 자신의 행동을 예견할 수 있게 되리라고 믿었다. 단지 데이터를 계산하기만 하면 되었다. 그는 이처럼 과감한 신과학을 '사회물리학'이라 불렀다.

라플라스는 단지 뛰어난 수학자일 뿐 아니라 용의주도한 세일즈맨이기도 했다. 자신의 신종 수數 이론이 언젠가는 미래를 포함하는 모든 것을 해결해주리라는 것을 입증하기 위해 라플라스는 간단한 사고실험을 제안했다. 만일 "자연을 살아 움직이게 하는 모든 힘을 알 수 있는" 상상적인 존재—그는 그것을 '악마demon'라 불렀다—가 있다면 어떻게 되겠는가? 라플라스에 따르면, 그런 존재는 모든 것을 알 것이다. 모든 것이 단지 물질이므로, 그리고 물질은 일련의 우주적 법칙들(중력이라든가 관성 같은)을 따르므로, 그 법칙들을 안다는 것은 모든 것에 관해 모든 것을 안다는 것을 의미했다. 그러기 위해서는 공식들을 만들어내고 그 결과를 해독하기만 하면 되었다. 인간은 마침내 자신을 "인간이라는 자동인형"으로 보게 될 것이다. 자유의지란 신과 마찬가지로 환영이 되어버렸고, 우리는 우리의 삶이 행성의 궤도만큼이나 예측 가능하다는 것을 보게 될 것이다. 라플라스는 이렇게 썼다. "우리는…… 우주의 현재 상태가 이전 상태의 결과이며 그 다음 상태의 원인이라고 상상해야만 한다. 여기에 자유의 여지는 없다."[5]

그러나 라플라스와 그의 동류들이 물리학을 진실의 유일한 보루인 양 고수하고 있었을 때(물리학은 우리의 궁극적 법칙들을 해독했으니까), 물리학자들은 세계가 일찍이 상상했던 것보다도 훨씬 더 복잡하다는 것을 발견하고 있었다. 1852년 영국 물리학자 윌리엄 톰슨은 열역학 제2법칙을 발견했다. 우주는 혼돈을 향해 가고 있다고 그는 선언했다. 모든 물질은 천천히 열로 화하고, 열은 엔트로피로 바뀌었다. 톰슨의 열역학 법칙에 따르면, 라플라스가 말소시키려 했던 오류—무질서의 오류—는 실제로 우리의 미래였다.

제임스 클라크 맥스웰은 전자기, 컬러 사진, 기체들의 운동 이론 등을 발견한 스코틀랜드 물리학자로, 톰슨의 우주적 비관론을 좀 더 세련시켰다. 맥스웰은 라플라스의 전지적 악마가 사실상 물리학 법칙들을 위반하고 있음을 깨달았다. 무질서는 무시할 수 없는 현실이므로(심지어 계속 **늘어나므로**), 과학에는 근본적인 한계가 있었다. 결국 순수한 엔트로피는 해결될 수 없다. 어떤 악마도 모든 것을 알 수는 없는 것이었다.

그러나 맥스웰은 거기서 그치지 않았다. 라플라스는 통계학 법칙을 특수한 문제들에 쉽게 적용할 수 있다고 믿었지만, 맥스웰은 기체들을 연구하면서 달리 생각하게 되었다. 어떤 기체의 온도는 그것을 구성하는 원자들의 운동속도에 의해 전적으로 결정되는데—즉 원자들이 빨리 움직이면 기체는 뜨거워진다—맥스웰은 이때의 속도란 통계학적 평균일 뿐임을 깨달았다. 어떤 주어진 순간에도, 개별 원자들은 사실상 제각기 다른 속도로 움직인다. 다시 말해 모든 물리학 법칙들은 그저 **근사적**일 뿐이다. 그것들은 특수한 현상들에 결코 정확히 적용될 수 없다. 물론 이것은 과학 법칙이 보편적이고 절대척이라는 가정 하에 출발했던 라플라스의 사회물리학에 정면으로 모순되는 것

1865년 폴 아돌프 라종이 프레데릭 윌리엄 버튼 경의 그림을 바탕으로 제작한 조지 엘리엇의 부식동판화 초상.

이었다. 라플라스는 어떤 행성의 위치가 그 궤도의 공식으로부터 도출될 수 있듯이, 우리의 행동이 우리 자신의 불변의 힘에 따라 노정될 수 있다고 믿었다. 그러나 맥스웰은 모든 법칙에는 결함이 있음을 알고 있었다. 과학 이론들은 기능적인 도구이지 현실을 비추는 완벽한 거울이 아니었다. 사회물리학은 오류 위에 세워져 있었다.

사랑과 신비

실증주의에 대한 조지 엘리엇의 믿음은 실연을 겪으면서 흔들리기 시작했다. 어떤 논리로도 풀 수 없는 끔찍한 느낌이었다. 그녀에게 슬픔을 안겨준 사람은 허버트 스펜서, '적자생존'이라는 말을 만들어낸 것으로 유명한 빅토리아 시대의 생물학자였다. 엘리엇은 런던으로 이사한 뒤 스트랜드의 한 아파트에 살면서 스펜서와 가까운 사이가 되었다. 그들은 함께 공원을 오래 산책했고, 오페라에도 함께 다녔다. 그녀는 사랑에 빠졌지만, 그는 그렇지 않았다. 그가 그녀를 무시하기 시작하자 그들의 관계는 빅토리아 시대에 통상 그렇듯이 소문을 불러일으켰다 그녀는 그에게 신파적이기는 해도 놀랄 만큼 정직한 연서들을 써 보냈다. 그녀는 그의 '자비와 사랑'을 간청했다. "저는 당신이 저를 버리시지 않겠다고 약속해주실 수 있는지, 당신이 할 수 있는 한 언제나 저와 함께 계시면서 당신의 생각과 느낌들을 저와 나누실 수 있는지 알고 싶습니다. 만일 당신이 다른 누군가를 사랑하시게 된다면, 그러면 저는 죽어야겠지만, 그때까지는 용기를 내어 일하고 인생을 가치 있는 것으로 만들 용기를 그러모을 수가 있어요. 당신이 제 가까이 계시기만 한다면요."[6] 엘리엇은 이렇게 여린 마음을 고백하면서도, 편지의 말미에 가서는 자신의 가치를 당당히 자부한다. "이전의 어떤 여자도 이런 편지를 쓰지는 않았으리라 생각합니다 그러나 저는 부끄럽게 생각하지 않아요. 왜냐하면 저는 이성과 참된 세련의 견지에서 제가 당신의 존경과 애정을 받을 만하다는 것을 알고 있으니까요."

스펜서는 엘리엇의 편지들을 무시했다. 그는 완강히 거부했다. "육체적 매력의 결여가 치명적이었다"[7]고, 그는 훗날 자신이 그처럼 무정했던 것을 엘리엇의 추한 용모 탓으로 돌리는 글을 남긴 바 있다. 그는 그녀의 "묵직한 턱과 커다란 입, 큼직한 코"를 도저히 보아 넘길 수가 없었다는 것이다.※ 스펜서는 자신의 반응이 순전히 생물학적인

※ 엘리엇과 절연한 직후에 스펜서는 '용모의 아름다움Personal Beauty'에 관해 두 편의 잔혹한 에세이를 써서 미모를 상찬했다. 자서전에서도 그는 짐짓 자신의 천박함을 뻐기기나 하듯, 엘리엇을 간접적으로 가리키는 문맥 가운데서, "용모의 아름다움이란 내게 필수조건이었다. 이 점은 한때 지적 자질과 정서적 자질이 최고였던 사람에게서 불행하게도 입증된 바 있다"고 썼다.

이렇듯 스펜서는 외모 이상의 것을 알아보지 못하는 위인이었지만, 헨리 제임스는 엘리엇이야말로 인품은 단순한 미모를 능가한다는 증거라고 믿었다. "우선 그녀는 엄청나게 추하다—감탄할 만큼 못생겼다. 이마는 좁고, 눈은 흐릿한 회색이며, 코는 커다랗게 늘어진 데다가 커다란 입 안에는 고르지 못한 치아들이 그득하고, 턱과 턱뼈는 끝없이 길다…… 하지만 이 지독한 추함 가운데 가장 강력한 아름다움이 들어 있으니, 그 아름다움은 순식간에 마음을 홀리고 사로잡아, 당신도 내가 그랬듯이, 그녀와 사랑에 빠지고 말 것이다."

것이며, 따라서 바꿀 수 없는 것이라고 믿었다. "내 판단은 강력히 준동했지만, 본능이 부응하지 않았다"는 것이다. 그는 결코 엘리엇을 사랑하지 않을 것이었다.

결혼에 대한 꿈이 무산되자, 엘리엇은 이름 없는 독신 여성으로서 살아가야 할 미래와 직면하게 되었다. 만일 자력으로 생계를 꾸리고자 한다면 글을 써야 했다. 그러나 그녀의 실연은 고통스러운 해방 이상이었다. 그 일 덕분에 그녀는 세상을 새로운 방식으로 보게 되었다. 『미들마치』에 묘사된 다음과 같은 정서적 상태는 필시 그 무렵 그녀 자신의 느낌과도 비슷할 터이다. "그녀는 그 순간 자신의 경험을 자신의 삶이 새로운 형태를 띠어가고 있다는, 자신이 변모를 겪고 있다는 어렴풋한 깨달음에 비길 수 있었을 터이다…… 그녀의 세계는 온통 뒤흔들리는 변화 가운데 있었다. 그녀가 자신에게 오직 한 가지 분명히 말할 수 있는 것은, 기다려야 해, 다시 생각해야 해, 하는 것뿐이었다…… 이것이 그녀의 상실의 여파였다."[8] 스펜서로부터 거절당한 지 몇 달 후에, 엘리엇은 "매끄러운 낙천주의를 함양"하기로 결심했다. 계속 슬퍼하지만은 않을 작정이었다. 얼마 안 가 그녀는 다시 사랑에 빠졌고, 이번에는 조지 헨리 루이스가 상대였다.

여러 가지 중요한 면에서 루이스는 스펜서와 정반대였다. 스펜서는 열렬한 실증주의자로서, 모든 것을 설명해주는 이론을 추구하는 데 헛된 노력을 기울였다. 실증주의가 한물가자, 스펜서는 철저한 사회적 다윈주의자가 되어 구더기에서 문명에 이르기까지 삼라만상을 자연선택 이론으로 설명하기를 즐겼다. 반면, 루이스는 다재다능하기로 소문난 지식인으로, 시와 물리학, 심리학, 철학에 관한 평론을 썼다. 학문이 점차 전문화되는 시대에, 루이스는 여전히 르네상스적인 사람이었다. 그러나 그의 총기 있는 지성은 절망적인 불행을 감추고 있었다. 그의 아내 애그니스가 그와 가장 가까운 친구의 아이를 임신했던 것이다. 엘리엇이 그랬듯이, 루이스 역시 상심한 사람이었다.

엘리엇과 루이스는 말하자면 동병상련이었다. 루이스는 훗날 자신들의 로맨스를 심오하고 낭만적인 신비로 묘사했다. "사랑은 모든 계산을 물리친다"고 그는 썼다. "우리는 사랑에서 사리판단을 하지 않는다. 우리는 우리가 '마땅히 사랑해야 할' 사람이 아니라 사랑할 수밖에 없는 사람을 택하는 것이다."[9] 그해가 저물어갈 무렵, 엘리엇과 루이스는 함께 독일을 여행했다. 그는 "과학에서의 시인"이 되기를 원했고, 그녀는 "과학적인 시인"이 되기를 원했다.[10]

엘리엇의 세계관이 변모한 이유를 사랑에서 찾는다는 것은 너무 간단한 설명이다. 인생의 일들은 결코 그렇게 단순 명백하지 않다. 하지만 루이스가 엘리엇에게 영향을 준 것은 부인할 수 없는 사실이다. 그녀에게 소설을 쓰라고 격려하고, 그녀의 불안을 가라앉히고, 최초의 원고를 출판업자에게 넘겨준 것은 그였다.

스펜서와는 달리, 루이스는 19세기의 열광적인 과학을 결코 신용하지 않았다. 완강한 회의주의자였던 루이스가 처음 명성을 얻은 것은 1855년 『괴테의 생애』를 발표하면서부터였는데, 이 공감 어린 전기에서 그는 과학적 방법에 대한 괴테의 비판과 그의 낭만적 시가를 한데 엮어 짰다. 괴테에게서 루이스는 실증주의 기계론에 저항하고 그 대신 "**경험**이라는 구체적 현상"을 중시하는 인물을 발견한 것이다. 루이스는 제대로 된 실험심리학이 "우리의 사고 기관에 대한 객관적 통찰"을 제공해줄 수 있다는 것은 적극 인정하면서도, "예술과 문학"도 "심리적 세계"를 묘사하므로 그 못지않게 진실하다고 믿었다. 야심 찬 실험의 시대에, 루이스는 다원론자로 남아 있었다.

루이스가 『생명과 마음의 문제들』(루이스가 죽은 후 엘리엇이 이 글을 완성했다)에서 가장 명료하게 묘사했던 그의 심리관은, 인간의 뇌란 결코 알 수 없는 신비라는 것이었다. "그 단일성은 너무 복잡하다." 실증주의자들은 그 삭막한 세계관을 전도하겠지만, "생각하는 사람이라면 아무도 그것이 세상을 **설명**할 수 있다고는 상상하지 않을 것이다. 인생도 인간도 이전 어느 때 못지않게 불가해하다".[11] 자유란 우리 무지의 필연적인 결과이다.

엘리엇이 마지막 소설 『다니엘 데론다』(1876)를 쓸 무렵에는 라플라스와 스펜서를 위시한 실증주의자들이 틀렸음을 알게 되었다. 우주는 깔끔한 인과관계들로 증류될 수 없는 무엇이었다. 자유는 비록 미약하더라도 엄연히 존재했다. "필연주의*라는 말—나는 그 추한 말을 싫어한다"[12]고 엘리엇은 썼다. 그녀는 맥스웰의 분자 이론도 읽었고, 그의 강연을 자기 일기에 옮겨 쓰기도 했지만, 인생에서는 아

※ 필연주의necessitarianism란 결정론determinism의 동의어이다. 19세기에 유행했던 이 사상은 인간의 행동들이 통제할 수 없는 기존 원인들에 의해 '필연적으로' 일어난다는 것이다.

무엇도 완벽하게 예견될 수는 없다는 것을 알고 있었다. 자신의 생각을 분명히 하기 위해 그녀는 라플라스가 상상했던 것 같은 인간 존재들의 묘사로 『다니엘 데론다』의 첫머리를 시작했다. 배경은 음침한 카지노이고, 음울한 사람들이 모여서 "마치 모두가 무슨 약초의 뿌리라도 먹어서 당분간은 각자의 뇌가 똑같은 편협하고 단조로운 행동을 하지 않을 수 없다는 듯이" 행동한다. 이 도박사들은 전적으로 무력하며, 딜러가 무작위적으로 패를 나눠주는 데 의존하고 있다. 그들은 어떤 패를 쥐게 되건 수동적으로 받아들인다. 그들의 운명은 통계학의 무자비한 법칙에 의해 결정된다.

엘리엇의 정교하게 짜인 작품에서 카지노는 아무렇게나 고른 무대가 아니라 결정론에 대한 비판이다. 그녀는 그런 기계론적 인생관을 도입하자마자 그 어리석음을 무너뜨리기 시작한다. 다니엘은 카지노에 들어간 후 한 외로운 여자—그웬돌린 할레스—를 감시한다. "공중에 뜬 주사위처럼" 그웬돌린은 미지의 여자이다. 그녀의 신비함은 즉시 다니엘의 관심을 끈다. 그녀는 카지노의 답답한 분위기 너머에 있다. 우연이 자신의 운명을 만들어주기를 기다리며 맥 놓고 있는 도박사들과는 달리, 그웬돌린은 자유로워 보인다. 다니엘은 그녀를 뚫어져라 쳐다보면서 감탄한다. "그녀는 아름다운가 아닌가? 그녀의 눈길을 저렇듯 생기 있게 하는 형태 내지 표정의 비밀은 무엇인가?"[13]

엘리엇은 카지노라는 공간을 이용하여 우리 모두가 신비하며 '형태의 비밀'임을 상기시키고자 한다. 그리고 그웬돌린은 '다이내믹'한 사람이므로, 자기 인생을 어떻게 펼쳐갈지도 스스로 결정할 것이다. 후에 그녀가 사악한 그랑쿠르—"그의 음성은 엄지손가락을 죄는 고문도구요, 팔다리를 잡아당기는 고문도구처럼 냉혹했다"—와 결혼하지 않을 수 없는 함정에 빠졌을 때에도 그녀는 결국 자유를 얻어내고야 만다. 엘리엇이 그웬돌린이라는 인물을 창조한 것은 인간의 자유는 타고난 것임을 우리에게 상기시키기 위해서였다. 우리는 정해진 답이 없는 공식이기 때문이다. 우리는 우리 자신이 풀어가는 문제이다.※

  조지 엘리엇은 당시의 사회물리학을 일축하는 한편, 다윈의 자연선택 이론을 새로운 '시대'의 출발점으로 환영했다.[14] 1859년『종의 기원』이 처음 출판되었을 때 그녀는 그 책을 읽었으며, 생명의 역사가 이제 일관성 있는 구조를 갖게 되었음을 즉시 깨달았다. 그것이야말로 인간의 기원에 대한 진정한 이론이었다. 실증주의자들은 생명의 혼돈이란 그저 외관일 뿐이며, 모든 것의 배후에는 불변의 물리적 질서가 버티고 있다고 믿지만, 다윈의 진화론은 무작위성 그 자체가 자연에 속하는 사실이라고 했다.※※ 다윈에 따르면, 한 개체군群에서 다양성

※물론 자유롭다는 것은 우리가 우리 행동에 대해 책임을 지게 만든다. 사회물리학에서 엘리엇이 발견한 주된 문제점 중 하나는 그것이 우리에게 일체의 도덕적 힘을 부인한다는 것이었다. 즉 만일 모든 행동이 외적 원인에 의한 것이라면, 잔인함을 벌하는 것도 잔인한 일이 된다. 엘리엇은 자기 소설에서 인간 본성을 좀 더 사실적으로 묘사함으로써 우리에게 더 나은 사람이 되고자 하는 마음을 고취하고자 했다. 사회물리학은 우리를 냉혹하게 만들지만, 예술은 우리에게 연민을 가르칠 것이다.
※※다윈은 자연선택의 핵심에는 우연성이 있음을 인정했다. 비록 결코 '임의적'이라는

을 만들어내는 것은 순전한 우연이었다. 유전적 변이(다윈은 이것을 **도약**이라 불렀다)는 어떤 자연 법칙도 따르지 않았다. 이 다양성이 유기체들 간에 상이한 번식율을 초래하며, 이것이 적자생존으로 이어졌다. 생명은 무질서에도 불구하고가 아니라 바로 그 무질서 **때문에** 진화하는 것이었다. 신학자의 문제—자연에 왜 그렇게 많은 고통과 우발사들이 있는가 하는 문제—가 다윈의 해답이 된 셈이었다.

엘리엇이 다윈에게 이끌린 것은 이처럼 모든 것이 우연에 의해 지배된다는, 사뭇 긴장되면서도 원기를 돋우는 생각 덕분이었다. 진화란 무작위적인 다양성에 지배되므로, 그 자체도 불가해한 것이었다. 생명의 진화는 분명한 원인을 알 수 없는 사건들에 달려 있었다. 허버트 스펜서가 다윈의 진화론이 **모든** 생물학적 신비를 풀 수 있다고 믿었던(자연선택은 말하자면 새로운 사회물리학이었다) 것과는 달리, 엘리엇은 다윈이 생명의 신비를 한층 더 심화시켰다고 믿었다. 그녀는 일기에 이렇게 적었다. "그러니까 세상은 한 발 한 발 용감한 명백성과 정직성을 향해 나아간다! 하지만 내게는 발달 이론〔다윈의 진화론〕을 위시해서 사물들이 존재하게 되는 과정을 설명하는 다른 모든 이론들이 그 과정의 배후에 있는 신비에 비하면 미미한 인상밖에 주지 못한다." 진화란 아무 목적도 계획도 없는 것이므로 그것은 단지 축적된 우연의 총계일 뿐 인간은 생물학적으로 여전히 불가해한 존

형용사를 쓰지는 않았지만, 다윈은 변이들이 "일정한 방향 없이" "정해지지 않은 방식으로 일어난다"고 줄곧 주장했다.

재이다. "엄밀한 계량자인 과학조차도 실은 임의적인 단위를 가지고 시작할 수밖에 없다"[15]는 점을 엘리엇은 인정했다.

생명에 내재하는 신비란 엘리엇의 가장 웅변적인 주제 중 하나이다. 그녀의 예술은 실증주의의 장광설, 모든 것이 언젠가는 몇 가지 전능한 공식들로 정의되리라고 단언하는 주장들에 항의했다. 반면 엘리엇은 항상 우리가 알 수 없는 것, 삶에서 끝내 해명할 수 없는 양상들에 지대한 관심을 가지고 있었다. 그녀는 『미들마치』에서 이렇게 경고했다. "만일 우리가 **모든** 보통 인간의 삶을 날카롭게 보고 느낄 수 있다면, 그것은 마치 풀들이 자라고 다람쥐의 심장이 뛰는 소리가 들리는 것과도 같을 것이며, 우리는 침묵의 반대편에 도사리고 있는 그 함성 때문에 죽어버리고 말 것이다. 실제로는, 우리 중 가장 영리한 자도 어리석음으로 똘똘 뭉친 채 돌아다니는 것이다."[16] 그녀의 소설에 등장하는 인물들 중에 인간의 신비를 부정하는 이들, 자유란 환상일 뿐이며 현실은 추상적 법칙(그들은 용케도 그런 법칙을 발견했는데)에 의해 지배된다고 주장하는 이들은 사회의 진보에 역행한다. 그들이야말로 '부적절한 사상들'을 신봉하는 악당들이다. 엘리엇은 알프레드 테니슨의 『추모시』를 즐겨 인용했다. "반쯤 믿는 것보다는 정직한 의심 속에 더 많은 믿음이 있다."[17]

엘리엇의 걸작인 『미들마치』에는 라플라스가 '세계의 궁극적 법칙'이라고 부른 것을 추구하는 두 명의 환원주의자가 등장한다. 도로시아 브루크의 거만한 남편 에드워드 커서본은 다양한 종교적 경험들 사이에 숨어 있는 연관성을 밝힐 목적으로 『신화학 전해全解』를 저술하는 데 평생을 바친다. 그의 저작은 실패할 수밖에 없으니, 엘리엇의 표현에 따르자면, 그는 "작은 방들과 꼬불꼬불한 층계들 사이에서 길을 잃었기 때문"[18]이다. 커서본은 결국 '심장의 지방 변성'으로 인해 죽게 되니, 그야말로 상징적인 죽음이다.

야심만만한 시골 의사인 터시어스 리드게이트 역시 그 못지않게 헛된 연구에 몰두해, '생명의 원초적 조직'을 찾고 있다. 그의 어리석은 연구는 허버트 스펜서의 생물학적 이론들을 암시하는 것으로, 엘리엇은 그런 조롱을 즐겼다.※ 커서본처럼 리드게이트도 자기 과학의 설명 능력을 과대평가했다. 그러나 현실적인 삶의 압박으로 리드게이트는 결국 학문적 생애를 포기하게 된다. 약간의 재정적 실수를 범한 끝에, 리드게이트는 결국 통풍 치료에 용한 의사로 자리 잡는다. 하지만 그는 "자신을 실패자로 여겼다. 그는 자기가 하고자 했던 바를 하지 못했기 때문이었다". 그 자신의 생애는 과학의 한계에 대한 증언이 된다.

커서본이 죽은 후, 『미들마치』의 여주인공 도로시아—그녀는 엘리엇과 묘하게 닮은 구석이 있다—는 윌 레이디슬로와 사랑에 빠지는데, 이 시적인 인물은 자유의지의 상징이라 할 수 있다.(윌은 "자신이 물려받은 오점에 대해 열정적으로 저항"했다.) 커서본의 마지막 유언

※ 엘리엇은 스펜서와 함께 큐Kew 왕립식물원으로 식물 채집을 갔던 이야기를 즐겨 하곤 했다. 열렬한 다윈주의자인 스펜서는 모든 꽃의 구조를 "진화적 발달의 필연성"에 대한 막연한 이야기로 설명하려 했다. 그러다 자신의 깔끔한 이론에 맞지 않는 꽃이 나오면 "꽃에게 안된 일이지 tant pis pour les fleurs"라는 것이 그의 변명 아닌 변명이었다.

장(윌Will이라는 이름, 마지막 유언장last will, 모두가 의지will이다) 때문에 도로시아는 자신의 사랑에 따라 행동할 수가 없다. 만일 사회적으로 낮은 계층에 속하는 윌과 결혼하면 그녀는 남편의 유산을 잃게끔 되어 있었다. 그래서 그녀는 불행한 과부로서 체념하고 산다. 그러고는 수많은 암담한 페이지가 넘어간 후에, 윌이 미들마치로 돌아오고 도로시아는 자신이 그와 함께 하는 삶을 원한다는 것을 깨닫는다. 자유가 없다면 돈은 휴지조각일 뿐이다. 그녀는 커서본의 영지를 버리고 진정한 사랑과 함께 떠난다. 윌을 포옹하는 것은 그녀가 자유의지로 한 최초의 행동이다. 그들은 "빛과 언어의 영역에서" 내내 행복하게 살았다.

그러나 『미들마치』는 이런 해피엔딩이 시사하는 것보다 훨씬 더 복잡한 작품이다.(그 때문에 버지니아 울프는 『미들마치』를 "성인들을 위해 쓰인 드문 영국 소설 중 하나"라고 평했다.) 엘리엇은 행복한 결말을 신뢰하기에는 다윈을 너무 많이 읽었다. 그녀는 우리 각 사람이 "힘겹고 불편한 현실"[19]을 맞닥뜨리게 된다는 것을 인정했다. 엘리엇으로서는 유감스럽게도 도로시아가 독신녀인 채로 소설을 마감할 수 없었던 것은 그 때문이다. 그녀는 여전히 19세기의 사회적 관습에 매여 있었던 것이다. 엘리엇이 소설의 말미에서 훈계하듯이, "외부의 영향을 크게 받지 않을 만큼 그렇게 내적인 존재가 강한 피조물은 없다".[20]

복잡한 플롯 가운데서 엘리엇은 우리의 내면과 외부세계가, 우리의 의지와 운명이, 사실상 착잡하게 얽혀 있음을 입증하고자 했다.

"모든 한계는 끝이자 시작이다"[21]라고 엘리엇은 『미들마치』에서 고백한다. 우리의 상황은 우리가 길을 만들어가는 원재료를 제공하며, "어쩔 수 없는 일에 맞부딪혀 날개를 상하지 않는 것"이 중요하기는 하지만 그래도 "무엇인가 좀 더 나은 것을 성취하기 위해 영혼의 온 힘을 바치는 것"[22]은 언제든 가능하다. 우리는 언제라도 우리의 삶을 변화시킬 수 있다.

새로운 마음

만일 과학이 자유를 볼 수 있다면, 그것은 어떻게 생겼을까? 만일 과학이 의지를 발견하고자 한다면, 어디서 찾아야 할까? 엘리엇은 마음이 자신을 바꾸는 능력이야말로 우리 자유의 원천이라고 믿었다. 『미들마치』에서 도로시아—엘리엇 자신과 마찬가지로 변화하기를 결코 멈추지 않는 인물—는 마음이란 "대리석에 새긴 것처럼 요지부동이 아니라 살아서 변화하는 무엇"[23]이라는 말을 듣는다. 도로시아는 이 생각에서 희망을 얻는다. 왜냐하면 그것은 영혼이 "구원되고 치유될 수 있음"을 의미하기 때문이다. 문학적 선배인 제인 오스틴과 마찬가지로, 엘리엇은 변화의 가능성을 받아들일 수 있을 만큼 용감한 인물들을 높이 산다. 『오만과 편견』의 주인공 엘리자베스 베넷이 자신의 편견을 극복했듯이, 도로시아도 처음의 실수를 극복한다. 엘리엇이 썼듯이, "우리는 과정이며 전개이다".

생물학은 적어도 최근까지는 뇌의 가소성plasticity에 대한 엘리엇의
믿음을 공유하지 않았다. 라플라스와 실증주의자들은 우리의 환경을
감옥과도 같은 것―그 한계들로부터 벗어날 길이 없는 것―으로 보
았던 반면, 다윈 이후로는 결정론이 새로운 구실을 발견했다. 생물학
에 따르면, 뇌는 유전적으로 지배되는 로봇과도 같은 것이며, 우리의
신경 연결망은 우리의 통제를 넘어서는 힘들에 의해 지배된다는 것이
다. 토머스 헉슬리가 경멸적으로 선포했듯이, "우리는 의식을 가진
자동인형들이다".[24]

이런 주제를 가장 역력히 드러내주는 현대적 표현은 우리가 완전
히 갖추어진 뉴런들을 가지고 태어났다는 과학적 믿음이다. 이 이론
에 따르면, 뇌세포들은 우리 몸의 다른 세포들과는 달리 세포분열을
하지 않는다. 유아기가 지나면 우리의 뇌는 이미 완성된다. 마음의
운명이 정해지는 것이다. 20세기 내내 이 생각은 신경과학의 근본 원
리 중 하나가 되었다.

이 이론의 가장 설득력 있는 옹호자는 예일 대학의 파스코 라키치
였다. 1980년대 초에 라키치는 뉴런들이 분화하지 않는다는 생각이
영장류에서 한 번도 제대로 실험되지 않았다는 것을 깨달았다. 이 정
설은 순전히 이론적인 것이었다. 라키치는 실험에 착수했다. 그는 12
마리의 붉은털원숭이를 대상으로 하여, 방사능 표식 처리를 한 티미
딘(아미노산의 한 종류)을 주사함으로써 뇌 속의 뉴런 발달을 추적할
수 있게 했다. 그 후 라키치는 티미딘 주사 후 여러 단계에서 원숭이
들을 죽여 새로운 뉴런이 생성된 흔적을 찾아보았다. 그런 흔적은 전

혀 발견되지 않았다. "붉은털원숭이의 뇌를 구성하는 모든 뉴런은 출생 전과 출생 직후에 생성되었다"고 라키치는 결론을 내렸다. 이 연구를 정리한 그의 논문 「영장류의 신경발생의 한계」는 1985년에 발표되었고, 널리 영향을 미쳤다. 라키치는 자신의 증거가 완전하지 않다는 점은 인정했지만, 기존의 정설을 설득력 있게 옹호했다. 그는 왜 뉴런이 분화하지 않는가에 대해 그럴싸한 진화론적 이론을 구축하기까지 했다. 라키치는 진화의 아득한 과거 어느 시점에 영장류는 새로운 뉴런을 생성하는 능력과 오래된 뉴런들 사이의 연결을 변화시키는 능력을 맞바꾸었으리라고 상상했다. 라키치에 따르면, 영장류의 '사교적이고 인지적인' 행동은 뉴런 생성의 부재를 **요구한다**는 것이었다. 그의 논문은 모두가 이미 믿고 있던 것을 철저히 논증함으로써 그 문제를 종결지은 듯했다. 그의 실험은 달리 검증되지 않았다.

그러나 과학적 방법의 진수는 어떤 결론도 영원불변이 아니라는 데 있다. 모든 이론은 불완전하므로, 회의주의야말로 그 용매인 셈이다. 과학적 사실들이 의미를 갖는 것은 바로 그렇게 한계를 인정하기 때문이며, 언제든지 새로운 관찰, 좀 더 정직한 관찰에 의해 바뀔 수 있기 때문이다. 뇌의 고정성에 대한 라키치의 이론에도 그런 일이 일어났다. 칼 포퍼의 동사를 사용해 말하자면 그것은 **반증되었다**falsified.

1989년, 뉴욕의 록펠러 대학에 있는 브루스 매큐언의 실험실에서 일하던 젊은 박사후연수생 엘리자베스 굴드는 스트레스 호르몬이 쥐의 뇌에 미치는 영향을 연구하고 있었다. 만성적인 스트레스는 뉴런에 해를 끼쳤고, 굴드의 연구는 해마 조직의 세포 사멸에 초점을 두고 있었다. 그러나 굴드는 뇌의 퇴행을 관찰하던 중에 너무나 기적적인 사실을 발견했다. 죽어가는 뇌가 한편으로는 소생하고 있었던 것이다.

뜻밖의 이변에 어리둥절해진 굴드는 도서관으로 갔다. 그녀는 자신이 뭔가 단순한 실험상의 실수를 했으리라고 생각했다. 왜냐하면 **뉴런은 분화하지 않으니까.** 그거야 누구나 아는 사실이었다. 그러나 먼지가 수북한, 27년 전의 묵은 과학 전문지를 뒤지다가, 굴드는 희미한 단서를 발견했다. 1962년부터 매사추세츠 공과대학MIT의 조지프 앨트먼이라는 연구자가 성숙한 쥐, 고양이, 모르모트 등에게서 새로운 뉴런이 생성되었음을 주장하는 논문을 발표해왔던 것이다.[25] 앨트먼은 라키치가 훗날 원숭이의 뇌에 사용하게 될 똑같은 방법—방사능 표식 처리가 된 티미딘 주입—을 사용했었지만 그의 결과는 조롱당했고 잊혀졌다.

그 결과 신경발생이라는 전혀 새로운 연구 분야가 제대로 시작되기도 전에 사라지고 말았던 것이다. 뉴멕시코 대학의 마이클 캐플런이 전자현미경을 사용하여 뉴런들이 새로운 뉴런들을 생성하는 영상을 잡아내는 데는 다시 10년이 걸렸다. 캐플런은 포유류의 뇌에서, 피질을 포함하여 어디에서나, 새로운 뉴런들을 발견했다.[26] 그러나 이처럼 눈에 보이는 증거에도 불구하고, 과학은 기존의 정설을 고수했다. 수년간의 조롱과 회의를 견딘 끝에, 캐플런은 이전의 앨트먼이 그랬듯이 신경발생이라는 분야를 포기하고 말았다.

앨트먼과 캐플런의 논문을 읽은 굴드는 자신의 실수가 아님을 깨달았다. 그것은 단지 무시된 사실이었다. 정설에 위배되는 현상은 묵과되었다. 그러나 퍼즐의 마지막 조각은 마침 록펠러 대학에 와 있던 페르난도 노테봄의 연구에서 발견되었다. 노테봄은 새의 뇌에 관한 일련의 탁월한 연구에서 새가 노래하기 위해서는 신경발생이 요구된다는 사실을 보여주었던 것이다. 수컷 새들은 그 복잡한 가락들을 노래하기 위해 새로운 뇌세포들을 필요로 했다. 사실상 새의 노래 중추에 있는 뉴런의 1퍼센트는 매일 새로워졌다. "당시로서 그것은 급진적인 생각이었다"고 노테봄은 말한다. "뇌는 아주 고정된 기관으로 여겨졌다. 과학자들은, 일단 뇌의 성장이 끝나면, 마음은 결정화된 구조 속에 있다고 믿었다."27)

노테봄은 새들을 실제 서식지에서 연구함으로써 그런 정설이 틀렸음을 입증했다. 만일 그가 새들을 새장에 가두고 자연스러운 사회적 맥락을 제거했더라면, 그는 그렇게 많은 새로운 세포들을 관찰할 수 없었을 것이다. 새들은 스트레스를 받아 노래하지 않았을 테고, 새로운 뉴런들은 그만큼 덜 생성되었을 것이다. 노테봄이 말했듯이 "자연을 멀리하는 연구는 생물학적 진공만을 들여다볼 수 있을 뿐이다".28) 그가 되새류나 카나리아에게서 신경발생이 정말로 진화적 목적을 가지고 있음을 입증할 수 있었던 것은 그가 실험실이라는 진공의 **바깥에서** 새들을 관찰한 덕분이었다.

노테봄이 제시한 명백한 자료에도 불구하고, 그의 연구는 중요치 않은 예외로 취급되었다. 새의 뇌는 포유류의 뇌와 무관한 것으로 여겨졌던 것이다. 조류의 신경발생은 하늘을 날기 위해서는 뇌가 좀 더 가벼워야 한다는 사실을 반영하는, 특이한 현상이라고 설명하면 그만이었다. 과학철학자 토머스 쿤은 『과학혁명의 구조』(1962)에서 과학이 그 모순들을 배제하는 경향이 있음을 이렇게 지적한 바 있다. "과학자가 자연을 다른 방식으로 보게 되기까지, 새로운 사실은 전혀 과학적 사실이 아니다."[29] 신경발생의 증거는 '정상적 과학'의 세계에서 고의적으로 배제되었다.

그러나 굴드는 자신이 실험적 관찰에서 발견한 이변에 자극받아 그 고립된 연구들을 하나의 맥락으로 이어보았다. 그녀는 앨트먼과 캐플런과 노테봄이 모두 포유류 신경발생의 강력한 증거를 제시했음을 깨달았다. 이처럼 무시되었던 데이터들에 직면한 굴드는 이전의 연구계획을 포기하고, 뉴런의 발생이라는 문제를 연구하기 시작했다.

그녀는 이후 8년이라는 기간을 방사능 처리된 쥐의 뇌를 무수히 측량하는 데 바쳤다. 그러나 그 지루한 수작업은 보상을 받았다. 굴드의 데이터는 마침내 패러다임 변환을 가져왔던 것이다. 앨트먼이 처음으로 새로운 뉴런을 일별한 후 30년 이상 세월이 흐른 뒤에야 신경발생은 과학적 사실이 되었다.

끊임없이 공격을 받으며 연구를 밀고 나가야 했던 그 좌절 많은 박사후연수생 시절이 끝난 후, 그녀는 프린스턴에 일자리를 얻게 되었다. 이듬해에 일련의 획기적인 논문들을 발표하면서, 그녀는 라키치의 데이터를 정면으로 반박하는 영장류에서의 신경발생 데이터들을 제시하기 시작했다. 그녀는 명주원숭이와 짧은꼬리원숭이가 평생 동안 새로운 뉴런을 생성한다는 것을 입증했다. 뇌는 고정되기는커녕 끊임없는 세포 변화의 상태에 있었다. 1998년에는 라키치조차도 신경발생은 사실임을 인정했고, 붉은털원숭이들에게서도 새로운 뉴런들을 보았음을 보고했다.※ 교과서들은 다시 씌어졌다. 뇌는 끊임없이 생성되는 것이었다.

굴드는 계속하여 신경발생의 양은 유전자만이 아니라 환경에 의해 조절된다는 사실을 밝혀냈다. 고도의 스트레스는 새로운 세포의 수를 감소시킬 수 있으며, 지배 위계에서 지위가 낮다는 사실(영장류에게서 하위 계층에 해당)도 같은 영향을 미친다. 스트레스 상황에 사는 어미 원숭이가 낳은 새끼들은, 새끼들 자신은 스트레스를 받지 않는데도, 신경발생이 현저히 저하되어 있었다.[30] 그러나 희망은 있으니, 그런 스트레스의 상처도 치유될 수 있다. 영장류를 좀 더 풍요로운 환경으로 옮기면—나뭇가지들과 숨겨놓은 음식을 많이 제공하고 놀잇감을 자주 바꾸어주면—다 자란 뇌도 급속히 회복하기 시작한다.

※ 애당초 라키치는 어쩌다가 그런 실수를 했을까? 그 대답은 쉽지 않다. 라키치는 탁월한 과학자이며, 그의 세대에서는 가장 우수한 신경과학자 중 한 사람이다. 그러나 방사능 처리된 새로운 뉴런을 보는 것은 매우 어려운 작업이다. 이 세포들은 지나치기 쉬우며, 하물며 그것들이 **있지 말아야** 할 때에야 두말할 것도 없다. 그것들을 보려면 먼저 찾고자 해야 한다. 게다가 거의 모든 실험실 영장류는 뉴런 생성을 억제하는 환경에서 살고 있다. 황량한 우리는 황량한 뇌를 만들어낸다. 영장류를 좀 더 풍요로운 환경으로 옮기기—나뭇가지들과 숨겨놓은 음식을 많이 제공하고 놀잇감을 자주 바꾸어주기—전에는, 그들의 다 자란 뇌는 제한된 양의 새로운 뉴런밖에 만들어내지 않을 것이다. 전형적인 실험실 환경이 동물들을 허약하게 하며, 따라서 데이터를 그르친다는 사실을 깨달은 것은 신경발생 분야의 우연한 발견 중 하나였다.

4주가 채 못 가서, 빈약했던 세포들은 근본적인 혁신을 거치며 새로운 연결망을 풍부하게 만들어냈다. 그들의 신경발생 비율은 정상 수준으로 돌아갔다. 이런 데이터는 무엇을 의미하는가? 우리 마음은 결코 회복 불가능하지 않으며, 어떤 환경도 신경발생을 소멸시킬 수 없다는 것이다. 살아 있는 한 우리 뇌의 중요한 부분들은 새로운 세포들을 만들어내고 있다. 우리 뇌는 대리석이 아니라 진흙이며, 우리의 진흙은 결코 굳어지지 않는다.

신경과학은 이 발견에서 가지 쳐 나가는 중요한 사실들을 탐구하기 시작했다. 우리 뇌의 해마 조직, 즉 뇌에서 배움과 기억을 조절하는 부분은 끊임없이 새로운 뉴런을 공급받으며,[31] 그 덕분에 우리는 새로운 사상과 행동들을 기억할 수 있게 된다.[32] 또 다른 과학자들은 항우울제가 (적어도 설치류에 있어서는) 신경발생을 자극함으로써 작용한다는 사실을 발견했으며, 이는 우울증이라는 것이 결국 세로토닌 부족이 아니라 새로운 뉴런의 양이 감소하여 생기는 것임을 시사한다.[33] 그래서 신경발생 경로에 작용하는 새로운 종류의 항우울제들이 개발되는 중이다. 무슨 이유에서인지는 모르지만, 갓 태어난 뇌세포들이 우리를 행복하게 하는 것이다.

자유는 여전히 추상적인 이념이지만, 신경발생은 우리가 결코 진화하기를 그만두지 않도록 진화했다는 세포적 증거이다. 엘리엇이 옳았다. 살아 있다는 것은 부단히 새로 시작하는 것이다. 그녀가 『미들마치』에 썼듯이, "마음은 인광燐光처럼 활발히 움직인다". 우리는 하루하루를 조금씩 새로운 두뇌로 시작하므로, 신경발생은 우리가 결코 발전을 끝낸 것이 아님을 보증해준다. 우리 세포의 끊임없는 요동 속에서—우리 뇌의 억제할 수 없는 가소성 속에서—우리는 자유를 발견한다.

문학적 유전체

신경과학이 뇌의 놀랍도록 유연한 구조를 밝히기 시작하는 동안에도, 다른 과학자들은 한층 더 강력한 결정론적 원리들에 홀려 있었다. 즉 유전학이 그것이다. 1953년 제임스 왓슨과 프랜시스 크릭이 DNA의 화학적 구조를 발견했을 때, 그들은 생명 그 자체를 설명하는 분자를 알아낸 셈이었다. 그것이 우리의 적나라한 근원이니, 영혼을 가진 인간은 몇몇 아미노산과 연약한 수소결합으로 환원되었다. 왓슨과 크릭은 플라스틱 모형 원자를 가지고서 그 멋진 분자 모형을 조립하는 순간 그것이 옳다는 것을 알아보았다. 그들이 만든 것은 이중나선, 즉 두 가닥이 엇꼬인 나선구조였다. 좀 더 중요한 사실은, 이 중나선이라는 형태가 유전정보를 전달하는 방식을 시사해주었다는 것이다. 나선구조를 지탱하는 동일한 염기쌍이 그 코드를, 네 개의 글자 A, T, C, G로 구성된 상형문자를 나타냈다.

왓슨과 크릭에 뒤이어 과학자들은 DNA의 원시적 언어가 복잡한 유기체들을 위한 지침들을 어떻게 나타내는가를 발견했다. 그들은 그런 생각을 '중심 정설Central Dogma'이라는 단순한 말로 표현했다.

즉 DNA가 RNA를 만들고 RNA가 단백질을 만든다는 것이다. 우리는 단백질의 정교한 구성물에 지나지 않으므로, 생물학자들은 우리가 실제로 우리 DNA의 총화라고 생각했다. 크릭은 그 생각을 이런 식으로 표명했다. "일단 '정보'가 [DNA로부터] 단백질로 넘어가면, 그것은 **다시 나오지 못한다.**"[34] 유전학의 견지에서, 생명이란 깔끔한 인과의 사슬이 되며, 우리 유기체는 궁극적으로 그런 인과관계의 조직으로, 세포핵 속에 떠도는 저 가냘픈 이중나선들로 환원될 수 있다. 리처드 도킨스가 『이기적 유전자』(1976)에서 선언한 대로, "우리는 생존 기계들이다. 유전자라고 알려진 이기적 분자들을 보존하기 위해 맹목적으로 프로그램된 로봇들이다".[35]

이런 생물학적 이데올로기의 논리적 연장이 '인간 유전체 사업 Human Genome Project'이다. 1990년에 시작된 이 프로젝트는 인간이라는 종의 유전적 서사를 해독하려는 시도였다. 이를 통해 모든 염색체, 유전자와 염기쌍이 정리되고 이해될 것이었다. 인간이라는 존재의 근간에서 그 신비가 제거될 것이고, 인간이란 자유를 결여한 존재임이 마침내 입증될 것이었다. 고작 27억 달러라는 예산만 있으면, 암에서부터 정신분열에 이르기까지 모든 것이 근절될 것이었다.

적어도 낙관적 가설에 의하면 그러했다. 그러나 자연이라는 텍스트는 놀랍도록 복잡하다는 사실이 밝혀졌다. 인간의 DNA에 맞먹는 문학적 등가물이란 말하자면 제임스 조이스의 『피네건의 경야』(1939)쯤 될 것이다. 인간 유전체 사업이 인간의 기층을 해독하기 시작하자마자, 분자생물학의 기본 가정들이 의문시될 수밖에 없었다.

이 프로젝트가 밝혀낸 최초의 놀라운 사실은 인간 유전체의 현기증 나는 크기였다. 인체를 구성하는 10만 종의 단백질을 해독하기 위해 기술적으로는 DNA의 9천만 개의 염기쌍이 필요하지만, 실제로 우리는 30억 개 이상의 염기쌍을 가지고 있다. 이런 잉여 텍스트의 대부분은 정크(쓰레기)이다. 사실상 우리 DNA의 95퍼센트는 과학자들이 '인트론intron'이라 부르는, 반복적이고 아무 의미도 없는 코드들의 영역이다.

그러나 인간 유전체 사업이 그 서사시적인 해독 작업을 끝낼 즈음에는, 우리의 '유전자'와 유전적 보충재genetic filler 사이의 구분이 희미해지기 시작했다. 생물학은 더 이상 무엇이 '유전자'인지 정의할 수 없게 되고 말았다. '중심 정설'의 매력적인 단순성은 우리 유전적 현실의 복잡성으로 인해 무너졌으니, 그 현실 속에서 유전자들은 접합되고 편집되고 메틸화되고 때로는 염색체들을 뛰어 넘는다(이런 것을 후생학적epigenetic 효과라 한다). 과학은 인간의 유전체가 마치 문학 작품과도 같이 주석이 필요한 텍스트임을 발견한 것이다. 엘리엇이 시에 대해 말한 것은 인간 DNA에 대해서도 사실임이 드러났다. "모든 의미는 해석의 열쇠에 달려 있다."

우리를 인간으로 만드는 것, 우리 각자를 각자의 인간으로 만드는 것은 단순히 우리가 지닌 염기쌍들 속에 묻혀 있는 유전자들이 아니라 우리의 환경과 대화하며 DNA에 되먹임 신호를 보내어 우리가 우리 자신을 읽는 방식을 변화시키는 우리의 세포들이다. 삶이란 변증법적이다. 예컨대 GTAAGT라는 유전암호의 염기서열은 발린과 세린이라는 아미노산들을 위한 지침으로 번역될 수도 있고, 아니면 다른 단백질 부분들 간의 적절한 상호 거리를 유지해주는 유전적 휴지부인 '스페이서spacer'로, 또 아니면 DNA로부터 RNA로 전사된 유전 정보를 차단하는 신호로도 읽힐 수 있다.[36] 우리의 DNA는 그 다중적 의미 가능성으로 정의된다. 그것은 맥락을 요구하는 암호이다. 그 때문에 우리는 우리 유전체의 42퍼센트를 곤충과, 98.7퍼센트를 침팬지와 공유하면서도, 그것들과는 전혀 다른 존재인 것이다.

인간 유전체 사업은 유전적 결정론의 한계를 입증함으로써 역설적으로 각 개인은 환원 불가능한 존재임을 재확인해주었다. 인간을 설명하는 데 실패함으로써 인간이란 단순히 해독 가능한 텍스트가 아님을 보여주었다는 말이다. 이 프로젝트 덕분에 분자생물학은 우리의 유전자가 현실 세계와 상호작용하는 방식에 초점을 맞추게 되었다. 인간이란 그 천성이 후천적으로 얼마든지 변화하는 존재임이 드러난 것이다. 이 도표화되지 않은 영역에서 문제는 더욱 흥미로워진다.(그리고 점점 더 어려워진다.)

인간의 마음을 예로 들어보자. 만일 인간의 대뇌피질—알려진 우주 전체에서 가장 복잡한 피조물로 간주되는 것—이 정말로 유전적으로 프로그램되었다면, 우리는 그것이 쥐의 뇌보다는 훨씬 더 많은 유전자를 지니고 있으리라고 기대할 수 있을 것이다. 그러나 실상은 그렇지 않다. 사실 쥐의 뇌는 인간의 뇌와 대체로 같은 수의 유전자를 가지고 있다. 수많은 종의 유전체들을 해독한 끝에, 유전체의 크기와 뇌의 복잡성 사이에는 거의 상관이 없음이 명백해졌다.(여러 종의 아메바들은 인간보다 훨씬 큰 유전체들을 가지고 있다.) 이 사실은 인간의 뇌가 그 디자인을 특수화하는 엄밀한 '유전적 프로그램'에 따라 발전하지 않는다는 것을 강력히 시사한다.

그러나 만일 인간의 뇌가 DNA에 의해 결정되지 않는다면, 다른 무엇에 의해 결정되는가? 물론 아무것으로도 결정되지 않는다고 답해버리면 간단하다. 우리 유전자들은 뇌의 대체적인 해부학적 사실들은 설명해주지만, 변화무쌍한 뉴런들은 우리의 경험에 적응하게끔 설계되었다. 면역체계가 실제로 만나는 병원체에 반응하여 변화하듯이(우리는 부모의 B세포를 갖고 태어나지 않는다), 뇌도 끊임없이 삶의 특수한 여건들에 적응하고 있다. 그 때문에 맹인들은 시각피질을 사용하여 브라유 점자를 읽을 수 있으며, 농아자들은 청각피질로 기호 언어를 처리할 수 있는 것이다. 손가락을 잃으면 신경 가소성 덕분에 다른 손가락들이 그 손가락에 해당하는 뇌 영역을 맡는다. 매사추세츠 공과대학 교수인 인도 출신 신경과학자 음리간카 수르는 흰족제비의 망막에서 나오는 정보를 청각피질에 연결시키는 매우 대담한 실험을 했다. 놀랍게도 흰족제비들은 여전히 볼 수가 있었다. 뿐만 아니라 놈들의 청각피질은 이제 전형적인 시각피질과 비슷해져서, 공간 지도와 빛의 기울기를 감지하는 뉴런들까지 갖추었다.[37] 가소성 분야를 확립한 연구자들 중 한 사람인 마이클 머제니크는 이 실험을 "경험이 뇌를 형성한다는 것을 보여주는 가장 강력한 논증"이라고 일컬었다.[38] 엘리엇이 언제나 주장했듯이, 마음은 그 순응성으로 정의되는 것이다.✦

우리를 결정하지 않으면서 우리를 만든다는 것이야말로 인간 DNA 의 승리이다. 우리의 유전체에 이미 내재하는 신경 가소성의 발견은 우리 각 사람으로 하여금 우리의 유전체를 초월하게 한다. 우리는 우리 텍스트의 막연한 철자들로부터 구체적인 형질이 되어 **창발한다** emerge. 물론 인간의 뇌에 내재하는 자유를 받아들인다는 것―개인이란 유전적으로 미리 결정되지 **않는다**는 사실을 아는 것―은 우리에게 어떤 단일한 해결책도 없다는 사실을 받아들이는 것이기도 하다. 우리에게는 날마다 새로운 뉴런들과 가소성이 있는 피질 세포들이 주어진다. 우리의 뇌가 무엇이 될지는 우리 자신만이 결정할 수 있다.

우리 DNA에 대한 가장 좋은 비유는 문학이다. 모든 고전 문학작품들과 마찬가지로, 인간 유전체는 확실한 어떤 의미로 정의되지 않으며, 그 언어적 비정태성으로, 해석의 다양성을 가능케 하는 힘으로 정의된다. 한 편의 시나 소설을 불후의 것으로 만드는 것은 역설적이게도 그 복잡성, 독자 각 사람이 같은 말에서 다른 이야기를 발견하

❀ 오늘날의 과학자들은 강력한 유전적 성질을 지닌 정신적 특질들―가령 IQ―이 환경변화에 놀랄 만큼 예민하다는 것을 발견하고 있다. 프랑스의 한 연구는 4~6세에 입양된 지체아동들에 관한 것인데, 우리의 타고난 본성이라는 것도 우리가 양육되는 과정에 달려 있음을 입증해주었다. 처음 입양되었을 때 이 아이들의 지능은 평균 77로, 저능아에 가까웠다. 그러나 9년 후에 다시 IQ 검사를 받았을 때는 모두가 현저히 향상되어 있었다. 이것은 대단히 놀라운 일이었다. IQ는 평생 근본적으로 변하지 않는다는 것이 정설이었기 때문이다. 더구나 아이들의 IQ가 향상한 정도는 입양 가정의 사회 경제적 지위와 직접 관련이 있었다. 중산층 가정에 입양된 아이들은 평균 92가 되었지만, 상류층 가정에 입양된 아이들은 평균 20점 이상이 향상된 98이었다. 평균보다 현저히 낮은 상태였던 그들의 IQ가 비교적 짧은 기간에 정상 수준으로 회복되었던 것이다.

는 방식이다. 예컨대 많은 독자들이 『미들마치』의 결말—도로시아가 윌과 결혼하는—을 주인공들이 모든 악을 이기고 결혼하기에 이른다는 식의 전통적인 해피엔딩으로 여길 것이다. 하지만 어떤 독자들—가령 버지니아 울프 같은—은 도로시아가 혼자서 살수 없다는 사실에서 "비극보다 더 우울한" 플롯의 전개를 볼 것이다. 같은 책이 두 가지 상반된 결론으로 해석되는 셈이다. 그러나 어느 한쪽이 옳다고는 할 수 없다. 소설의 독자는 각기 자유롭게 의미를 발견할 수 있다. 우리의 유전체도 그런 식으로 작용한다. 삶이 예술을 모방한다고나 할까.

카오스의 축복

우리의 DNA는 어떻게 그런 비결정성을 고취하는 것일까? 뭐라 해도 『미들마치』에는 그런 애매한 결말을 일부러 만든 저자가 있었지만, 실제 삶에는 그런 의도적인 고안자가 없지 않은가? 개인의 자유에 없어서는 안 될 자유재량권을 만들어내기 위해, 자연선택은 비록 실망스러울망정 교묘한 해답이 될 수 있다. 우리는 삶이 완벽하게 가동되는 무엇이라고(마치 우리의 세포들이 조그만 스위스 시계이기나 한 것처럼) 상상하기를 좋아하지만, 사실 우리의 부분들은 그렇게 예측할 수 있는 것이 아니다. 가수 밥 딜런은 이렇게 말한 적이 있다. "나는 혼돈을 받아들인다. 그것이 나를 받아들이는지는 잘 모르겠지만." 분자생물학도 삶의 무질서 앞에서 혼돈을 받아들이는 수밖에 없다. 물리학이 비결정적인 양자역학의 세계를 발견했듯이—이 발견은 시간과 공간의 정태성에 대한 고전적 개념들을 폐기했다—생물학은 알 수 없는 혼잡의 핵심을 들추고 있다. 생명이란 무작위성 위에 구축된 것이다.

삶의 근본적 무질서에 대한 최초의 통찰 가운데 한 가지는 1968년 일본 유전학자인 기무라 모토木村資生가 진화생물학을 도입하여 '중립진화론'을 수립함으로써 얻어졌다. 많은 과학자들은 이것을 다윈 이래 진화론의 가장 흥미로운 개정판으로 간주하고 있다. 기무라의 발견은 한 가지 역설에서 시작한다. 1960년대 초부터 생물학자들은 마침내 자연선택을 겪는 종種에서 유전적 변화의 비율을 측정할 수 있게 되었다. 기대했던 대로, 진화 기제는 무작위적 돌연변이였으니, 이중나선들은 빗발치는 편집 오류를 겪었다. 그러나 이런 데이터에 숨겨진 불편한 새로운 사실은 우리의 DNA가 너무 많이 변한다는 것이었다. 기무라의 계산에 따르면, 평균 유전체는 진화 등식이 예견했던 비율의 백 배나 되는 비율로 변했다. 사실상 우리의 DNA는 너무나 변하기 때문에 자연선택으로는 도저히 이런 '적응'을 다 설명할 수가 없다.

그러나 만일 자연선택이 우리 유전자들의 진화를 일으키는 동기가 아니라면, 대체 무엇이 그 동기인가? 기무라의 대답은 간단했다. 혼돈, 순전한 우연, 돌연변이의 주사위와 유전적 부동genetic drift의 포커라는 것이었다. 우리 DNA의 수준에서는 진화가 대부분 우연에 의해 일어난다.✦ 한 인간의 유전체는 무작위적 실수의 기록인 것이다.

그러나 어쩌면 그 무작위성은 우리 DNA에 한정된 것일지도 모른다. 세포는 시계처럼 정확히 약간의 질서나마 회복하지 않겠는가? 분명 우리 유전체의 **번역**—우리의 실제적 유전자의 발현—은 완벽하게 통제되는 과정이며 거기에는 혼란의 여지가 없다. 그렇지 않다면 어떻게 우리가 제대로 기능하겠는가? 분자생물학은 이런 식으로 가정해왔지만, 사실은 그렇지가 않다. 생명이란 도무지 깔끔하지가 않은 것이다. 우리 세포 안에는 핵산과 단백질의 조각들이 목적 없이 떠돌아다니면서 상호작용을 일으킨다. 아무런 인도 원리도 없고 정확성도 보장되지 않는다.

2002년 『사이언스』지에 실린 「단일 세포에서의 확률적인 유전자 발현」이라는 논문에서 캘리포니아 공과대학의 마이클 엘로위츠는 유전자 발현에는 본래적으로 생물학적 '잡음'(noise, 혼돈을 가리키는 과학적 동의어)이 따르게 마련임을 보여주었다. 먼저, 엘로위츠는 반딧불이에서 추출한 두 가지의 서로 다른 DNA 염기서열을 대장균*E. coli*

✦기무라의 결론은 엄청난 논란을 불러일으켰지만—몇몇 신다윈주의자들은 그가 현란한 수학으로 무장한 창조론자일 뿐이라고 말했다—따지고 보면 그럴 일이 아니었다. 사실 다윈도 기무라와 같은 의견이었을 것이다. 1872년에 발간된 『종의 기원』 최종판에서 다윈은 자신의 입장을 명백히 했다. "최근 내 결론이 크게 오해되어 내가 종의 변모를 오로지 자연선택의 탓으로 돌리는 것처럼 회자되는 데 대해, 나는 이 논저의 초판에서, 그리고 그 후에도, 가장 눈에 띄는 곳에서 다음과 같은 말을 했음을 상기시키고자 한다. '나는 자연선택이 종의 변모에 주된, 하지만 **독점적이지는 않은** 수단이었다고 생각한다.' 그런데 아무 소용이 없었다. 끈질긴 오해의 힘이란 대단한 것이다."(다윈, 1872, p. 395)

의 유전체에 삽입해보았다. 한 유전자는 생물체가 녹색 형광을 내도록 하는 단백질을 암호화했고, 다른 유전자는 박테리아가 붉게 빛나게 만들었다. 엘로위츠는 만일 (고전적 생물학 이론이 예견하는 대로) 두 가지 유전자가 대장균에서 대등하게 발현된다면 (빨간빛과 초록빛을 더하면 노란빛이 나므로) 노란색이 지배적이리라는 것을 알고 있었다. 즉 만일 생명에 내재적 잡음이 없다면, 모든 박테리아가 똑같은 빛깔의 형광을 낼 것이었다.

그러나 엘로위츠가 발견한 바에 따르면, 빨간빛과 초록빛의 유전자들이 통상적인 수준으로 발현되고 과잉 발현되지 않는다면, 시스템 내의 잡음이 갑자기 눈에 띄게 된다. 어떤 박테리아는 노란빛이 되지만, 내재적 무질서의 영향을 받은 다른 세포들은 진한 청록색 혹은 등황색 빛깔을 띠었던 것이다. 이 모든 색깔의 다양성은 형광 단백질 수준의 설명할 수 없는 차이에서 비롯되었다. 즉 두 가지 유전자는 대등하게 발현되지 **않았다**. 모든 분자생물학 실험의 기초가 되는 간단한 전제, 즉 생명은 일정한 법칙을 따른다, 모든 생명체는 그 DNA를 충실하고 정확하게 전사한다는 명제는 원핵생물의 다채로운 콜라주 안에서 사라지고 말았다. 세포들은 기술적으로는 동일했지만, 그것들의 시스템 안에 있는 무작위성이 형광 빛깔에 상당한 변화를 일으켰던 것이다. 박테리아 빛깔의 이런 불일치는 줄일 수가 없었다. 잡음의 원인은 단일하지가 않았다. 그것은 생명체를 살아 있게 하는 본질적인 요소로서 **그저 존재했다**.

더구나 유전자 번역에 내재하는 이런 혼잡성은 위쪽으로 퍼져나가

면서 생명의 모든 양상에 전염되고 영향을 준다. 예를 들어 과일파리
는 몸에 감각기관 역할을 하는 긴 털이 나 있다. 이 털의 위치와 밀도
는 파리의 양 옆구리에서 똑같지 않은데, 그 차이에는 아무런 법칙성
이 없다. 요컨대 파리의 양 옆구리는 같은 유전자들에 의해 암호화되
며 같은 환경에서 발달했다. 그렇다면 양 옆구리의 털이 다르게 나는
것은 세포 내에서 원자들이 제멋대로 엎치락뒤치락하는 결과이다.
이른바 생물학자들이 '발생학적 잡음'이라 하는 것이다.(우리의 오른
손과 왼손의 지문이 다른 것도 마찬가지 이유다.)

우리 뇌에서도 같은 원리가 작용한다. 신경학자 프레드 게이지는
레트로트랜스포존retrotransposon—우리 유전체 주위를 제멋대로 돌아
다니는 정크 유전자들—이 뉴런들 안에 유독 많이 있음을 발견했다.
사실 이 귀찮은 DNA 부스러기들은 우리 뇌세포의 거의 80퍼센트에
삽입되어 임의로 유전적 프로그램을 변경시킨다. 처음에는 게이지도
이런 데이터에 어리둥절했다. 뇌는 일부러 파괴적이 되어 자신의
지침들을 해체하는 데 열심인 것처럼 보였다. 그러다가 게이지는 이
모든 유전적 단절들이 완벽하게 독특한 마음들을 만들어낸다는 것을
깨닫게 되었다. 각 사람의 뇌는 제각기 다른 방식으로 레트로트랜스
포존의 영향을 받기 때문이다. 다시 말해 혼돈chaos이야말로 우리의
개성을 만들어내는 것이다. 게이지의 새로운 가설은 이 모든 정신적
무정부상태 덕분에 우리의 유전자들이 거의 무한히 다양한 마음들을
만들어낼 수 있다는 것이다.[39]

그리고 다양성이란 좋은 것이다. 적어도 자연선택의 관점에서는

그렇다. 다윈은 『종의 기원』에서 이렇게 말했다. "어느 한 종에서 나온 후손들이 구조, 구성 및 습관에서 다양할수록, 그들은 자연계 안에서 더 다양하고 많은 장소들을 포착하기에 적합해질 것이다."[40] 우리의 심리는 이런 진화론적 논리를 확증해준다. 수태되는 순간부터 계속하여 우리의 신경계는 일찍이 없었던 새로운 발명품이 되도록 고안된다. 동일한 DNA를 갖는 일란성 쌍둥이들조차도 놀랄 만큼 다른 뇌를 가지고 태어난다. 쌍둥이들이 기능성 자기공명영상장치 fMRI※ 안에서 동일한 임무를 수행할 경우, 대뇌피질의 각기 다른 부분이 활성화되는 것을 볼 수 있다. 성인이 된 쌍둥이들의 뇌를 해부해 보면, 뇌세포들의 세부적인 특징들은 완전히 다르다. 엘리엇이 『미들마치』의 서문에 썼듯이, "애매함은 여전히 남으며, 다양성의 한계는 상상할 수 있는 것보다 훨씬 더 넓다".

신경발생 및 신경 가소성의 발견이 그렇듯이, 생태계가 무질서 덕분에 번창한다는 발견은 패러다임의 전환을 가져왔다. 과학이 생명의 복잡성에 대해 알면 알수록, 즉 어떻게 DNA가 단백질이 되고 어떻게 단백질이 인간을 구성하는가를 알면 알수록, 생명은 롤렉스시계와는 다른 것이 되어갔다. 어디에나 혼돈이 있다. 칼 포퍼가 언젠가 말했듯이, 생명이란 **시계가 아니라 구름**이다. 구름처럼, 생명은 "고

※뇌가 기능function하는 장면을 자기공명영상 장치MRI로 찍는다고 해서 기능성 자기공명영상 장치라고 부른다.(옮긴이)

도로 불규칙적이고 무질서하고 다소간에 예측 불가능하다".[41] 무한한 기류에 의해 실려 다니고 모양을 바꾸는 구름의 의지는 알 길이 없다. 구름은 공중에서 제멋대로 피어오르고 무너져 내리며, 매순간 조금씩 달라진다. 우리 인간도 그렇다. 과학의 역사에서 이미 수없이 그랬듯이, 결정론적 질서라는 고정관념은 신기루임이 입증되었다. 우리는 이전 어느 때 못지않게 알 수 없이 자유로운 존재이다.

"생명이라는 수수께끼를 풀고자" 하는 모든 환원주의적 시도의 보기 좋은 실패는 조지 엘리엇이 옳았음을 보여준다. 1856년에 그녀는 이런 유명한 말을 했다. **"예술이야말로 삶에 가장 가까운 것이다. 그것은 경험을 증폭하는 방식이다."[42]** 엘리엇 소설의 언뜻 산만해 보이는 사실주의는 결국 인간이 처한 현실을 발견하게 해준다. 우리는 어떤 유전적이거나 사회적인 물리학에 의해서도 규정되지 않는다. 삶이란 전혀 기계 같지 않기 때문이다. 우리 각 사람은 자신이 선택한 대로 살 자유가 있으며, 우리의 본성은 얼마든지 변할 수 있다는 것이 우리의 축복이요 짐이다. 이것은 인간 본성에 불변의 법칙이 없음을 의미하지만, 또한 우리가 항상 더 나은 사람이 될 수 있음을 의미하기도 한다. 우리는 진행중인 작품이기 때문이다. 이제 우리에게 필요한 것은 새로운 인생관, 우리의 비결정성을 반영해주는 인생관이다. 우리는 완전히 자유롭지도 않고 완전히 결정되어 있지도 않다. 세상은 속박으로 가득하지만, 우리는 각기 자신의 길을 만들어갈 수 있다.

이런 것이 엘리엇이 신봉했던 삶의 복잡성이다. 그녀의 소설은 우리의 삶에 영향을 미치는 비인격적인 힘들을 자세히 그리지만, 그래도 결국 자신의 삶은 자신이 선택하는 것임을 보여준다. 엘리엇은 우리의 자유를 무시하는 모든 과학적 이론들을 비판했으며, "인간과 이웃의 관계는 대수적 등식으로 정리될 수도 있을 것"이라고 믿었지만 "그러나 이 모든 다양한 오류 중 어떤 것도 인간에 대한 진정한 지식과는 양립할 수 없다"고 썼다. 인간을 독특하게 하는 것은 우리 각자가 독특하다는 사실이다. 그 때문에 엘리엇은 '인간 본성'을 정의하려 한다는 것은 부질없는 짓이요, 자기 정당화가 될 위험이 있다고 늘 주장했다. "나는 구체적인 인간의 모습과 개인적 경험으로 구체화되지 않는 어떤 공식도 채택하기를 거부한다"[43]고 그녀는 썼다. 그녀는 우리가 물려받는 마음은 우리의 유전에 구속되지 않는다는 것을 알고 있었다. 우리는 언제든 타고난 바에 우리의 의지를 더할 수 있는 것이다. "저는 당신의 철학에 만족하지 않을 것입니다"라고 그녀는 1875년에 한 친구에게 썼다. "당신이 필연주의를 의지의 집행, 강하게 의지하는 의지의 집행과 조화시키기 전에는……"[44]

엘리엇이 예기했던 대로, 우리의 자유는 생래적인 것이다. 그 가장 근본적인 수준에서, 생명은 여지로 가득 차 있으며, 일체의 결정론을 무색케 하는 가소성으로 정의된다. 우리는 그저 탄소원자의 연쇄일 뿐이지만, 그런 근원을 훨씬 넘어선다. 진화는 우리에게 무한한 개성이라는 선물을 주었다. 이런 인생관에는 위대함이 있다.

03

오귀스트 에스코피에 : 맛의 정수

오귀스트 에스코피에 Georges Auguste Escoffier, 1846~1935 ___ '요리의 제왕', '현대적 전통요리의 거장'으로 숭배받는 프랑스의 요리장. 12세에 요리하는 일을 시작하여 74세에 칼튼 호텔에서 은퇴할 때까지 62년 동안 요리를 했다. 1884년 모나코 그랜드 호텔 요리장 시절에 총지배인이던 세자르 리츠와 의기투합하여, 이후 평생에 걸친 두 사람의 동업관계가 시작되었다. 그의 이름이 세계적으로 유명해진 것은 1890년 리츠를 먼저 영입한 런던의 사보이 호텔에 요리장으로 발탁되면서부터이며, 1893년 이 호텔에 묵었던 유명한 여가수 넬리 멜바를 기념하기 위해 '페수 멜바'라는 요리를 만들었다. 1899년에는 역시 리츠와 함께 칼튼 호텔로 자리를 옮겨 이후 23년 동안 고급요리를 계속 만들면서 엄청난 명성을 얻었다. 빌헬름 2세는 "나는 독일의 황제지만, 당신은 요리의 황제다"라고 말했다고 한다. 프랑스 요리가 해외에서 명성을 얻게 한 공로를 인정받아 1920년 '레지옹 도뇌르 훈장'을 받았으며, 1928년에는 훈장을 관리하는 직책에 임명되기도 했다. 주요 저서로 필레아 질베르 및 에밀 페튀와 공저한 『요리의 길잡이』(1903), 『나의 요리법』(1934) 등이 있다.

내가 배고픔에 대해서 쓸 때, 나는 실상 사랑과 사랑에 대한 배고픔에 대해,
따뜻함과 따뜻함에 대한 사랑, 따뜻함에 대한 배고픔에 대해……
배고픔이 충족될 때의 따뜻함과 풍성함과 기분 좋은 현실에
대해 쓰는 것이다…… 그리고 이 모든 것은 하나이다.
—M. F. K. 피셔, 『나는 식도락가』

오귀스트 에스코피에는 송아지고기 육수를 발명했다. 이전에도 뼈를 끓인 사람들이 있었지만, 아무도 그 요리법을 체계적으로 정리하지는 않았다. 에스코피에 이전에는 송아지고기 육수를 만드는 최고의 비결이 신비에 싸여 있었다. 요리는 연금술과 같아서, 다분히 신비한 작업이었다. 그러나 에스코피에는 실증주의 시대의 막바지에 성년이 되었으니, 때는 지식이 옳은 것도 틀린 것도 있었지만 현기증 나는 속도로 파급되던 무렵이었다. 백과사전이 그 시대를 대표하는 서적이었다. 에스코피에는 이런 과학적 분위기를 마음속 깊이 받아들였다. 그는 라부아지에가 화학에서 했던 일을 요리 분야에서 하고자 했다. 즉 부엌에 오랜 세월 깃들여 온 미신들을 새로운 요리 과학으로 대체하고자 했던 것이다.

에스코피에가 얻은 통찰의 핵심은—이것은 적잖이 심장 발작을 일으키는 원인이 되기도 했는데—그 나름의 육수 사용법이었다. 그

는 무엇에든지 육수를 넣었다. 육수를 졸여서 젤리 상태로 만들었고, 퓨레 수프❋를 만들 때 베이스로 사용했으며, 버터와 술로 풍미를 더해 소스도 만들었다. 프랑스 주부들은 수 세기 동안 가정용 육수를 만들어왔지만—포토푀❋❋는 사실상 프랑스의 국민 요리였다—에스코피에는 그녀들의 단백질 국물에 전문가적 풍미를 더했다. 그의 저서 『요리의 길잡이』(1903)의 첫 장에서, 에스코피에는 요리사들에게 뼈에서 풍미를 우려내는 것이 얼마나 중요한가를 강조한다. "실로 육수는 요리에서 모든 것이다. 육수 없이는 아무것도 할 수 없다. 좋은 육수를 만들면 나머지는 식은 죽 먹기다. 반면에 육수가 질이 나쁘거나 그저 그렇다면, 만족스러운 식사 준비는 기대하지 않는 게 좋다."[1] 다른 요리사들이 내버리는 것—살점 없는 힘줄과 쇠꼬리, 셀러리 대궁, 양파와 당근을 다듬고 남은 자투리들—을 에스코피에는 깊은 맛이 우러날 때까지 푹 고았다.

에스코피에는 『요리의 길잡이』의 서문에서 자기 요리법들이 "미식의 현대 과학에 기초해 있다"고 주장했지만, 실상 그는 현대 과학을 무시했다. 당시 과학자들은 괴상하고 부정확한 건강 개념들에 기초하여 까다로운 신식 요리를 창안하려 하고 있었다. 돼지 피가 몸에 좋다, 양胖도 몸에 좋다, 그렇지만 브로콜리는 소화불량을 일으킨다,

---

❋pureed soup, 재료를 부드럽게 으깬 수프.(옮긴이)
❋❋pot-au-feu, 물에 쇠꼬리를 넣어 푹 곤 것.(옮긴이)

복숭아나 마늘도 마찬가지다, 하는 식이었다. 에스코피에는 이런 엉터리 과학을 무시했고(그는 페슈 멜바❖를 발명했다), 화풀이 삼아 마음껏 소테❖❖를 해대었다. 그는 추상적인 이론보다 혀로 누리는 즐거움을 신뢰했다. 공중보건의 가장 큰 적敵은 식사를 "즐거운 행사에서 귀찮은 허드렛일"[2]로 바꾸고 있는 것이라 믿었다.

에스코피에의 백과사전식 요리책은 형식에서부터 그의 낭만적 성향을 드러낸다. 그는 소시에❖❖❖를 '계몽된 화학자'라 부르기를 즐기기는 했지만, 그의 실제 요리법들은 버터, 밀가루, 송로버섯, 소금 등의 양을 명시하는 법이 거의 없다. 대신 그의 요리법들은 요리 과정을 자세히 묘사한다. 즉 비계기름을 녹이고, 고기를 넣고, "자글거리는 소리가 들리는지" 귀 기울이고, 육수를 붓고 졸인다는 것이다. 그의 조리법은 아주 쉬워 보이며, 그저 감으로, 손이 가는 대로 하라는 식이다. 이건 과학 실험이 아니야, 하고 에스코피에가 말하는 소리가 들리는 듯하다. 이것은 쾌락주의야. 쾌락으로 안내자를 삼을지니.

에스코피에가 일으킨 요리 혁명의 원천은 그렇듯 혀를 강조하는데 있었다. 제대로 된 요리사란 섬세한 감수성의 소유자이며, "손님 앞에 요리 예술의 걸작을 내보내기 전에, 각각의 풍미가 지니는 소소

❖ Pêche Melba, 복숭아로 만든 디저트. 19세기 오스트리아의 여성 성악가 넬리 멜바Nelly Melba의 이름을 붙인 디저트.(옮긴이)

❖❖ sauté, 기름을 두르고 센 불에서 재료를 익히는 조리법.(옮긴이)

❖❖❖ saucier, 소스 만드는 일을 맡은 요리사.(옮긴이)

한 부분까지 주의 깊게 연구"[3]하는 사람이다. 중요한 것은 요리의 경험, 즉 요리를 실제로 맛보는 것뿐이라고 에스코피에의 요리책은 거듭 강조한다. "경험만이 요리사의 안내자이다."[4] 요리사는 어떤 맛도 놓치지 않는 예술가라야 한다.

에스코피에는 그저 그릴에 구운 고기를 내놓는 것으로는 할 일을 다 했다고 할 수 없다는 것을 알고 있었다. 그의 쾌락주의는 고상한 맛이 나야 했다. 뭐니 뭐니 해도 그는 세자르 리츠 호텔의 요리사였고, 그의 손님들은 금칠을 두른 식당에서 눈이 튀어나올 비용을 지불해 가며 식사할 만한 가치가 있는 요리를 기대했다. 그런 요리를 만들기 위해, 에스코피에는 자신만의 소중한 육수 비결들에 의지했다. 그는 평범한 소테 요리를 고상하게 만들기 위해, 육수로 깊고 진한 풍미를 더했다. 고기를 뜨거운 팬에 요리한 후(에스코피에는 무겁고 바닥이 평평한 프라이팬을 즐겨 사용했다), 고기는 꺼내어 잠시 쉬게 하고 맛있는 기름기와 고기 부스러기로 눌어붙은 팬을 데글라세◈했다.

에스코피에의 성공 비결은 바로 이 데글라사주였다. 과정 자체는 지극히 단순하다. 고기 조각을 고온에서 요리하여 근사하게 그을린 마야르 겉껍질◈◈이 생기게 한 다음 진한 송아지고기 육수 같은 액체

◈ deglacer. 눌어붙은 찌꺼기에 액체를 조금 붓고 데워서 불려 내기. 명사형은 데글라사주 deglaçage. 영어로는 디글레이징deglazing.(옮긴이)
◈◈ 아미노산과 환원당이 만나 고온에서 갈변하는 화학반응. 이를 발견한 프랑스 화학자 마야르Louis Camille Maillard의 이름을 따서 '마야르 반응'이라 한다. 고기를 고온에서 구우면 마야르 반응이 일어나 갈색 겉껍질이 생긴다.(옮긴이)

를 더한다.※ 그러면 액체가 증발하면서 팬 바닥에 눌어붙은 단백질 조각들인 프롱드fronde가 불어난다.(데글라사주는 설거지 하는 사람들의 삶을 편하게 해준다는 장점도 있다.) 이렇게 불린 프롱드가 에스코피에의 소스에 기막힌 깊이를 더했고, 뵈프 부르기뇽※※을 뵈프 부르기뇽답게 만들었다. 버터를 조금 더해 윤기가 흐르게 하면, 자, 소스가 **완성**된 것이다.

맛의 비밀

에스코피에의 기본 기법은 오늘날도 요리사들의 필수 기법이다. 20세기를 거치는 동안 그렇게 원형대로 살아남은 문화적 형식도 별로 없을 것이다. 거의 모든 고급 레스토랑이 여전히 에스코피에 요리를 조금씩 변형하여 식탁에 내놓으며, 여전히 그의 방식대로 뼈와 야채 자투리를 재활용하여 육수를 만들고 있다. 소스 에스파뇰※※※에서 솔 베로니크※※※※에 이르기까지, 우리는 에스코피에가 가르쳐준 방

※에스코피에는 포도주, 브랜디, 포트와인, 포도주 식초도 썼고, 근처에 남아도는 술이 없을 때면, 물을 사용하기도 했다.

※※ boeuf bourguignon, 부르고뉴 지방의 별미인 쇠고기 와인 찜.(옮긴이)

※※※ Sauce espagnole, 갈색 루roux에 송아지 육수를 더해 만드는, 프랑스 요리의 기본 소스.(옮긴이)

※※※※ Sole Véronique, 백포도 소스를 곁들인 넙치 요리.(옮긴이)

식대로 먹고 있다. 프랑스의 대표적 미식가였던 브리야-사바랭의 말대로, "새로운 요리의 발견은 새로운 별을 발견하는 것보다 더 큰 행복을 인류에게 안겨준다"[5]고 할 때, 에스코피에의 중요성은 아무리 과장해도 지나치지 않다. 그의 요리법에는 뭔가가 있음이 분명하다. 육수와 데글라사주, 그리고 마지막에 조금 더하는 버터—여기에는 우리의 어떤 원초적 부분을 아주 아주 행복하게 해주는 뭔가가 있다.

　에스코피에의 독창성을 만나고 싶을 때 가장 먼저 볼 것은 그의 요리책들이다. 에스코피에가 소개하는 첫 번째 조리법은 에스투파드[◈]만들기이다. 그는 에스투파드를 "다음에 나올 모든 것의 조촐한 기초"라고 부른다. 우선 소뼈와 송아지 뼈를 오븐에서 갈색이 나게 굽는다. 그런 다음, 육수 냄비에 당근 한 개와 양파 한 개를 볶는다. 거기에 찬물을 붓고, 아까 구운 뼈와 돼지 껍질 조금, 그리고 향신료 다발(파슬리, 백리향, 말린 월계수 잎, 마늘 한쪽을 묶은 것)을 넣어 12시간 동안 푹 곤다. 이때 물의 높이는 일정해야 한다. 뼈에서 맛이 우러나면, 소스 팬에 뜨겁게 달군 기름에 고기 조각들을 볶아서, 뼈에서 우려낸 육수로 데글라세하여 졸인다. 이 과정을 반복한다. 다시 한 번 더 한다. 그런 다음, 남은 육수를 서서히 더한다. 표면에 뜨는 기름을 조심스레 걷어낸다.(육수에는 지방이 거의 없어야 한다.) 그리고 몇 시간 더 은근히 끓인다. 고운 체로 걸러 낸다. 자, 이렇게 온종일 육수를 만들고 나면, 비로소 요리를 **시작할** 준비가 된다.

◈estouffade(프), brown stock(영), 갈색 육수.(옮긴이)

에스코피에의 이처럼 품이 드는 요리법에는 혀의 흥미를 돋울 만한 것이 별로 없어 보인다. 혀가 느끼는 맛이 네 가지—단맛, 짠맛, 쓴맛, 신맛—라는 것은 널리 알려진 사실이다. 그런데 에스코피에의 육수 조리법은 마치 이 네 가지 맛을 의도적으로 피하는 것처럼 보인다. 설탕도 소금도 식초도 들어가지 않는다. 뼈를 태우기라도 하지 않는다면(물론 권장사항이 아니다) 쓴맛도 물론 없을 것이다. 그렇다면 왜 육수가 모든 것의 기초란 말인가? 어찌하여 그것이 에스코피에 요리의 '어머니'가 된단 말인가? 심오한 맛의 쇠고기 도브◈를, 데글라세한 조각들을 육수에 뭉근히 끓여 그 힘줄 많은 고기를 떠먹게 만든 것을 맛볼 때 우리는 무엇을 느끼는가? 또는 닭 육수의 다른 이름일 뿐인 치킨 수프 한 사발을 후루룩거릴 때는 어떤가? 변성된 단백질(에스코피에의 방식으로 조리할 때 고기와 뼈의 단백질은 그 고유한 성질이 변한다)에 대체 무엇이 들어 있기에 그처럼 감칠맛이 나는가?

그 답은 우마미旨味이다. 우마미는 '맛있다'는 뜻의 일본어이다. 우마미는 스테이크에서 간장에 이르기까지 모든 것에서 나는 맛이다. 그것이야말로 육수를 구정물 이상으로 만들고, 데글라사주를 프랑스 요리의 핵심 과정으로 만들어주는 것이다. 엄밀히 말해 우마미는 L-글루타메이트($C_5H_9NO_4$)의 맛이다. L-글루타메이트는 생명을 구성하는 가장 중요한 아미노산이고 단백질 분해 과정—죽음, 부패, 요리 과정을 가리키는 점잖은 용어—에 의해 생명체로부터 방출된다. 과

◈daube, 일종의 찜요리.(옮긴이)

학자들이 여전히 양脂이 왜 건강에 좋은가 하는 이론을 만들어내고 있을 때, 에스코피에는 우리가 어떻게 맛을 느끼는지 배우느라 바빴다. 그의 천재성은 가능한 많은 L-글루타메이트를 접시에 올려놓는 중이었다. 녹인 버터도 해될 게 없었다.

우마미의 이야기는 에스코피에가 투른느도 로시니◈—푸아그라(거위 간)를 곁들인 필레 미뇽(소 안심)으로, 그 위에 졸인 송아지고기 육수를 소스로 얹고 검은 송로를 흩뿌린다—를 만들어낸 때와 비슷한 시기로 거슬러 올라간다. 1907년이었다. 일본 화학자 이케다 키쿠나에池田菊苗는 스스로에게 간단한 질문을 던졌다. 다시出し는 어떤 맛인가? 다시는 말린 다시마를 재료로 하는 일본 고유의 맑은 국이다. 적어도 797년 이래로 다시는, 마치 에스코피에가 육수를 이용하듯, 일본 요리에서 모든 음식의 베이스로 이용되었다. 이케다는 아내가 매일 밤 끓여주는 다시에서 혀가 느끼는 것으로 알려진 네 가지 맛은 물론이고, 그 네 가지 맛이 복합된 것 같은 맛도 전혀 느낄 수 없었다. 그냥 맛있었다. 일본인들이 말하듯이 '우마미'했다.

그래서 이케다는 이 미지의 맛에 대해 돈키호테 식의 탐구를 시작했다. 김이 모락모락 오르는 맑은 해조류 국물이 내는 신비로운 맛의 본질을 찾아내기 위해, 엄청난 양의 갈조류를 증류했다. 그는 다른

◈Tournedos Rossini, 소의 안심 스테이크에 푸아그라, 송로버섯, 포트와인으로 만든 소스를 곁들인 것. 에스코피에의 고객 중 한 사람이던 이탈리아 작곡가 로시니의 이름을 붙였다.(옮긴이)

요리들도 탐구했다. 그러고는 "잘 알려진 네 가지 맛 중 그 어느 것도 아니면서 아스파라거스, 토마토, 치즈, 고기에 공통되는 어떤 맛이 있다"[6]고 선언했다. 이케다는 아무도 알아주지 않는 연구에 끈질기게 매달렸고, 증류에 증류를 거듭한 끝에, 마침내 다시마 송아지고기 육수가 공통으로 갖는 비밀스러운 성분을 찾아냈다. 그 신비의 분자는 L-글루타메이트의 전구체인 글루탐산이었다. 이케다는 『동경 화학 학회지』에 그 내용을 발표했다.

글루탐산 자체는 아무 맛도 나지 않는다. 글루탐산 분자는 요리나 발효에 의해 또는 태양 빛에 약간 삭아짐으로써 단백질이 분해될 때에야 L-글루타메이트라는, 혀로 **맛볼 수 있는** 아미노산이 된다. 이케다는 이 논문을 이렇게 결론지었다. "이 연구로 두 가지 사실이 밝혀졌다. 하나는 맑은 해조류 국에 글루타메이트가 들어 있다는 것이고, 또 하나는 글루타메이트가 '우마미'라는 맛의 감각지각을 일으킨다는 것이다."[7]

그러나 여전히 풀리지 않는 문제가 있었다. 글루타메이트는 불안정한 분자로, 혼자 가만히 있지 못하고 다른 화학물질과 엉기려 하는데, 그 다른 물질들은 대부분 결코 맛있지 **않은** 것들이었다. 이케다는 글루타메이트를 안정한 분자로 묶어두지 않고는 혀가 그 맛을 즐길 수 없음을 알고 있었다. 그의 기발한 해결책은? 바로 염鹽이었다. 끈질긴 몇 년간의 실험 끝에, 이케다는 갈조류를 증류하여 금속염을 얻었다. 이 향기 없는 백색 가루의 화학명은 글루탐산나트륨이다. 흔히 줄여서 MSG라고 부른다. 이것은 짭짤하지만 소금과는 달랐다. 달지

도 시지도 쓰지도 않았다. 그러나 확실히 맛있었다.[8]

이케다의 연구는 맛의 생리학에서 획기적인 발견이었지만, 철저하게 무시당했다. 과학은 혀에 대해서 알 것은 이미 다 알고 있다고 믿었다. 기원전 4세기에 데모크리토스가 맛의 감각지각은 음식 입자의 모양이 갖는 효과라는 가정을 내놓은 이래, 혀는 단순한 근육에 불과하다고들 믿었다. 데모크리토스에 따르면, 단것은 "원자가 둥글고 크며" "톡 쏘는 신맛은 원자가 크지만 둥글지 않고 거칠고 각진 모양"이었다. 짠맛은 "이등변삼각형 원자들" 때문에 생기고, 쓴맛은 "둥글고 부드럽고 부등변이며 작았다".[9] 데모크리토스를 믿은 플라톤은 『티마이오스』에서 맛의 차이는 원자들이 혀의 미세한 혈관들로 들어가면서 발생하며 그 혈관들은 심장까지 연결되어 있다고 말했다. 뒤이어 플라톤을 믿은 아리스토텔레스는 『영혼론』에서 단맛, 신맛, 짠맛, 쓴맛이 네 가지 기본 맛이라고 썼다.[10]

그리고 뒤따르는 천 년 세월 동안, 이 고대의 이론은 별 도전을 받지 않았다. 혀는 맛을 느끼는 돌기들이 오톨도톨하게 솟아 있는 기계적인 신체기관으로 여겨졌다. 음식의 각기 다른 맛이 그 돌기 위에 찍힌다는 것이었다. 19세기에 실제로 미뢰가 발견되면서 이런 이론은 한층 신빙성을 얻었다. 현미경으로 보면 이 세포들은 작은 열쇠 구멍처럼 생겨서, 그 안으로 우리가 씹는 음식이 맞아 들어가고, 그래서 맛을 느끼게 되는 것으로 보였다. 20세기 초에 과학자들은 네 가지 맛을 혀의 특정 부분에 할당하여, 혀의 지도를 작성하기 시작했다. 혀끝은 단맛을 밝히고, 혀의 양 옆은 신맛을 선호한다. 혀의 뒷부분은 쓴맛에 민감하고, 짠맛은 혀 어디서나 느껴진다고 했다. 맛의 감각지각은 그토록 간단했다.

이케다에게는 불운하게도, 혀의 그 어느 구석도 그의 '우마미'한 풍미를 위해 남아 있지 않았다. 서구 과학자들은 우마미란 일본 음식에나 어울리는 근거 없는 이론이고 '맛있음'이라 불리는 것—그것이 무엇이든—과 관련된 바보스러운 생각이라고 논단해버렸다. 그래서 전 세계 요리사들이 계속해서 파르메산 치즈, 토마토소스, 육수, 다시, 간장(이 모든 것에는 L-글루타메이트가 잔뜩 들어 있다)을 기초로 요리를 계속하는 동안, 과학은 단순하고 비과학적인 네 가지 맛, 오직 네 가지뿐인 맛에 대한 믿음을 고수했다.

이처럼 과학에 도외시당하면서도, 이케다의 생각을 따르는 작은 무리가 생겨났다. 그의 짭짤하고 하얀 물질인 MSG는—과학의 견지에서는, 우리가 그 맛을 볼 방도가 없으니만큼 실효도 없는 것으로 치부되었던 그 하얀 가루는—지나칠 정도로 사용되는 필수 조미료가 되어갔다. 싸구려 중국 음식에서부터 고형 육수bouillon cubes에 이르기까지 쓰이지 않는 데가 없었다. 고형 육수는 글루타메이트를 이용하여 진짜 육수의 맛을 모방한 것이다. MSG는 미국에서도 '수퍼 시즈닝'이니 '액센트'니 하는 상표명으로 판매되었다.※ 점점 가공식

※MSG는 종종 소위 '중국 식당 증후군'의 원인으로 비난받는다. 중국 식당 증후군은 일부 사람들에게 나타나는데 MSG를 소비할 때마다 두통과 편두통을 일으킨다. 그러나 요리평론가 제프리 스타인가턴이 강조했듯이(*It Must've Been Something I Ate*, pp. 85~99), 최근 연구 결과에 따르면 중국 음식도 MSG도 전혀 해로울 것이 없다.

품이 늘고 식품의 산업화가 진행되면서, MSG를 살짝 가미하는 것이 풍미를 느끼게 하는 손쉬운 방법이 되었다. MSG를 조금만 넣어도 전자레인지로 요리한 음식이 마치 불에 얹어 몇 시간을 푹 곤 것 같은 맛이 나는 것이다. 요즘 세상에 자투리 야채와 뼈로 육수 만들기부터 시작하여 요리의 모든 과정을 밟을 만큼 시간이 남아도는 사람이 어디 있단 말인가?

세월이 흐르면서, 세계 각처의 선구적 요리사들이 자기 나라와 지방의 고유한 요리를 연구하기 시작했고 각기 나름대로 밀도 높은 L-글루타메이트를 발견했다. 오래된 치즈에서 케첩에 이르기까지 모든 음식에 이 마술 같은 작은 아미노산이 풍부하게 들어 있었다. 우마미는 요리 세계의 좀 더 이상하고 궁금한 점들도 설명해주는 듯했다. 즉 고대 로마로부터 시작해서 왜 그토록 다양한 문화에 생선 소스가 있는 것일까?(간을 하고 약간 썩힌 앤초비는 순전한 글루타메이트로, 마치 글루타메이트 마약과 같다.) 우리는 왜 생선회를 간장에 찍어 먹을까?(날 생선은 글루타메이트가 아직 풀리지 않은 상태라 우마미가 적다. 그런데 간장에 찍으면 우리가 좋아하는 우마미가 혀에서 터지게 된다.) 우마미는 '효모 추출물'로 만든 영국의 마마이트◈가 왜 그렇게 인기를 끌었는가도 설명해준다.(그렇다고 그것에게 변명거리를 주지는 않는다.)◈◈ '효모 추출물'이란 L-글루타메이트의 또 다른 이름에

◈Marmite, 영국과 뉴질랜드에서, 맥주 발효의 부산물인 효모 추출물로 만든 끈끈한 갈색 반죽으로, 빵에 발라 먹는다.(옮긴이)
◈◈당황한 음식 제조업자들은 종종 MSG의 첨가를 감추기 위해 그것을 '자기 분해 효모

불과한 것이다.(마마이트 1백 그램 당 글루타메이트가 1,750밀리그램이 들어 있어서 어떤 제조식품보다 글루타메이트 농도가 높다.)

물론 우마미는 육류—동물은 아미노산 외에는 아무것도 아니다—가 그토록 맛있는 이유이기도 하다. 잘만 요리하면, 육류에 들어 있는 글루타메이트는 자유로운 형태로 전환되어 우리 혀가 맛을 느낄 수 있게 된다. 이것은 말리거나 절인 고기나 치즈에도 적용된다. 돼지 다리로 프로슈토 햄을 만들 때 시간이 갈수록 가장 많이 증가하는 아미노산이 다름 아닌 글루타메이트이다.[11] 그런가 하면 파르메산 치즈는 글루타메이트의 가장 농축된 형태 중 하나로서 1백 그램 당 1,200밀리그램이 넘는 글루타메이트가 들어 있다.(그보다 더 많은 글루타메이트를 포함하는 치즈는 로크포르뿐이다.) 숙성된 치즈를 파스타에 넣으면 치즈에 든 우마미가 요리의 다른 재료에 이미 들어 있던 우마미의 효과를 높인다.(토마토소스와 파르메산 치즈가 그토록 잘 어울리는 한 쌍인 것은 바로 그 때문이다. 치즈는 토마토를 더욱 토마토답게 만든다.) 작은 우마미의 위력이 참으로 크다.

물론 우마미는 에스코피에의 천재성도 설명해준다. 팬의 바닥에 눌어붙은 고기 부스러기들은 풀어진 단백질로, L-글루타메이트를 듬뿍 담고 있다. 육수(육수라는 건 우마미 물과 다를 바 없다)에 녹아서, 이 갈색의 부스러기들은 깊은 '우마미'의 감각으로 입 안을 가득 채

추출물'이라고 표기한다. MSG의 다른 별명으로는 글루타빈glutavene, 카세인 칼슘 calcium caseinate, 카세인 나트륨sodium caseinate 등이 있다.

운다. 썩어가는 생명의 심오한 맛으로.

　부엌 문화는 과학보다 훨씬 앞서서 혀의 생물학적 진실을 명확하게 표현했다. 왜냐하면 부엌 문화는 우리를 먹여 살려야만 하니까. 야심찬 에스코피에게 혀는 실질적인 문제였으며, 혀가 맛을 느끼는 방식을 이해하는 것은 맛있는 요리를 창조하는 데 필수적인 부분이었다. 모든 메뉴가 새로운 실험이었고, 그의 요리사로서의 본능을 경험적으로 검증하는 방식이었다. 그가 요리책에 쓴 것은 모든 주부들이 익히 알고 있는 것이었다. 단백질은 맛이 좋으며, 분해될 때는 맛이 더 좋다. 숙성된 치즈는 단순히 썩은 우유가 아니다. 뼈에는 풍미가 있다. 그러나 이렇게 실험적 증거가 풍성했는데도, 실험 과학은 우마미의 실재를 계속 부인했다. 실험실 가운을 걸친 이 거만한 자들은, 육수의 맛이란 전적으로 우리의 상상 속에 있는 것이라고 단언했다. 혀는 그 맛을 느낄 수 없다고 단정했다.

　이케다의 주장이 과학적으로 옳은 것이 되기 위해서는 우리가 실제로 글루타메이트의 맛을 느낄 수 있다는 해부학적 증거가 필요했다. 요리책들과 그 모든 사람들—베트남 누들 수프 포pho에 생선 소스를 끼얹고, 파스타에 파르메산 치즈를 넣고, 스시를 간장에 찍어 먹는 사람들—이 들려주는 일화적 데이터로는 충분하지 않았다.

　이케다의 이론은 그가 해조류를 증류하여 최초로 MSG를 얻은 지 90년 이상이 지난 후에야 확증되었다. 분자생물학이 사람의 혀에서 글루타메이트와 L-아미노산들만을 감각하는, 두 개의 분명한 수용체를 발견한 것이다. 이케다를 기리는 뜻에서, 이 수용체들은 '우마미 수용체'라 명명되었다. 첫 번째 수용체는 2000년에 발견되었다. 일단의 과학자들이 드디어 사람 혀에서 글루타메이트 수용체를 발견한 것이다. 이 수용체는 뇌의 뉴런들에서 이미 발견되었던 글루타메이트 수용체(글루타메이트는 신경전달물질이기도 하다)의 변형이었다.[12] 두 번째 발견은 2002년에 이루어졌는데, 이번에 발견한 수용체는 단맛 수용체의 변형이었다.[13]⊛

각기 별도로 이루어진 이 두 가지 발견은 우마미가 쾌락주의자의 상상 속에서 생겨난 환상이 아님을 단번에 결정적으로 증명했다. 우리는 송아지고기 육수, 다시, 스테이크 등에만 반응하는 감각을 실제로 가지고 있는 것이다. 더욱이 이케다가 주장했듯이, 우리의 혀는 우마미의 맛을 맛있다고 느낀다. 단맛, 신맛, 쓴맛, 짠맛이 서로 연관되어 감각되는 것(그래서 초콜릿에는 소금을 살짝 넣고, 멜론에는 햄을 얹는 것이다)과는 달리, 우마미는 그 자체로서 따로 감각된다.[14] 그것은 그만큼 중요하다.

이 모든 것은, 물론 완벽하게 논리적이다. 단백질의 특별한 맛이라는 게 왜 없겠는가? 우리는 변성된 단백질의 향취를 사랑한다. 왜냐

⊛ 분자생물학은 우리가 어떻게 매운맛을 느끼는지도 발견했다. 2002년 연구자들은 사람의 입 안에 변형된 통증 수용체가 있음을 발견했다. 그것의 이름은 VR1인데, 이것은 적어도 포유동물에서는, 고추의 활성 성분인 캡사이신과 결합한다. VR1 수용체가 원래 뜨거운 음식을 감지하는 목적을 가진 까닭에, 어쩌다가 VR1 신경을 활성화하는 모든 음식에 대해 우리의 뇌는 과도한 '열' 감각을 일으킨다.

하면 우리 자신이 단백질과 물로 되어 있는 만큼, 단백질을 필요로 하기 때문이다. 우리 몸은 매일 40그램의 글루타메이트를 생성하며, 따라서 끊임없이 아미노산을 보충해야 한다.(천연적으로 초식인 종들은 우마미의 맛을 역겨워한다. 채식주의자에게는 안된 말이지만, 인간은 잡식성이다.) 사실 우리는 태어나면서부터 우마미의 맛을 즐기도록 훈련되는 셈이다. 모유에는 우유보다 열 배나 많은 글루타메이트가 들어 있으니 말이다.[15] 혀는 우리 몸이 필요로 하는 것을 사랑한다.

아이디어의 냄새

송아지고기 육수가 늘 프랑스 음식의 비법이었던 것은 아니다. 사실 프랑스 고급 요리가 늘 맛있었던 것도, 심지어 먹을 만했던 것도 아니다. 에스코피에가 새로운 부르주아 레스토랑에서 요리를 시작하기 전에는(선배들과 달리 그는 귀족의 개인 요리사로 일한 적이 단 한 번도 없다), 고급 요리란 과시와 동의어였다. 만찬이 호화롭게 **보이기만** 하면, 실제 맛은 별 상관없었다. 겉보기만 좋으면 그만이었다. 이러한 요리 스타일의 절정을 이룬 것은 마리 앙투안 카렘이다. 그는 세계 최초의 명사名士 요리사였고, 탈레랑, 러시아 황제 알렉산드르 1세를 위해 요리했으며, 나폴레옹의 결혼 케이크를 구웠다. 카렘은 종종 프랑스 요리의 창시자로 일컬어지곤 하지만, 그의 음식은 보통 식은 상태로 식탁에 나왔고, 수십 가지, 때로는 수백 가지의 로코코 요리로 이루어진 웅장한 뷔페 형식으로 차려졌다. 카렘 시절 파리의 고급 요리란 사실상 일종의 조각작품이었고, 카렘이 피에스 몽테pièce montée로 유명했던 것도 무리가 아니다. 피에스 몽테란 마르지팡◈이 나 돼지 지방 또는 설탕 세공으로 멋을 낸 섬세한 과자 장식이다. 이런 돼지기름 장식들은 예쁘긴 했지만 먹을 수가 없었다. 카렘은 개의치 않았다. 그에 따르면, "멋지게 차려낸 식사는 내가 보기에 백 퍼센트 개선된 것으로 보인다".[16] 이처럼 맛은 뒷전이고 모양만 호화로운 요리는 19세기 프랑스식 상차림의 전형이었다.

에스코피에는 이 모든 거드름을 조롱했다. 음식은 먹기 위해서 있는 것이다. 그는 러시아식 상차림을 선호했다. 러시아식으로는 음식이 여러 코스에 걸쳐 서브된다. 카렘의 화려하고 식어빠진 뷔페와 달리, 러시아식 식사는 주방에서 갓 조리된 음식이 코스 당 한 가지씩 차례로 나왔다. 식사의 흐름은 느긋했으며 한가로운 이야기처럼 펼쳐졌다. 수프 다음에 생선이 나오고, 그 다음이 고기 요리였다. 메뉴를 짜는 것은 요리사이지만, 식사의 박자와 내용을 결정하는 것은 '손님'이었다. 디저트가 그 이야기의 해피엔딩을 보장했다.

이런 상차림의 혁명은 주방에서의 혁명을 불러일으켰다. 요리사들은 더 이상 며칠씩 시간을 들여가며 예쁜 마르지팡을 깎고 다듬거나, 아스픽◈◈을 찍어내거나, 카렘 식의 몸에 해롭도록 진한 스튜를 조리

◈marzipan, 아몬드 반죽 과자.(옮긴이)

◈◈aspic, 고기 젤리.(옮긴이)

할 여유가 없었다.✤ 메뉴에 있는 모든 것이 이제 주문 즉시 요리되어야 했다. 풍미를 급속하게 제조해야 했다. 이 새로운 속도에 맞추느라 에스코피에가 입버릇처럼 되풀이한 말이 "간단히 만들라"였다. 모든 요리는 오직 필수적인 성분만 포함해야 하고, 그러한 성분들은 반드시 완벽해야 한다. 송아지고기 육수에는 송아지의 가장 핵심적인 정수만 들어 있어야 한다. 아스파라거스 수프는 아스파라거스 맛이 나야만 하고, 더하면 더했지 덜하면 안 된다.

단순성과 신속성에 기초한 이 새로운 요리법이 선사한 즐거움은 **따끈따끈한** 음식이었다. 카렘은 열을 두려워했지만(돼지기름으로 만든 그의 조각작품은 열을 받으면 녹아내릴 터였다), 에스코피에는 손님들이 김나는 수프를 당연히 기대하게끔 만들었다. 손님들은 기름기가 자글거리는 따끈한 안심을 원했다. 데글라세한 프라이팬에서 갓 나온 소스를 기대했다. 사실 에스코피에의 요리는 아주 효율적이라야 했다. 자칫 음식이 미지근해지면 풍미의 조화가 깨어져 밋밋한 맛이 되어버리기 때문이었다. 그래서 에스코피에는 요리책에서 경고했다. "손님들은 요리가 따끈따끈하게 갓 조리되어 나오지 않으면 밍밍하고 맛없다고 느낀다."[17)]

화덕에서 갓 조리한 음식을 식탁에 내기 시작하면서 에스코피에가

✤ 전형적인 카렘의 요리법인 '프티 볼로방 알라넬Petits Vol-Au-Vents à la Nesle'에는 송아지 두 마리의 젖통, 닭 스무 마리의 벼슬과 고환, 양 네 마리의 뇌 전체(삶아서 썬 것), 뼈를 제거한 닭 두 마리, 어린 양 열 마리의 췌장, 가재 스무 마리, 그리고 이 모든 것을 하나로 만드는 진한 크림 몇 리터가 필요했다.

우연찮게 발견한 것은 후각의 중요성이었다. 음식이 뜨거울 때는, 분자들이 활발히 움직여 공중으로 날아간다. 뭉근히 고아낸 육수, 올리브 오일에 소테한 마늘 한쪽만으로도 맛있는 냄새가 부엌에 진동한다. 반면, 식은 음식에는 그런 풍미의 날개가 없다. 거의 전적으로 혀의 미뢰에만 의존한다.

코가 막혀본 사람은 누구나 알겠지만, 먹는 즐거움은 다분히 냄새에 달려 있다. 사실 신경과학자들은 우리가 맛이라고 감지하는 것의 무려 90퍼센트가 사실은 냄새일 것이라고 추정한다. 음식에서 나는 냄새는 침샘을 활성화하여 먹을 준비를 하게 할 뿐 아니라, 우리가 다섯 가지나 되는 감각으로도 겨우 눈치만 챌 수 있는 복잡 미묘함을 음식에게 부여한다. 혀가 음식을 맞아들이는 틀—음식의 질감, 입 안에서의 느낌, 기본적 맛에 대한 주요 정보를 제공하는 틀—이라면, 애당초 그런 틀에 음식을 맞아들이게 하는 것은 우리 코의 후각이다.

에스코피에는 우리의 예민한 코를 최대한 활용한 최초의 요리사였다. 그의 음식은 현명하게도 우리 혀의 필요(특히 우마미에 대한 욕구)를 만족시켰지만, 에스코피에는 더 나아가 혀가 이해할 수 없는 수준의 예술성을 갈구했다. 그 결과 에스코피에의 풍성하고 다양한 요리법은 주로 후각적 풍미에 의존했다. 사실 그가 골몰했던 풍미의 미묘한 뉘앙스들—바다가재 수프에서 살짝 스치는 사철쑥 내음, 커스터드 소스에 감도는 바닐라 향내, 당근 수프에 떠도는 프렌치 파슬리 잎의 산뜻함 등등—은 우리의 둔한 혀로는 감지조차 못할 것들이다. 대부분의 풍미는 냄새이다.

무엇을 먹든, 공기는 입을 통해 순환하여 비강까지 올라간다. 뜨거운 음식의 기체 입자들은, 거기서 지문 크기의 영역에 자리 잡고 있는 천만 개의 냄새 수용체와 결합한다. 냄새 입자가 수용체와 결합하면(어떻게 결합하는지는 아무도 모른다), 이온 에너지가 급작스럽게 높아지고, 이것은 신경섬유의 축색돌기를 따라 내려가, 두개골의 정해진 경로를 지나서 직접 뇌로 연결된다.

물론 우리 코 속의 수용체들은 후각의 시작일 뿐이다. 세상은 냄새가 진동하는 곳이다. 우리가 감지할 수 있는 만 가지에서 십만 가지에 이르는 냄새 제각각에 대한 별도의 수용체들이 우리 코에 마련되어 있으리라고 기대할 수는 없는 노릇이다. 사실 후각은 다른 모든 감각이 그렇듯이 세포간 단축회로를 이용한다. 효율성을 위해 정확성을 포기하는 것이다. 이런 효율성 추구는 어쩌면 옹색해 보일지도 모르지만, 진화는 사실상 후각에 대해 지극히 너그러운 방향으로 이루어져왔던 셈이다. 후각 수용체들은 인간 유전체에서 3퍼센트를 넘게 차지하는 것이다.

왜 코에 그렇게 많은 DNA가 필요할까? 그것은 두 콧구멍에 350가지의 다양한 수용체가 포진해 있고, 개별 수용체 각각은 단일 수용체 유전자의 발현이기 때문이다. 이런 수용체 뉴런들은 전혀 다른 화학물질군##에 속하는 수많은 냄새 물질들에 의해 활성화될 수 있다. 그 결과, 우리 뇌가 특정한 냄새에 대한 감각지각을 생성하려면, 수용체들이 협동하여, 단편적인 정보들을 일관성 있는 전체의 재현으로 변형시켜야만 한다.

이런 과정이 어떻게 일어나는지 알아내기 위해 리처드 액설의 실험실은 과일파리의 뇌에 발광 처리를 했다. 과일파리의 모든 후각신경에 형광 단백질을 조심스럽게 투입하여, 뇌의 뉴런들이 작은 네온 불빛처럼 빛나게 한 것이다. 하지만 그 불빛은 늘 똑같은 것이 아니라, 세포 안에 칼슘이 고농도로 존재할 때만(활성화된 뉴런들은 칼슘 농도가 평상시보다 높다) 형광 단백질이 빛을 내게끔 처리했다. 뛰어난 현미경 기술을 이용하여, 액설의 실험실은 파리가 냄새를 맡을 때마다 그 뇌 속에서 일어나는 활동의 패턴을 실시간으로 관찰할 수 있었다. 실험자들은 냄새가 뇌로 올라가는 상향 경로를 추적할 수 있었다. 냄새는 수용체에서 깜박이는 불빛으로 시작하여, 백만분의 몇 초만에 부풀어 올라, 파리의 작디작은 신경계 안에 있는 자극된 세포들 속으로 들어가는 것이 관찰되었다. 뿐만 아니라 이 파리들에게 노출되는 냄새가 달라지면 뇌의 다른 부분에 불이 들어왔다. 아몬드 냄새와 농익은 바나나의 향기는 과일파리 뇌의 전기격자에서 서로 다른 곳을 활성화시켰다. 액설은 냄새의 기능적 지도를 발견한 것이다.

그러나 이런 식으로 곤충을 이미지화한다 해도—그 기술은 참으로 감탄할 만하지만—냄새의 진짜 신비는 풀리지 않는다. 액설은 네온 불빛을 사용하여 파리의 뇌를 볼 수 있었고, 파리가 어떤 냄새를 맡고 있는지 정확히 파악할 수 있었다. 그야말로 독심술 같은 이 일을, 그는 파리의 뇌를 **밖에서** 들여다봄으로써 수행했다. 그러나 **파리는** 자신이 무엇을 경험하는지 어떻게 아는가 하는 궁금증이 여전히 남는다. 파리라는 기계 속에서 해체된 냄새를 재구성하는 작은 초파리 유령이 있다고 믿지 않는 한, 이 신비는 도저히 설명할 수 없을 듯하다. 액설이 지적한 대로, "우리가 이 감각회로를 측도할 때, 파리 뇌에서 아무리 높은 곳으로 올라간다 해도 질문은 여전히 남는다. 파리의 뇌 안에서 아래를 내려다보는 건 누구인가? 즉 누가 이 후각 지도를 읽는가? 이것이 우리의 심오하고도 기초적인 문제이다".[18]

이 역설의 심각성을 생생히 보여주기 위해 우리 자신의 경험에서 예를 하나 들어보자. 방금 깊고 짙은 색깔의 드미 글라세◈의 냄새를 방금 들이마셨다 치자. 드미 글라세는 송아지고기 육수가 뼈에서 나오는 젤라틴으로 끈적끈적해질 때까지 서서히 졸인 것이다. 에스코피에는 이 소스가 송아지고기 맛의 정수가 되기를 원했지만, 다른 한편으로는 그런 순수한 맛을 내려면 갖가지 재료가 필요하다는 것도 알고 있었다. 아무 소뼈나 물에 넣고 고아댄다고 될 일은 아닌 것이다. 에스코피에 요리의 역설은 그가 이처럼 순수한 맛의 송아지고기 육수를 내기 위해 송아지고기 맛의 정수와는 무관한 다른 성분들을 줄줄이 더해야 했다는 것이다. 그 결과 우리 코가 아는 드미 글라세는 사실상 갖가지 향으로 이루어져 있다. 드미 글라세의 냄새를 맡으면 뇌 전체에 퍼져 있는 뉴런들에 불이 들어온다. 뒤죽박죽 섞인 냄

◈demi-glacé, 송아지고기 육수와 소스 에스파뇰을 반반 섞어 졸여서 반으로 줄인 것. 진하고 풍부한 맛으로, 육류에 잘 어울린다. 품을 줄이기 위해 송아지고기 육수만을 졸이기도 한다.(옮긴이)

새들이 우리의 냄새 수용체들을 동시에 활성화시키고 있다는 표시이다. 구운 고기의 구수한 냄새, 향초 다발에서 나는 숲의 향기, 밀가루를 버터에 볶아 갈색으로 만든 루roux의 은근한 향내가 지배적이지만, 그 강한 냄새들 사이로 언뜻 스치는 미르푸아※의 달큰한 야채 냄새, 토마토 페이스트의 짜릿한 냄새, 증발시킨 셰리주酒의 나무열매 향도 맡아진다. 그런데 이 모든 성분이 어떻게 드미 글라세의 향, 우리가 송아지고기의 정수라고 느끼는 맛으로 수렴되는가? 인간 신경계라는 관점에서 보면, 이 질문은 버거운 도전이다. 드미 글라세가 식탁에 오르는 백만 분의 몇 초 동안, 우리의 마음은 수백 가지의 냄새 수용체들의 활동을 통일된 하나의 감각지각으로 묶어내야 한다. 이것이 이른바 결합 문제binding problem이다.

그런데 잠깐. 문제는 더욱 복잡하다. 결합 문제는 우리가 뇌 전체에 분포한 개별 뉴런들의 망으로서 대변되는 하나의 감각지각을 경험할 때 일어난다. 그러나 실제 세상에서는 한 번에 한 가지 냄새만 나는 것이 아니다. 뇌는 다양한 냄새의 아수라장과 끊임없이 맞닥뜨린다. 그 결과 뇌는 다양한 감각지각들을 한데 묶어야 할 뿐 아니라, 어떤 뉴런들이 어떤 감각지각에 속하는지도 판독해야 한다. 예컨대 드미 글라세 소스를 얹은 연한 쇠고기 안심스테이크에 버터가 듬뿍 든 으깬 감자가 곁들여져 식탁에 나왔다 하자. 에스코피에로부터 영

※mirepoix, 육수나 소스의 맛을 내기 위해 각종 야채와 향신료, 햄 등을 잘게 썰어 소테한 것.(옮긴이)

감을 받은 이 요리는 졸인 송아지고기 육수의 갈색 향기로부터 으깬 감자 특유의 전분 냄새에 이르기까지 갖가지 냄새의 집중포화를 우리 코에 가한다. 이렇게 맛있는 음식을 앞에 놓고서, 우리는 요리 전체의 냄새를 들이킬 수도 있고, 각각의 냄새를 따로따로 맡을 수도 있다. 다시 말해 우리는 서로 겹치며 풍기는 다채로운 냄새들을 일종의 요리 교향곡으로서 경험할 수도 있고, 투입되는 감각 자료를 분해하여 감자의 냄새나 드미 글라세의 냄새, 미디엄 레어로 구워진 쇠고기 조각의 냄새에 따로따로 초점을 맞출 수도 있다. 이렇듯 선택적으로 주의를 집중하는 행위는 아무 노력 없이 진행되는 것으로 보이지만, 신경과학은 그것이 어떻게 일어나는지 전혀 실마리를 잡지 못하고 있다. 이것이 이른바 분해 문제parsing problem이다.

분해와 결합, 이 두 가지가 문제인 까닭은 상향식bottom-up 설명이 불가능하기 때문이다. 인간 마음에 대해 우리가 아무리 정교한 지도를 그려 나간다 할지라도, 우리가 그리는 지도들은 불협화음을 이루는 세포들이 어떻게 한 가지 소스에 대한 통일된 지각으로 결합되는지 여전히 설명하지 못할 것이다. 또한 어떻게 우리가 서로 다른 감각지각들 사이를 언제든 자유롭게 오갈 수 있는지, 스테이크의 냄새와 소스 냄새를 구별할 수 있는지 설명할 수 없을 것이다. 신경과학은 감각지각의 바닥bottom을 파헤치는 데는 뛰어나지만, 맛있는 저녁식사는 우리 마음에 바닥뿐 아니라 꼭대기top도 있어야 한다는 사실을 보여준다.

주관성의 감각

사태를 훨씬 더 복잡하게 만드는 것은, 우리의 경험이 결코 우리의 실제적 감각지각에 한정되지 않는다는 사실이다. 우리가 받는 인상은 언제나 불완전하고, 주관성이 한 방울 가미되어야 온전해진다. 우리가 감각지각을 결합 또는 분해할 때마다 우리가 실제로 하는 일은 우리가 감각하고 있다고 **생각하는** 것에 대해 판단을 내리는 것이다. 이 무의식적인 해석 행위는 대체로 맥락 암시contextual cue에 의해 주도된다. 평소와 다른 상황에서 어떤 감각지각을 만나게 되면 예컨대 맥도날드 매장에서 드미 글라세의 냄새를 맡게 되면 뇌는 비밀스럽게 그 감각 판정을 변조하기 시작한다. 투입되는 애매한 감각자료들은 하나로 결합되어 전혀 다른 감각지각을 낳는다. 멋진 향기의 송아지고기 육수가 맥도날드의 얄팍한 햄버거로 둔갑한다.

우리의 후각은 특히 이런 종류의 외부 영향에 취약하다.[19] 여러 가지 냄새는 분자상의 세부적인 차이밖에 없으므로—그리고 우리는 오래전에 후각적 예민함을 버리고 차라리 색상 감각을 향상시키기로 선택했으므로—우리의 뇌는 종종 **비**감각적인 정보에 의존하여 냄새를 해독해야 한다. 가령 파르메산 치즈와 토사물을 예로 들자면 둘 다 부탄산으로 가득한데, 부탄산은 코를 찌르는 강한 냄새와 더불어 들큰한 잔향을 남긴다. 그 결과 눈을 가린 실험 대상자들은 종종 두 자극을 혼동하곤 한다. 그러나 실제 삶에서는 그와 같은 감각 착오는 지극히 드물다. 상식이 실제 감각에 우선하기 때문이다.

해부학적인 차원에서 보자면, 이것은 후각망울嗅神經球이 상위의 뇌 영역에서 오는 되먹임의 홍수로 범람하기 때문이다. 이 되먹임은 지속적으로 우리의 냄새 수용체들이 모아들이는 정보를 조절하고 다듬는다.[20] 옥스퍼드의 한 연구팀은 간단한 단어 표지 한 장만으로도 '코가 우리에게 말해준다고 우리가 생각하는 것'을 심각하게 변조할 수 있음을 보여주었다. 피실험자에게 냄새 없는 공기를 맡게 하고 '체다 치즈' 냄새가 난다고 말해주면, 그들 뇌의 냄새 영역은 치즈에 대한 식욕을 느끼며 깨어났다. 하지만 그 똑같은 공기가 '체취'라는 표지와 함께 주어지면, 피실험자는 자기도 모르게 뇌의 냄새 영역을 닫아버렸다.[21] 감각지각 자체는 달라지지 않았는데도—그것은 여전히 깨끗한 공기이다—마음은 후각 반응을 완전히 수정해버렸다. 우리는 자신도 모르게 스스로를 속이는 것이다.

에스코피에는 이런 심리적 현실을 이해했다. 그가 일했던 식당들은 암시의 힘을 십분 이용했다. 그는 자신의 요리에 멋들어진 이름을 붙이고 반드시 금박 두른 은제 기명에 요리를 담아내게 했다. 그의 도자기 그릇은 모두 리모주 산產, 포도주잔은 오스트리아 산이었으며, 반짝반짝 잘 닦인 식기 컬렉션은 귀족들의 유산 매각 경매에서 챙겨온 것이었다. 에스코피에는 결코 '그레이비소스 스테이크' 따위를 내놓지 않았다. 그가 내놓은 것은 '필레 드 뵈프 리슐리외Filet de Boeuf Richelieu'였다(거창하게 추기경의 이름을 내세운 이 요리의 정체는 잘 거른 그레이비소스를 끼얹은 스테이크, 바로 그것이었지만). 에스코피에는 웨이터들에게 턱시도를 입혔고, 식당에 로코코 장식을 할 때는 직접 감독했다. 요컨대 완벽한 요리에는 완벽한 분위기가 있어야 하는 것이었다. 비록 하루 중 열여덟 시간을 뜨거운 화덕 앞에서 다양한 소스를 만들며 보냈지만, 에스코피에는 우리가 맛보는 것은 궁극적으로 **아이디어**임을, 우리의 감각지각은 상황의 영향을 강력하게 받는다는 것을 깨달았다. 에스코피에는 재치 있게 말했다. "말고기라 할지라도 즐길 만한 환경만 된다면 맛있을 수 있다."[22)

이것은 의심쩍게 들리는 개념이다. 유아론唯我論과 상대주의와 각종 '포스트모던'적인 주의ism들의 냄새를 풍긴다. 그러나 이것이 우리의 신경과학적 현실이다. 우리가 무엇인가 느낄 때면, 그 감각지각은 대번에 우리가 이미 알고 있는 범주들 속으로 들어간다. 가령 드미 글라세는 소스, 고기, 필레 미뇽을 요리하는 방식들이라는 범주들로 분류된다. 드미 글라세에 대해 어떤 반응을 해야 할지 뇌가 궁리하는 동안, 이 범주들은 우리가 혀와 코로 받은 감각자료에 되먹임을 보낸다. 이거 괜찮은 소스야? 다른 소스에 대한 우리의 기억과 비교할 때 어때? 송아지고기를 주문하지 말 걸 그랬나? 이 요리가 제값을 하긴 하는 거야? 웨이터가 무례하지는 않았어?

연이어 떠오르는 이런 무의식적 질문들에 대한 답은 우리가 실제로 무엇을 경험하느냐이다. 두 번째 포크질을 하기도 전에, 드미 글라세에는 등급이 매겨지고 판단이 내려진다. 우리의 주관성은 감각지각으로 퍼져 들어간다. 그러므로 입 안에 든 음식의 작은 조각은 우리가 맛보고 있다고 생각하는 것의 일부에 지나지 않는다. 똑같이 중요한 것은 우리의 뇌 속에 들어 있는 과거 경험의 합이다. 이러한 기억들이 감각지각을 해석하는 **틀**이 되기 때문이다.

이런 개념을 뒷받침하는 가장 설득력 있는 증거는 포도주의 세계에서 발견된다. 2001년, 보르도 대학교의 프레데릭 브로셰는 매우 짓궂은 두 가지 실험을 했다. 첫 번째 실험에서 브로셰는 57명의 포도주 전문가를 초대하여 적포도주와 백포도주처럼 보이는 두 잔의 액체를 주고는 그 인상을 말해보라고 주문했다. 그 포도주들은 사실 똑같은 백포도주였고, 적포도주로 보인 것에는 붉은색 식용 색소를 넣었을 뿐이다. 그런데도 포도주 전문가들은 적포도주를 묘사할 때 흔히 사용하는 표현으로 그 '붉은' 포도주를 묘사했다. 한 전문가는 그 붉은 포도주의 잼 같은 감촉을 찬양했고, 또 어떤 전문가는 '으깨진 붉은 과실'을 음미했다. 단 한 명의 전문가도 그것이 실상은 백포도주임을 알아채지 못했다.

브로셰의 두 번째 실험은 한층 더 대담한 것이었다. 그는 중등품 보르도 포도주를 두 개의 다른 병에 담아 내놓았다. 병 하나는 멋들어진 그랑 크뤼⁕였고, 다른 병은 평범한 뱅 드 타블⁕⁕이었다. 사실은 완전히 똑같은 포도주를 내놓았지만, 전문가들은 상표가 다른 두 개의 병에 담긴 포도주에 대해 거의 상반되는 등급을 부여했다. 그랑 크뤼는 "맛이 좋고, 숙성용 나무통의 향과 맛이 느껴지며, 복잡 미묘한 여러 가지 맛이 조화롭게 균형 잡혀 있고, 목으로 부드럽게 잘 넘

⁕ grand-cru, 최고급 포도주.(옮긴이)
⁕⁕ vin de table, 일반 식사용 포도주.(옮긴이)

어간다"는 평을 받은 반면, 뱅 드 타블은 "향이 약하고 빨리 달아나며, 도수가 낮고, 밍밍하며, 맛이 갔다"는 평가를 받았다. 마흔 명의 전문가들은 고급상표가 붙은 포도주는 마실 가치가 있다고 말했지만, 싸구려 딱지가 붙은 포도주에 대해 마음을 연 전문가는 열두 명 뿐이었다.

　이 포도주 실험이 밝히 드러내는 것은 주관성의 편재遍在이다. 우리가 포도주를 한 모금 마실 때는, 먼저 포도주를 맛본 다음 그것이 싸구려인지 아닌지 또는 붉은지 아닌지를 차례로 보는 게 아니다. 우리는 모든 것을 한꺼번에 맛본다. '이포도주는붉어' 또는 '이포도주는 비싸' 이렇게 단숨에 들이키며 느끼는 것이다. 그 결과 포도주 '전문가'들은 백포도주가 적포도주라고, 싸구려 포도주가 비싼 포도주라고 진심으로 믿었다. 그리고 그들은 형편없는 실수를 했지만, 그들의 실수가 딱히 그들만의 잘못은 아니다. 애초에 우리의 뇌는 자기 자신을 믿게끔 설계되었다. 선입관이 사실처럼 느껴지고, 의견이 실제 감각 지각과 구분이 가지 않게끔 되어 있는 것이다. 어떤 포도주가 싸구려라고 **생각하면**, 그것은 싸구려 맛이 나게끔 되어 있다. 그리고 그랑 크뤼를 맛보고 있다고 생각하면, 그랑 크뤼를 맛보게끔 되어 있다. 우리의 감각이 내리는 지시들은 애매모호하며, 우리는 동원할 수 있는 다른 지식에 기초하여 그런 지시들을 분해한다. 브로셰가 강조했듯이, 포도주가 어떤 맛이 날 것이라는 우리의 기대는 "포도주 자체가 실제 갖는 물리적 성질들보다 훨씬 더 강력하게 포도주 맛을 결정할 수 있다."[23]

우리 감각의 오류 가능성—정신적 편견과 신념에 곧잘 속는 취약함—은 신경학적 환원주의에 특별한 문제를 제기한다. 포도주의 맛은, 모든 것의 맛이 그러하듯, 투입된 감각 자료의 단순 합이 아니며, 상향식으로 설명되지 않는다. 맛은 가장 단순한 감각지각들에서 시작하여 추론을 쌓아올림으로써 추정되지 않는다. 왜냐하면 우리가 경험하는 것은 실제로 감각하는 것과 같지 않기 때문이다. 오히려 경험은 감각들이 주관적인 뇌에 의해 해석될 때 일어나며, 그럴 때 뇌는 개인적 기억과 자기 나름의 욕망이라는 도서관을 일시에 동원한다.* 철학자 도널드 데이비슨이 주장했듯이, 지식에 대한 주관적 기여(우리 자신으로부터 오며, 데이비슨이 우리의 '도식scheme'이라고 부

---

* 하향적 되먹임top-down feedback의 중요성은 우리 뇌의 **바깥**에서도 분명하게 드러난다. 예를 들어 잘 그을린 스테이크의 맛을 생각해보자. 에스코피에는 고온에서 그을린 스테이크가 육즙이 더 많다고 늘 믿었다. 그을린 스테이크의 딱딱한 겉살이 "고기의 자연스러운 육즙을 나오지 못하게 잡아두기 때문"이라는 것이었다. 이것은 완전히 틀린 말이다(에스코피에조차 실수를 했다). 엄밀히 말해 고온에서 요리한 스테이크는 그 자체의 육즙이 **더 적다.** 그 입맛 돋우는 지글거리는 소리는 사실 고기 자체의 액이 공기 중으로 증발하는 소리이기 때문이다.(천연 육즙을 가장 잘 잡아두려면, 스테이크를 천천히 그리고 일정한 온도로 요리해야 한다. 그리고 소금은 맨 나중에 뿌려야 한다.) 그럼에도 불구하고 에스코피에가 알아챈 것은 틀리지 않다. 잘 그을린 스테이크가 실제로는 더 메말랐을지라도, 여전히 더 육즙이 많은 듯한 **맛이 나기** 때문이다. 이 요리의 환각에 대해 불완전하나마 설명을 하자면 잘 그을린 스테이크—그 캐러멜화한 겉살은 바삭바삭하고 오독오독하며 속살은 맛있고 핏기를 머금고 있다—를 보면 우리는 기대감에 군침을 흘린다. 그 결과 입맛을 더 돋우는—그렇지만 육즙은 더 적은—스테이크를 먹을 때, 고기는 마치 육즙이 더 넘치는 것으로 느껴진다. 그러나 우리가 실제로 느끼는 것은 자신이 흘린 침, 뇌가 침샘으로 방출하게 했던 침이다. 군침을 돌게 하겠다는 결정이 스테이크에 대한 우리의 감각 경험을 왜곡하는 것이다.

른 것)와 객관적 기여(바깥세상으로부터 오며, 데이비슨이 '내용content'이라고 부른 것)를 구분하는 것은 궁극적으로 불가능하다. 그 대신, 데이비슨의 영향력 있는 인식론에 따르면, "조직 체계와 조직되기 위해 대기하는 것"은 철저히 상호의존적이다.[24] 주관성 없이는 우리는 우리의 감각지각을 해독할 수 없을 것이며, 감각지각 없이는 주관성을 발휘할 아무것도 우리에게 없을 것이다. 포도주 맛을 느끼기 전에 우리는 판단부터 해야 한다.

그러나 우리가 로버트 파커※식 객관성의 어떤 기적에 의해서 포도주 맛을 **있는 그대로**(우리의 도식적 주관성에 의한 왜곡 없이) 느낄 수 있다 해도, 우리 모두가 똑같은 포도주를 경험할 수는 없다. 과학은 오래전부터 특정한 냄새와 맛에 대한 민감성의 개인차가 무려 1천 퍼센트나 벌어질 수 있음을 알고 있었다. 세포 차원에서 볼 때 후각 피질(혀와 코를 해석하는 뇌의 부분)은 매우 가소성이 있어, 개별 경험의 내용에 대해 자유롭게 적응하기 때문이다. 우리의 다른 감각들이 정착을 하고 난 후에도, 미각과 후각은 여전히 유동적이다. 자연이 우리를 그렇게 설계했으니, 우리의 후각망울은 새로운 뉴런들로 가득 차 있다. 새로운 세포들이 끊임없이 태어나며, 이 세포들의 생존 여부는 그 활동에 달려 있다. 즉 실제로 접하는 냄새와 맛에 반응하

※ 유명한 와인평론가. 와인 맛을 100점 만점으로 평가하여, 80점대는 괜찮은good 와인, 90~95점은 훌륭한outstanding 와인, 96점 이상은 특상품extraordinary 등으로 '객관적인' 점수를 매겼다.(옮긴이)

는 세포들만이 살아남고, 그 나머지는 시들어버린다.[25] 결과적으로 우리의 뇌는 우리가 먹는 것을 반영하게 되는 것이다.

이러한 '말초신경의 가소성peripheral plasticity'의 사례를 정리한 문서 중 가장 뛰어난 것은 안드로스테논androstenone에 관한 것이다. 안드로스테논은 오줌과 땀에 들어 있는 스테로이드로서 인간 페로몬으로 지목되고 있다. 안드로스테논을 냄새 맡는 사례에서 인간은 세 부류로 나뉜다. 첫 번째 그룹은 단순히 그 냄새를 맡지 못한다. 안드로스테논의 냄새를 맡을 수 있는 사람들은 다음 두 가지 중 하나다. (1) 탁월한 후각의 소유자들. 이들은 1조 분의 10보다 적은 농도를 감지하는 후각을 가졌고, 안드로스테논의 냄새(오줌 같은 냄새가 난다)를 매우 불쾌하게 느낀다. (2)약간 덜 민감하면서 안드로스테논의 냄새를 이상하리만치 기분 좋게 감지하는 사람들. 이 사람들은 그 냄새가 '달콤하다'든가 '사향 냄새가 난다'든가 '향수 같다'고 말한다. 감각 경험에서의 이런 차이를 한층 흥미롭게 만드는 것은 경험의 축적이 민감성을 높인다는 사실이다. 안드로스테논에 반복적으로 노출될수록 피실험자는 뇌의 되먹임 덕분에 그 물질에 대해 더욱 민감해진다.[26] 이 되먹임 결과 비강의 줄기세포들은 안드로스테논에 민감한 냄새 수용체들을 더 많이 만들게 된다. 새로운 세포가 풍성해지면서 감각 경험이 바뀐다. 한때 향수 같았던 것에서 오줌 냄새를 맡기도 한다.[27]

물론 실제 세상(실험실 바깥의 세상)에서 경험을 통제하는 것은 다름 아닌 우리다. 저녁으로 무엇을 먹을지 선택하는 것은 우리다. 에스코피에는 이것을 먼저 이해했다. 에스코피에는 손님들이 먹을 것을 주문해주길 바랐다. 손님들이 무엇을 먹고 싶어 하는지 그로서는 결코 알 수 없었기 때문이다. 비프스튜를 주문할까 아니면 연어 완자를 시킬까? 맑은 수프 한 사발, 아니면 송로버섯을 곁들인 송아지 췌장 요리? 손님들은 에스코피에가 정한 몇 가지 기본적인 규칙(쇠고기에는 백포도주 금지, 코스 사이에는 금연, 크림수프 다음에는 거품 나는 백포도주 금지 등)을 따라야 했다. 그렇지만 그는 고객마다 자기 나름의 식성을 가지고 있음을 알고 있었다. 그래서 손님들이 스스로 먹을 것을 고를 수 있게끔, 메뉴라는 것을 발명했다.

손님들이 에스코피에의 요리를 하나씩 먹어치울 때마다, 루제* 대신 안심을 택할 때마다, 손님들의 혀가 느끼는 감각지각들이 바뀌어갔다. 런던의 사보이(그와 세자르 리츠가 세운 합작 호텔)에서 일할 때, 에스코피에는 영국인들의 입맛조차 교육하고 바꿀 수 있으리라고 믿었다. 처음에 에스코피에는 자신이 정성들여 꾸민 메뉴가 새로운 고객들에게 환영받지 못하는 것을 보고 무척 걱정했다.(그는 영어 배우기를 거절했는데, 훗날 말하기를, 그 이유는 자기도 영국 사람들처럼 요리하게 될까봐 겁나서였다고 했다.[28]) 어떤 손님들은 크림이 든 요리를 두 가지나 시키려 했고(이건 진짜 큰 실수다), 소스 없이 고기를 시키려는 사람, 저녁으로 수프만 조금 먹고 말겠다는 사람들도 있었다. 이 영국인 손님들에게 제대로 먹는 법을 가르치기 위해, 에스

---

* rouget, '노랑촉수'라는 생선.(옮긴이)

코피에는 그의 영국 레스토랑에서 다섯 명 이상의 사람들이 식사를 할 때는 자기가 갖다 주는 요리만 먹게 하기로 했다. 그래서 그는 '주방장 특선 메뉴'라는 것을 교육 도구로서 만들었다. 사람들이 먹는 법을 **배울** 수 있다고 자신했기 때문이었다. 세월이 흐르면서 영국인들은 프랑스인들을 닮아갔다. 사람의 미각은 아주 가소성이 있기 때문에 경험에 따라 달라질 수 있다. 누구든 미식가가 되기에 늦는 법은 결코 없다.

1903년 백과사전식 요리책이 출간된 이래, 에스코피에가 발명한 요리법들은 무수히 많은 사람들의 후각피질과 코와 혀를 바꾸어놓았다. 그의 요리법들은 문자 그대로 우리 감각을 변모시켰고, 무엇을 원할지, 우리가 가장 좋아하는 음식을 어떻게 먹으면 좋을지를 가르쳤다. 이것이 훌륭한 요리의 힘이다. 즉 훌륭한 요리는 새로운 종류의 욕망을 창조한다. 에스코피에는 우리에게 풍미 있는 육수를, 되직한 소스를, 프랑스 고급요리의 화려한 식탁 꾸밈을 사랑하는 법을 가르쳐주었다. 그 덕분에 우리는 음식이 그 재료의 진수와 같은 맛이 나기를 기대하게 되었다. 실제로는 얼마나 많은 성분들이 추가되든지 말이다. 에스코피에가 애용하는 버터는 우리의 수명을 단축시킬 수도 있지만, 그의 요리법에 담긴 지혜는 그 짧은 인생을 조금 더 행복하게 만들었다.

에스코피에는 그토록 다양하고 맛있는 요리들을 어떻게 발명할 수 있었을까? 자신의 경험을 진지하게 받아들임으로써였다! 그는 맛있음이란 극히 개인적인 것이며 맛에 대한 분석은 일인칭 시점에서 시작한다는 것을 알았다. 일본 학자 이케다처럼, 그는 혀를 이방인 취급한 당대의 과학에 귀 기울이지 않고, 우리 욕망의 다양성과 욕구의 변덕스러움에 귀 기울였다. 그의 실험에서 안내자는 쾌락이었다. 에스코피에는 그의 요리책의 서두에서 이렇게 경고했다. "어떤 이론도, 공식도, 요리법도 경험을 대신하지는 못한다."[29)

물론 경험의 개인성은 과학이 결코 풀지 못할 문제이다. 사실 우리는 제각기 다른 뇌를 가지고 있으며, 뇌는 개개인의 욕망에 따라 조율되어 있다. 이 욕망들은—말 그대로 뉴런의 차원에서—평생 먹는 것에 따라 형성된다. 에스코피에의 『요리의 길잡이』가 6백 쪽이 넘는 긴 책이 된 것은, 에스코피에가 알기에, 아무리 많은 우마미가 들어가고 크림이 들어간다 해도, 모든 사람을 만족시키는 단일한 요리법이란 없기 때문이었다. 맛의 개인성은—어찌 보면 맛에서 정말로 중요한 측면은 그것뿐인데—과학이 결코 설명할 수 없는 그 무엇이다. 우리의 주관적 경험은 그 무엇으로도 환원되지 않는다. 요리는 과학인 **동시에** 예술이다. 요리사 마리오 바탈리가 한때 그의 요리법 중 하나에 대해 말했듯, "맛이 있으면 제대로 된 것이다".[30)

04
|

마르셀 프루스트 : 기억의 방법

🖋️ 마르셀 프루스트 Marcel Proust 1871~1922___프랑스의 소설가. 20세기 소설의 최고봉 중하나로 손꼽히는 『잃어버린 시간을 찾아서』(1913~1928)의 저자이다. 파리 교외의 부유한 집안에 태어났다. 아버지는 유명한 의사이자 병리학자였다. 9세 때부터 천식을 앓았는데, 이는 평생의 숙환이 되었다. 11세 때 콩도르세 중고등학교에 입학했고, 파리 대학 법학부 재학 중에는 베르그송의 강의를 들었다. 베르그송은 외가 쪽으로 친척이었다. 19세기 말의 파리의 문학 살롱들에 드나들면서 창작을 시작했으나, 아마추어 문학가 이상으로는 평가받지 못했다. 20세기 초에 양친을 모두 세상을 떠났고, 이후 그의 건강은 한층 악화되어 사교계에 발을 끊고 칩거해 살면서 『잃어버린 시간을 찾아서』 집필에 열중했다. 제1부 『스완네 집 쪽으로』는 1913년 자비로 출판했다. 제1차 세계대전 때문에 후속권 간행은 중단되었고, 전쟁 동안 소설은 재검토되어 모두 3부 예정이던 것이 7부작으로 늘어났다. 제2부 『꽃피는 소녀들의 그늘에서』(1919)가 공쿠르 상을 받자 그의 명성이 높아졌다. 제3부 『게르망트 가 사람들』(1920~1921), 제4부 『소돔과 고모라』(1922)는 그가 살아 있는 동안 출판되었다. 1922년 그는 폐렴으로 죽었으며, 이 소설의 마지막 부분인 제5부 『갇힌 여인』(1923), 제6부 『자취 감춘 여인(사라진 알베르틴)』(1925), 제7부 『되찾은 시간』(1927)은 그가 죽은 뒤에 간행되었다. 그는 현대 신심리주의의 거장이며, '의식의 흐름'이라는 새로운 기법으로 20세기 소설의 지평선을 연 작가로 평가받고 있다.

추억이 그득한 서랍조차도
낡은 계산서, 연애편지, 사진, 영수증,
법정 조서, 땋은 머릿단이 들어찬 서랍조차도
내 머리에 담긴 만큼의 비밀은 감추지 못하네.
내 머리는 무덤 같아라. 토기장이의 밭을 채우는 시체,
죽은 자들이 무수히 누워 있는 피라미드,
나는 달도 싫어하는 묘지이어라.
—샤를 보들레르, 제76가[1]

마르셀 프루스트의 소설 『잃어버린 시간을 찾아서』(1913~1927)
는 제목 그대로의 작품이다.※ 이 소설에서 프루스트는 시간이 멈추
는, 감추어진 공간을 찾고 있었다. "현재적 순간의 본질 자체에 내재
하는 치유할 수 없는 불완전함"에 사로잡혀, 프루스트는 시간이 마치

※프루스트의 대하소설 『잃어버린 시간을 찾아서A la Recherche du temps perdu』는 두 가
지 제목으로 영역되었다. 첫 번째 제목은 '지나간 일들에 대한 회상Remembrance of
Things Past'으로, 번역자 C. K. 스콧 몽크리프가 붙인 것이다. 이것은 원제를 그대로 옮긴
것이 아니며, 몽크리프는 이 제목을 셰익스피어의 소네트에서 가져왔다고 한다. 이 제목은
프루스트 소설의 내용을 효과적으로 환기하기는 하지만, 시간에 대한 프루스트의 강박관
념이나 그의 소설이 사실상 무엇인가를 찾는 과정임을 보여주지 못한다. 프루스트 자신은
이 작품의 제목을 매우 진지하게 생각하여, '과거의 종유석Les Stalactites du passé'에서부
터 '동록銅綠 속에 보이는 것Ce qu'on voit dans la patine', '뒤에 남은 날들Les Jours
attardés', '과거로부터의 방문자Le Visiteur du Passé' 등 여러 가지를 고려했다. 1992년
번역자 D. J. 인라이트는 프루스트의 원제를 살린 '잃어버린 시간을 찾아서In Search of
Lost Time'라는 제목을 붙였다.

차가운 물처럼 자신 위로 흘러가는 것을 느꼈다. 모든 것이 썰물처럼 빠져나가고 있었다. 병약한 삼십대인 그가 그때까지 자기 인생을 가지고 한 것이라고는 이런저런 병을 얻고 어머니에게 자기 연민에 찬 편지를 써 보낸 것뿐이었다. 그는 아직 죽을 준비가 되어 있지 않았다.

그래서 덧없이 스러지지 않을 것을 추구하여, 프루스트는 소설가가 되었다. 진짜 삶을 박탈당한 채—그는 천식 때문에 침실에 갇혀 지냈다—프루스트는 자기가 갖고 있는 유일한 것, 즉 자신의 기억으로 예술을 만들었다. 지난날에 대한 향수가 그의 위안이 되었다. "삶은 떠돌지만, 기억은 머물기 때문"2)이다. 프루스트는 회상에 잠겨 시간 가는 줄 모를 때면, 시계의 째깍거리는 소리도 마음속에 웅얼대는 기억의 반향 속에 사라져버린다는 것을 알고 있었다. 그가 영영 살 곳은 바로 거기, 자신의 기억 속이었다. 그의 과거는 걸작이 될 터였다.

이런 깨달음에 힘을 얻은 프루스트는 글을 쓰기 시작했다. 쓰고 또 썼다. 그는 원고 속으로 잠적했다가 "기억하는 데 도움이 필요할 때"만 돌아 나왔다. 프루스트는 자신의 직관에 의지하여, 그리고 자신과 자신의 예술에 노예처럼 헌신한 끝에, 기억에 대한 자신의 믿음을 일대 이론이 될 만큼 심화시켰다. 파리 작업실의 숨 막히는 침묵 가운데서, 그는 자신의 감정적인 뇌에 깊이 귀 기울인 끝에 그것이 어떻게 작동하는가를 알아내고야 말았다.

프루스트가 발견한 진실은 어떤 것이었던가? 그가 극히 현실적인 세계를, 화려한 전성기를 구가하던 파리 사교계를 묘사했다는 것은 누구나 아는 얘기이다. 또 다른 문학 연구자들은 그의 문체에 초점을

맞추어 그가 어느 만찬회를 묘사할 때의 열렬한 음조와 유려한 리듬
감을 논하기도 한다. 프루스트는 엄청나게 긴 문장들(어떤 문장의 단
어 수는 356개에 달한다)로 드넓은 장면을 그려내며, 때로는 하찮은
세부(냅킨의 결이라든가 파이프에서 나는 물소리라든가)에서 시작하여
모든 사물에 관한 귀납적 명상으로 끝맺기도 한다. 다변多辯에 있어 뒤
지지 않는 헨리 제임스는 프루스트의 문체를 "무지막지한 권태감과
상상할 수 있는 최고의 황홀경이 결합된 것"이라고 정의한 바 있다.

  그러나 프루스트를 이처럼 세련된 미문가로만 본다면, 기억에 대

1892년 자크 에밀 블랑슈
가 완성한 마르셀 프루스트
의 초상화.

한 그의 탐구의 진지성을 무시하는 일이 될 것이다. 비록 종속절과 과자류에 약하기는 했을지언정, 수식어와 고독을 남달리 천착한 덕분에, 그는 현대 신경과학의 가장 근본적인 발견 몇 가지를 직관적으로 터득했다. 과학자들은 우리의 기억작용을 일련의 세포 및 뇌 부위들로 해부하면서도, 그것들이 프랑스의 은둔 소설가와 연결된다는 점을 미처 깨닫지 못하고 있는 것이다. 프루스트는 영구히 살지는 못했지만, 그의 기억 이론은 살아남아 있다.

직관

프루스트는 자신의 선견지명에 놀라지 않았을 것이다. 그는 예술과 과학이 모두 사실을 다루지만("작가에게 있어 인상은 과학자에게 있어 실험과 같다") 예술가만이 현실을 우리가 실제로 경험하는 대로 묘사할 수 있다고 믿었다. 프루스트는 모든 독자가 일단 자신의 소설을 읽으면 "책이 말하는 것을 그 자신의 자아 안에서 알아볼 것"이라고 자신했다. "바로 그 점이야말로 책의 진실성에 대한 증거가 될 것이다."[3]

프루스트는 예술의 놀라운 힘에 대한 믿음을 철학자 앙리 베르그송으로부터 배웠다.※ 프루스트가 『잃어버린 시간』을 쓰기 시작했을 때, 베르그송은 유명인사가 되어가는 중이었다. 이 형이상학자는 오페라 홀을 매진시켰고, 지적인 관광객들은 그가 **생의 약동**élan vital과

희극과 '창조적 진화'에 대해 논하는 것을 황홀하게 경청했다.❖❖ 베르그송 철학의 본질은 기계론적 우주관에 대한 맹렬한 저항이었다. 과학의 법칙은 생기 없는 물질에 대해, 원자와 세포의 관계 파악에 대해서는 타당하다. 하지만 우리 인간에 대해서는 어떠한가? 우리는 의식과 기억을, 존재를 가지고 있다. 베르그송에 따르면 이 실재, 우리의 자의식이라는 실재는 환원되거나 실험적으로 해부될 수 없다. 우리는 우리 자신을 **직관**을 통해 이해할 뿐이라는 것이 그의 생각이었다. 직관이란 많은 내적 성찰을, 우리의 내적 연관들을 들여다보는 한가한 날들을 필요로 하는 과정이다. 기본적으로 그것은 부르주아적인 명상이다.

프루스트는 베르그송 철학을 내면화한 최초의 예술가 중 한 사람이었다. 그의 문학은 직관에 대한, 우리가 침대에 누워 조용히 생각함으로써 알 수 있는 모든 진실에 대한 찬양이 되었다. 베르그송의 영향이 프루스트에게 나름대로의 걱정을 안겨주지 않은 것은 아니었지만―"나는 베르그송 씨의 철학을 소설로 바꾸려 하지 않더라도 할 일이 많다!"[4]고 그는 한 편지에 썼다―프루스트는 그래도 베르그송

❖ 프루스트는 1891~1893년에 걸쳐 소르본에서 베르그송의 강의를 들었다. 베르그송은 1892년에 프루스트의 사촌누이와 결혼한 터였다. 뿐만 아니라 1909년 그가 『스완네 집 쪽으로』를 쓰기 시작했을 무렵에는 베르그송의 『물질과 기억』을 읽었다. 그러나 두 사람이 나눈 대화의 기록은 단 한 편이 남아 있을 뿐이다. 그들은 잠의 본질에 대해 이야기했는데, 이 대화의 내용은 『소돔과 고모라』에서 다시 이야기된다. 그러나 베르그송에게 있어 프루스트는 탁월한 귀마개를 한 상자 가져다주었던 사촌으로만 기억될 뿐이었다.
❖❖ 1913년 베르그송의 컬럼비아 대학 강연은 뉴욕 시 사상 최초의 교통 체증을 야기했다.

의 주제들에 저항할 수 없었다. 사실상 프루스트는 베르그송의 철학을 철저히 흡수한 결과, 19세기 소설이 사색에 대한 사물의 우위를 주장함으로써 모든 것을 정반대 방향으로 돌려놓았다는 결론에 이르렀다. "사물을 묘사하는 것으로, 사물에 그저 선과 면의 한심한 추상만을 부여하는 것으로 만족하는 종류의 문학은 사실주의를 자처하기는 하지만 사실에서 가장 동떨어진 것이다."[5] 베르그송이 강조했듯이, 현실이란 **주관적으로** 가장 잘 이해되며, 그 진실은 직관적으로 포착된다.

그러나 어떻게 허구 작품이 직관의 힘을 보여줄 수 있겠는가? 어떻게 소설이 현실이란, 베르그송의 표현대로, "물질적인 것이 아니라 궁극적으로는 정신적인 것"임을 입증할 수 있겠는가? 프루스트의 해결책은 조개껍질 모양에 레몬 즙으로 향을 낸 버터 맛 나는 쿠키—저 유명한 마들렌 과자—라는 뜻밖의 형태로 발견되었다. 그것은 "그의 정신의 구조"를 드러내주는 한 조각의 물질, "심리적 요소들로 환원될 수 있는" 디저트였다.[6] 『잃어버린 시간을 찾아서』는 바로 그렇게 시작한다. 한 시절의 추억을 오롯이 되살아나게 하는, 한 조각 마들렌과 함께.

과자 부스러기와 섞인 그 따뜻한 액체가 내 입 안을 건드리자마자 온몸에 전율이 스쳤으며 나는 멈칫한 채 내게 일어나고 있는 그 놀라운 일에 정신을 집중했다. 미묘한 쾌감이 내 감각들에 밀려들었다. 무엇인가 고립되고 분리된, 그 기원을 알 수 없는 쾌감이. 그러자 문득 삶의 우여곡절들이 무연하게 느껴졌고, 그 재난들은 별것이 아니며 그 덧없음은 착각인 것만 같았다. 그것은 나였다. 나는 더 이상 하찮고 우연한, 필멸의 존재가 아니었다. 이처럼 막강한 기쁨은 대체 어디서 온 것일까? 나는 그것이 차와 과자의 맛과 연관되어 있다는 것은 느꼈지만, 그것은 그런 맛들을 무한히 넘어서는 것이며 정말이지 그런 맛들과 같은 것이 될 수 없음을 감지했다. 대체 어디서 온 것일까? 무슨 뜻일까? 어떻게 하면 내가 그것을 파악하고 이해할 수 있겠는가?

나는 두 모금째를 마셨다. 거기서도 첫 모금에서 맛본 이상의 것은 발견하지 못했다. 다시 세 모금째를 마시자 두 모금째보다도 느낌이 줄어들었다. 이제 그만할 때가 되었다. 차는 그 마법을 잃어가는 것이다. 내가 찾는 진실이 찻잔이 아니라 내 안에 있다는 것은 명백했다.[7]

이 아름다운 대목은 프루스트 예술의 진수를 보여준다. 진실은 찻잔으로부터 마치 따뜻한 김처럼 피어오른다. 마들렌은 프루스트의 추억을 일시에 되살아나게 하는 관건이지만, 이 문단이 마들렌 과자 그 자체에 대한 것은 아니다. 과자는 단지 프루스트가 단연 선호하는 주제, 즉 그 자신을 탐구하는 데 편리한 구실일 뿐이다.

프루스트는 설탕과 밀가루와 버터로 만들어진 이 예언적인 부스러기로부터 무엇을 배웠다는 말인가? 그는 우리 뇌의 구조에 대해 상당히 많은 것을 직관적으로 깨달았다. 마들렌 일화가 있었던 1911년, 심리학자들은 우리 감각들이 두개골 안에서 어떻게 연결되는지에 대해 전혀 알지 못했다. 프루스트의 심오한 통찰 중 한 가지는 우리의 후각과 미각에 단일한 기억의 부하가 걸려 있다는 사실이었다.

　　머나먼 과거로부터 아무것도 남아 있지 않을 때, 사람들이 죽고 사물들이 부서지고 흩어진 후에도, **맛과 냄새만이**, 연약하지만 끈질기게, 실체가 없으면서도 지속적으로, 충실하게, 오랫동안 남아 떠돈다. 마치 영혼들처럼, 기억하고 기다리고 희망하면서, 다른 모든 것이 부서진 가운데서. 그리고 그 사소하고 거의 만질 수도 없는 한 방울의 본질 가운데 회상의 방대한 구조를 견지한다.[8]

　　오늘날 신경과학은 프루스트가 옳았음을 알게 되었다. 브라운 대학의 심리학자 레이첼 허츠는—「프루스트적 가설을 시험하기」라는 재치 있는 제목의 과학논문에서—우리의 후각과 미각이 특히 센티멘털하다는 것을 보여주었다.[9] 그것은 후각과 미각만이 뇌의 장기 기억 센터인 해마 조직과 직접 연관되는 감각들이기 때문이다. 해마 조직에 새겨진 후각과 미각의 흔적은 지워지지 않는다. 우리의 다른 모든 감각들(시각, 촉각, 청각)은 먼저 언어의 원천이자 의식의 관문인 시상視床에 의해 가공된다. 그 결과 이런 감각들은 우리의 과거를 불러오는 데는 훨씬 덜 효과적이다.

　　프루스트는 이런 해부적 사실을 직관하고 있었다. 그는 자신의 어린 시절에 도달하기 위해 마들렌의 맛과 차의 향기를 이용했다.＊ 그저 조개껍질 모양의 과자를 보는 것만으로는 아무것도 되살아나지 않았다. 프루스트는 자신의 시각이 어린 시절의 추억을 봉쇄해버린다고 비난하기까지 했다. "아마도 내가 그런 마들렌 과자들을 자주 보기만 하고 맛보지 않았기 때문에 그 이미지는 콩브레 시절과 동떨어진 것이 되고 말았다."[10] 프루스트가 마침내 과자를 차에 적셔 입에 넣었으니, 문학으로서는 다행한 일이다!

물론 일단 과거를 회상하기 시작한 프루스트는 마들렌 그 자체의 맛에 대한 흥미를 완전히 잃어버린다. 대신에 그는 자신이 그 과자에 대해 어떻게 **느꼈던가**, 그 과자가 자신에게 무엇을 **의미했던가**에 골몰한다. 이 과자는 그의 과거에 대해 다른 무엇을 가르쳐주는가? 입 안에 든 이 마법의 밀가루와 버터로부터 다른 어떤 추억들이 되살아나는가?

프루스트의 이 같은 세계관 가운데서, 과자는 철학에 맞먹는 값어치를 지닌다. 왜냐하면 마음속에서는 모든 것이 연관되기 때문이다. 따라서 마들렌 과자 한 개가 일대 계시가 될 수도 있다. 프루스트의 이어지는 연상들 중 몇몇은 논리적이지만(가령 마들렌의 맛과 콩브레의 추억처럼), 개중에는 전혀 엉뚱한 것도 있다. 왜 이 과자가 그의 마

❖『뉴요커』지의 필자이자 이름난 쾌락주의자인 A. J. 리블링은 한때 이렇게 쓴 적이 있다. "프루스트가 그렇게 미미한 자극(마들렌에 들어 있는 브랜디의 양은 알코올이라 불릴 수도 없을 정도이다)으로 얼마나 대단한 작품을 썼던가를 생각하면, 그가 좀 더 식욕이 왕성하지 않았다는 것은 온 세상의 손실이 아닐 수 없다."

리블링은 프루스트가 사실상 꽤 식욕이 좋았다는 것을 알면 기쁠 것이다. 비록 의사의 지시대로 하루에 한 끼만을 먹기는 했지만, 프루스트의 식사는 리블링이 보아도 손색이 없는 것이었다. 예를 들어 그 메뉴는 이랬다. 크림소스를 얹은 달걀 두 개, 크루아상 세 개, 구운 닭 반 마리, 프렌치프라이, 포도, 맥주, 그리고 커피 약간.

음에 "일본인들이 도자기 사발에 물을 채우고 그 안에 작은 종잇조각을 적시는 놀이"[11]를 생각하게 하는가? 왜 풀 먹인 냅킨은 그에게 대서양을, "푸르고 풍만한 물결로 부풀어 오르는" 대양을 생각나게 하는가? 자기 두뇌의 정직한 관찰자요 기록자인 프루스트는 그런 기이한 연상들도 설명할 수 없다는 바로 그 이유 때문에 기꺼이 받아들인다. 그는 앞뒤가 맞지 않는 것이야말로 인성의 본질이라는 점을 이해하고 있었던 것이다. 우리의 신경적 연결을 꼼꼼히 되짚음으로써만 그런 연결들이 아무리 말이 되지 않더라도 우리는 우리 자신을 이해할 수 있다. 왜냐하면 **우리는 우리의 베틀**이니까. 프루스트는 이 모든 지혜를 어느 날 오후의 티타임에서 건져 올렸던 것이다.

어제의 거짓말

그러니까 시간이라는 것이 있고, 추억이라는 것이 있다. 프루스트의 다분히 자전적인 소설은 시간이 추억을 어떻게 변성하는가를 탐구한다. 마르셀이 보리수꽃 차를 한 모금 마시기 직전에, 화자는 독자에게 희미한 경고를 보낸다. "기억을 다시 붙잡으려는 것은 헛수고이다. 우리 지성의 모든 노력은 소용없음이 드러난다……"[12] 프루스트는 왜 우리의 과거가 그처럼 붙잡기 어렵다고 생각할까? 회상하는 행위가 왜 '헛수고'인가?

이런 질문은 프루스트의 기억 이론의 핵심을 뚫고 들어간다. 간단

150_

히 말해 그는 우리의 회상은 가짜라고 믿었다. 비록 사실처럼 느껴지지만, 실상 그것들은 정교한 위조이다. 마들렌의 예를 들어보자. 프루스트는 과자를 다 먹고 도자기 접시에 과자 부스러기를 남기는 순간, 과자에 대한 기억을 자신만의 이야기에 맞도록 변형시키기 시작한다는 것을 깨달았다. 우리는 사실들이 우리 이야기에 맞도록 굴절시키며, "우리 지성은 경험을 가공"하게 된다. 프루스트는 우리에게 기억이라는 것을 조심해서, 일말의 회의를 가지고 다루라고 경고한다.

텍스트 자체 안에서도 프루스트의 화자는 자신이 회상하는 사물이나 사람들, 특히 자신의 연인 알베르틴에 대한 묘사를 끊임없이 바꾼다. 소설이 전개되어가는 동안, 알베르틴의 애교점은 그녀의 턱에서 입술로, 눈 바로 아래 광대뼈로 옮아간다. 다른 소설에서라면 그렇게 앞뒤가 맞지 않는 것은 착오로 여겨질 것이다. 그러나 『잃어버린 시간』에서는 우리 기억의 부정확성과 불안정함이야말로 작가가 말하려는 것이다. 프루스트가 우리에게 알리고자 하는 것은, 우리가 알베르틴의 애교점이 정말로 어디 있었는지 결코 알 수 없으리라는 사실이다. "나는 오류들을 묘사하되, 내가 그것들을 오류라고 여긴다는 점을 굳이 말할 필요를 느끼지 않고 묘사해야 한다"[13]고 프루스트는 자크 리비에르에게 보내는 편지에 썼다. 왜냐하면 **모든** 기억은 오류로 가득 차 있으므로, 굳이 되짚어볼 필요조차 없기 때문이다.

이야기가 신기하게 돌아가는 것은 과학이 이런 프루스트의 이론 배후에 있는 분자적 진실을 발견하면서부터이다. 기억은 틀릴 수 **있다**. 지난 일들에 대한 우리의 회상은 불완전하다.

기억의 부정직성이 처음 학문적으로 규명된 것은 프로이트에 의해서였다. 그것은 우연한 발견으로, 그는 심리치료를 하는 과정에서 상당수의 여성들이 신경증의 원인을 어린 시절의 성적 학대에서 찾는 것을 보게 되었다. 그런 고백들을 설명하려면 두 가지 난감한 시나리오 중 하나를 택해야 했다. 즉 한편으로는 그 여성들이 거짓말을 하고 있거나, 아니면 빈의 부르주아 계층에서는 성추행이 놀랄 만큼 흔히 행해졌으리라는 것이다. 결국 프로이트는 진정한 답은 자기 치료실의 한계 너머에 있다는 것을 깨달았다. 심리치료사는 결코 정말로 일어난 일을 알 수 없을 것이다. 왜냐하면 그 여성들이 자신들이 당한 성적 학대를 '회상'하기 시작하는 순간, 그들은 진정에서 우러나는 기억을 창조하고 있기 때문이다. 그들의 이야기가 지어낸 것이라 하더라도, 그들은 기술적으로는 거짓말을 하고 있는 것이 아니다. 왜냐하면 자신들은 그것을 고스란히 믿고 있으니까. 우리의 회상이란 시니컬한 것들이며, 그것들이 실제로 일어났건 아니건 간에 뇌는 그것들을 항상 진짜로 **느끼게** 만든다.

20세기 대부분 동안, 신경과학은 프로이트의 무관심한 태도를 견지해왔다. 신경과학은 기억의 허구성, 회상하는 행위가 어떻게 기억을 변화시키는가 하는 문제를 탐구하는 데 관심을 갖지 않았다. 과학자들은 우리의 기억이 마치 도서관의 먼지 쌓인 낡은 책처럼 뇌 속 어딘가에 저장되어 있으리라고 생각했다. 그러나 이 순진한 태도는 더 이상 견지될 수 없다. 우리 과거의 진실을 탐구하기 위해, 기억을 우리가 실제로 체험하는 대로 이해하기 위해, 과학자들은 기억의 거짓말이라는 유령과 맞대면할 필요가 있다.

　모든 기억은 두 개의 뉴런 사이의 연관이 변하는 데서 시작된다. 이 사실을 처음 발견한 사람은 산티아고 라몬 이 카할이었는데, 그는 1906년 노벨 의학상을 탔다. 카할의 과학적 실험은 간단했다. 그는 뇌를 얇게 썰어 현미경으로 들여다보면서 상상력을 마구 발휘했다.(카할은 자기 과학을 '사변적 뛰놀기'라 불렀다.)[14]❖ 당시 과학자들은 우리 인간의 뉴런들이 마치 회로로 연결된 전깃줄들처럼 결락 없는 망상網狀 조직으로 연결되어 있으리라고 생각했다. 반면 카할은 각각의 뉴런이 사실상 고립된 섬과 같으며 각기 피막으로 완전히 싸여 있다고 믿었다.(이런 생각은 1950년대에 전자현미경 연구가 시작된 후에야 확증되었다.) 그러나 만일 우리의 뉴런들이 서로 접촉하지 않는다면, 어떻게 기억을 형성하고 정보를 교환하겠는가? 카할은 세포들 사이에 비어 있는 틈새—오늘날 우리가 '시냅스'라 부르는 것—가 전달의 비밀 장소라는 가설을 세웠다. 조지프 콘래드가 지도에 대해 말한 것—"가장 흥미로운 장소는 비어 있는 공간들이다. 왜냐하면 그것들은 변할 것이니까."—은 뇌에 대해서도 사실이다.
　카할이 옳았다. 우리의 기억은 시냅스들의 강도에 일어나는 미묘한 전이로 존재하며, 시냅스들은 우리 뉴런들이 서로서로 소통하는

❖ 카할은 『젊은 연구자를 위한 조언』에서 이렇게 썼다. "관찰자로서의 재능이 아무리 뛰어나더라도 직관—사실 배후의 생각과 현상 배후의 법칙을 감지하는 예지적 본능—이 없이는 이치에 닿는 해답을 찾아낼 수 없다."

것을 용이하게 한다. 그 결과 우리가 마들렌을 맛볼 때면, 과자 맛의 하류 쪽 뉴런들, 콩브레와 레오니 아줌마의 유전자를 암호화하는 뉴런들에도 불이 켜진다. 세포들이 나눌 수 없이 얽히고, 기억이 만들어진다. 신경과학자들은 아직도 이런 일이 어떻게 일어나는지 알지 못한다.※ 그들이 아는 것은 기억을 만드는 과정이 새로운 단백질을 필요로 한다는 것뿐이다. 이것은 일리가 있다. 단백질은 생명의 벽돌이요 모르타르이니까. 그리고 회상한다는 것은 약간의 세포 생성을 필요로 하니까. 시간 속의 순간은 우리 뇌라는 건물 속에 구축되는 것이다.

그러나 2000년에 카림 네이더, 글렌 셰이프, 조지프 르두가 뉴욕 대학에서 행한 기발한 일련의 실험에서, 과학자들은 **회상하는 행위**가 사실상 사람을 변화시키기도 한다는 것을 입증했다.[15] 그들은 쥐들이 시끄러운 소리와 약한 전기 자극을 연관시키도록 조건화하는 실험을 했다.(고통과 연관되면 마음은 빨리 배운다.) 예견했던 대로, 새로운 단백질 생성을 방해하는 화학물질을 주사하면 쥐들도 공포에 대한 기억을 만들어내지 못했다. 그들의 뇌는 그들이 처한 상황을 전기 자극과 연결시키지 못했고, 충격은 언제나 새로운 충격이었다.

그러나 네이더, 르두, 셰이프는 이 간단한 실험을 한 단계 더 진척시켰다. 우선 그들은 쥐들이 충격과 소리를 연관시키는 강한 기억을

※가능한 설명으로는 다음과 같은 것들이 있다. 신경전달물질 수용체의 강도 증가, 자극 사건이 일어날 때마다 신경전달물질의 방출량 증가, 일산화질소 같은 일종의 '후퇴' 메신저, 또는 이상 모든 요인의 종합.

갖게끔 했다. 그들은 소리가 날 때마다 공포에 떠는 쥐들을 원했다. 이 기억이 45일까지 확고히 자리 잡게 한 다음, 그들은 그 쥐들을 시끄러운 소리에 다시 노출시키고, 그들의 뇌에 단백질생성억제제를 주사했다. 그러나 그들의 실험에서 이전과 달라진 것은 타이밍이었다. 쥐들이 시끄러운 소리가 의미하는 바를 기억하는 바로 그 순간에 화학물질을 주입함으로써, 그들은 기억을 생성하는 과정을 중지시키는 대신 기억을 **회상하는** 과정을 중지시켰다. 회상에 관한 기존 이론에 따르면, 별다른 변화가 일어나지 말아야 했다. 장기 기억은 외상 작용과는 무관하게, 뇌의 파일함 속에 잘 정리되어 보존된 채로 있어야 했다. 화학물질이 뇌에서 씻겨나간 후에 쥐들은 다시금 공포를 기억해야 했다. 시끄러운 소리는 여전히 그들에게 전기 충격을 생각나게 해야 했다.

그러나 그런 일은 일어나지 않았다. 쥐들이 두려운 기억을 **회상하는** 것을 차단하자, 기억의 흔적 또한 사라졌다. 회상 과정을 잠깐 중지시키는 것만으로도 그들의 공포는 지워졌던 것이다. 쥐들은 기억 상실자들이 되었다.◈

언뜻 이런 실험적 관찰은 다소 생뚱스럽게 보인다. 왜냐하면 우리는 우리 기억이 바꿀 수 없는 인상으로, 그것들을 회상하는 과정과는 별도로 존재한다고 믿고 싶어 하기 때문이다. 그러나 그렇지 않다.

◈신경과학자들은 정신적외상후유증과 약물 중독에 대한 치료법으로 '재고착recon-solidation'을 검토하고 있다. 파괴적인 기억들이 회상되는 것을 중지시킴으로써 우리 마음에서 불안과 중독증을 지워버릴 수 있으리라는 것이다.

기억이란 단지 그것을 가장 최근에 회상했을 때만큼만 사실인 것이다. 무엇인가를 더 많이 기억할수록, 그 기억은 덜 정확해진다.

네이더 실험은 비록 간단해 보이지만 과학이 회상 이론을 완전히 다시 상상할 것을 요구한다. 그것은 기억이란 고정된 정보의 창고가 아니라 부단한 과정이라는 점을 보여준다. 우리가 무엇인가를 기억할 때마다 기억의 뉴런 구조는 미묘하게 변화하는 것이다. 이 과정은 '재고착'이라 불린다(프로이트는 이 과정을 소급작용Nachtraglichkeit이라 불렀다). 기억은 본래의 자극이 없는 곳에서 변질되며, 회상의 내용 자체보다는 회상의 주체와 관련된다. 그러므로 순전히 객관적인 기억, 마들렌의 본래 맛에 대한 진짜 기억에는 결코 도달할 수 없다. 과자 맛을 회상하는 순간은 그것이 진짜로 어떤 맛이었던가를 망각하는 순간이기도 하다.

프루스트는 기억 재고착이라는 현상이 과학적으로 발견되기 전에 이미 그것을 예견했다. 그에게 기억이란 문장과도 같았다. 기억은 결코 고쳐 쓰기를 그만둘 수 없는 문장과도 같은 것이었다. 그 결과 프루스트는 탐욕스런 감상주의자일 뿐 아니라 참을 수 없는 첨삭가였다. 그는 원고 여백에 글을 써넣었으며, 여백이 넘칠 때는 본래 원고의 페이지에 작은 종잇조각을 풀로 붙여가며 썼다. 그가 쓴 어떤 것도 항구적이지 않았다. 그가 자비를 들여 인쇄를 중지시키는 일도 드물지 않았다.

분명 프루스트는 글쓰기 **과정**에 대한 믿음을 가지고 있었다. 그는 결코 자기 이야기들의 줄거리를 미리 써놓지 않았다. 그는 소설이란 그것이 불충실하게 묘사하는 기억들만큼이나 자연스럽게 펼쳐져야 한다고 생각했다. 『잃어버린 시간』은 문예비평가 샤를 오귀스트 생트-뵈브에 대항하는 에세이처럼 시작하지만—프루스트는 문학은 예술가의 실제 삶에 비추어 자구적으로 해석될 수 **없**다고 주장했다—곧 어린 시절과 사랑과 질투, 동성애, 시간 등에 관한 일대 서사시로 부풀어 오른다. 그러다가 제1차 세계대전이 발발하여, 인쇄기는 탱크가 되었고, 프루스트의 소설은 전혀 상업적인 출로를 찾지 못한 채, 50만 단어가 125만 단어가 되고, 문학작품이 그야말로 탈무드 같은 경전으로 소속을 바꾸었다. 동시에, 프루스트의 평생의 연인이었던 알프레드 아그노스텔리가 비행기를 몰고 가다가 바다에 처박히는 비극적인 사고가 일어났다. 프루스트는 알프레드의 작중 대역이라 할 알베르틴이 죽는 새로운 줄거리를 만들어 자신의 슬픔을 쏟아 부었다.

기억에 관한 이 소설이 끊임없이 새로 씌어졌다는 것은 그 가장 사실적인 요소 중 하나이다. 프루스트는 항상 새로운 지식의 견지에서 자신의 허구적 문장들을 다듬었고, 현재의 상황을 반영하기 위해 과거의 말을 바꾸곤 했다. 생애의 마지막 밤에, 그는 침대에 누워, 아이스크림과 맥주, 그리고 바르비툴 산酸만을 먹어 약해진 채로, 하녀 셀레스트를 불러 약간의 받아쓰기를 시켰다. 그는 자기 소설에서 인물의 느린 죽음을 묘사한 대목을 바꾸고 싶어 했다. 이제야 죽는다는 것이 어떤 것인지 좀 더 알게 되었으니 말이다.

거북스러운 진실은, 우리가 회상하는 것이 프루스트가 글을 쓰는

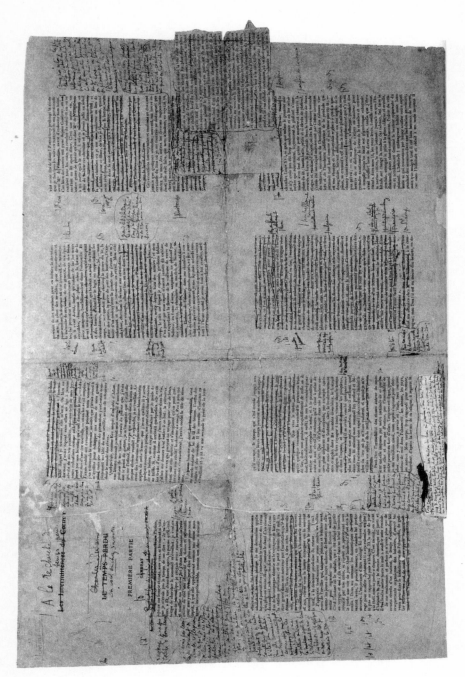

『잃어버린 시간을 찾아서』의 교정쇄. 이 책은 이미 인쇄소에 보낸 다음이었지만, 프루스트는 대폭적인 수정을 계속했다.

것과도 비슷하다는 사실이다. 우리가 회상해야 할 기억이 있는 한 그 기억들의 가장자리는 우리가 **지금** 아는 것에 맞추어 변경된다. 시냅스들은 지워지고 수상돌기들은 비틀리고 기억된 순간은 완전히 개정된다. 프루스트는 생전에 『잃어버린 시간』의 완결된 인쇄본을 보지 못했다. 그에게 그 작품은 항상 다시 고칠 수 있는 것으로 남아 있었다. 마치 기억 그 자체처럼.

네이더가 2002년에 그의 건망증 심한 쥐들을 만들어내기 전에는, 신경과학자들이 회상과 재고착이라는 애매모호한 영역을 피해왔다. 그 대신 과학자들은 기억을 **저장하는** 책임이 있는 세포들을 꼼꼼히 묘사하는 데 초점을 맞추었다. 그들은 우리의 기억이 사진과 같다고, 한순간의 고정된 스냅사진 같은 것이라고 생각했다. 그러므로 기억이 실제로 어떻게 회상되는가는 중요하지 않았다. 그들이 프루스트를 읽기만 했더라면 그런 꽉 막힌 생각이 얼마나 달라졌을 것인가!

『잃어버린 시간』이 주는 교훈 중 한 가지는 모든 기억이 회상의 순간과 불가분이라는 것이다. 바로 그 때문에 프루스트는 화자가 마들렌 과자 한 조각을 먹기 **이전**의 심적 상태에 대해 자그마치 58쪽이나 되는 지루한 글을 쓰고 있는 것이다. 그는 우리의 현재 상태가 과거에 대한 느낌을 어떻게 왜곡시킬 수 있는가를 보여주기를 원했다. 요컨대 마르셀이 실제로 콩브레에서 마음껏 마들렌을 먹는 어린아이였을 때, 그가 원한 모든 것은 자신의 작은 도시를 떠나는 것이었다. 그러나 일단 벗어나고 나자, 마르셀은 자신이 그토록 건방지게 낭비해버린 소중한 어린 시절을 되찾기를 끊임없이 꿈꾼다. 이것이 프루스트 식 노스탤지어의 아이러니이다. 그것은 사물을 실제로 있었던 것보다 훨씬 더 잘 기억한다. 그러나 프루스트는 적어도 자신의 기만을 날카롭게 인식하고 있었다. 그는 자신이 열망하는 콩브레는 실제 그대로의 콩브레가 아님을 알고 있었다.(그 자신의 표현을 빌리면, "유일한 낙원은 잃어버린 낙원이다".) 그것은 그의 잘못이 아니다. 과거를 거짓 없이 묘사하기란 단순히 불가능한 것이다. 우리의 기억은 허구와 **비슷하지 않다**. 그것은 허구**이다**.

프루스트의 소설은 기억의 허구성을 극히 포스트모던적인 방식으로 감질나게 가지고 논다. 화자는—그는 3천 쪽에 걸쳐 단 한 번 자신을 마르셀과 동일시할 뿐이다◈—'나'라는 말로 문장을 시작한다. 프루스트가 그랬듯이, 화자도 러스킨을 번역했으며, 상류사회의 살롱에 드나들었고, 이제는 『잃어버린 시간』을 쓰고 있는 병약한 은둔자이다. 그리고 몇몇 등장인물들은, 비록 프루스트가 극구 부인하기는 했지만, 엷게 위장되었을 뿐 그가 알고 지내던 사람들이다. 그의 책에서는 허구와 사실이 서로를 분비하는 듯하다. 그러나 언제나 수줍은 프루스트는 이런 유사성을 부인했다.

이 책에서 모든 사실은 허구이며 어떤 인물도 실제로 살아 있는 인

◈ 프루스트가 화자임을 확증해주는 문장은 이렇다. "'나의'라든가 '친애하는'이라든가 하는 말에 내 이름을 붙여보면—만일 화자에게 이 책의 저자와 동일한 이름을 붙인다면—'나의 마르셀' 또는 '친애하는 마르셀'이 될 것이다."

물에 기초하지 않았으며 모든 것은 내 논증의 필요에 따라 내가 지어 낸 것이다. 다만 프랑수아즈를 돕기 위해 은퇴생활을 중지한 그녀의 백만장자 친척들만이 실제로 이 세상에 존재하는 사람들임을 내 조국의 이름을 걸고 천명하는 바이다.[16]

이 대목은 『잃어버린 시간을 찾아서』의 마지막 권인 『되찾은 시간』이 끝나갈 무렵에 나온다. 그것은 소설이 현실을 거울처럼 비추고 있음을 부인하는 것이라기보다는 현실에 대한 어떤 탐색도 무산시키려는 시도이다. 프루스트는 냉소적인 교차점(프랑수아즈의 백만장자 친척들에 대한)을 현실과 문학, 진실과 기억의 유일한 회합점으로 제시한다. 여기서 프루스트는 전혀 솔직하지 못하다. 소설과 인생, 소설가와 일기 쓰는 사람이 정말이지 가망 없이 한데 섞인다. 프루스트는 그런 식을 좋아했다. 왜냐하면 그것은 우리의 기억이 실제로 작동하는 방식이기 때문이다. 그가 『스완네 집 쪽으로』의 말미에서 이렇게 경고했듯이 말이다. "기억 속에 저장되어 있는 그림들을 현실 속에서 찾으려 한다는 것은 얼마나 역설적인가…… 특정한 이미지에 대한 기억이란 특정한 순간에 대한 회한일 뿐이며, 집들, 길들, 도로들은, 애석하게도, 세월만큼이나 손에 잡히지 않는다."[17]

이 같은 프루스트적 패러다임에서, 기억은 현실을 직접 재현하지 않는다. 대신에 기억은 실제로 일어난 일의 불완전한 복사본이요, 본래 사진의 복사본의 제록스의 제록스이다. 프루스트는 우리의 기억이 이런 변형 과정을 요구한다는 것을 직관적으로 알고 있었다. 만일 기억이 변하는 것을 막는다면, 기억은 더 이상 존재하지 않을 것이다. 우리가 무엇인가를 기억하기 위해서는 잘못 기억해야 한다는 것, 그것이 프루스트의 떳떳치 못한 비밀이다.

센티멘털한 단백질

어떤 기억들은 시간의 바깥에, 마치 우리 마음속에 소중히 접어둔 마법의 양탄자처럼 존재한다. 무의식적인 회상은 프루스트의 기억 모델의 핵심에 있다. 왜냐하면 우리의 기억이 우리를 정의한다고 할 때, 그것들은 우리 없이도 존재하는 것처럼 보이기 때문이다. 『스완네 집 쪽으로』가 시작될 때, 프루스트는 어린 시절의 달콤한 과자류에 대해서는 깡그리 잊어버린 터이다. 콩브레는 파리의 외곽지역일 뿐이다. 그러나 그때, 그가 레오니 아줌마를 생각나게 하는 마들렌을 먹을 때, 차의 향기는 냅킨의 천과 공모하고, 기억은 유령처럼 그에게 되돌아온다. 잃어버린 시간이 되찾아진다. 프루스트는 이 갑작스러운 과거의 발현을 매우 중요하게 생각했으니, 그것은 회상 과정의 거짓에 의해 덜 변질되는, 좀 더 진실에 가까운 것으로 보이기 때문이었다. 마르셀은 프로이트가 묘사한 소년, 장난감을 다시 발견하는 것이 기쁘기 때문에 일부러 장난감을 잃어버리는 소년과도 같다.

그러나 이런 무의식적 기억은 어떻게 견지되는 것일까? 이미 잊혀진 것을 어떻게 다시 기억할 수 있는 것일까? 어떻게 소설 전체가, 또는 그중 여섯 권이, 마들렌 과자의 등장만을 기다리며 우리의 뇌에서 말짱 사라져버릴 수 있는가?

불과 2~3년 전까지만 해도, 신경과학은 프루스트의 **행복한 순간들**—기억이 마치 망령처럼 홀연히 되살아나는 그 기막힌 현현의 순간들—에 대해 아무런 설명을 제시하지 못했다. 기억의 과학적 표준 모형은 활성화되기 위해 많은 강화를 요구하는 효소와 유전자 주위를 맴돌고 있었다. 이런 실험들에 사용된 불쌍한 동물들은 거듭거듭 훈련되어야 했고, 그들의 뉴런은 시냅스 연결을 바꾸도록 강요받아야 했다. 무의미한 반복이 기억의 비밀이기나 한 것처럼.

신경과학에는 불행하게도, 우리의 기억은 그런 식으로 만들어지지 않았다. 인생은 일회적이다. 프루스트가 『스완네 집 쪽으로』에서 마들렌을 기억하는 것은 그가 마들렌을 엄청나게 많이 먹었기 때문이 아니다. 사실상 그 반대가 사실이다. 프루스트의 기억은 특수하고 기대 밖이다. 콩브레에 대한 그의 기억은 우연한 과자 부스러기에 의해 촉발되어 그의 삶을 중지시키고 아무런 논리적 이유 없이 끼어든다. 프루스트는 자신의 과거에 충격을 받는다.

이런 문학적 기억은 구태의연한 과학적 모델로는 설명되지 않는다. 과학적 모델들은 우리 기억의 임의성이나 기이함을 포착하지도 못하고, 기억의 전체성, 기억들이 나타나고 사라지는 방식, 기억들이 변하고 떠돌고 가라앉고 부풀어 오르는 방식을 묘사하지도 못한다. 우리의 기억이 우리를 사로잡는 것은 그렇듯 그것이 어떤 논리에도 따르지 않기 때문이며, 따라서 어떤 기억이 남고 어떤 기억이 사라질

지 결코 알 수 없기 때문이다.

그러나 과학이 훌륭한 점은 스스로 고쳐나간다는 것이다. 프루스트처럼, 인쇄공이 판을 짜는 동안에도 문장을 다듬고 또 다듬었던 프루스트처럼, 과학자들은 자신들의 현재적 버전에 만족하지 않는다. 기억에 관한 과학의 최신판에서, 이론화는 현저한 플롯 변경을 겪었다. 우리가 완전히 잊었다고 생각하는 기억들이 여전히 지속되는 현상을 분자적 세부까지 설명해줄 과학적 소문들이 등장하고 있다.

2003년 『셀』지에 발표된 이 이론[18]은 여전히 논란거리이다. 그러나 그 논리의 웅변성은 호기심을 불러일으킨다. 카우식 사이 박사는 노벨수상자 에릭 캔들의 박사후연수생이었는데,※ 자신이 기억의 '시냅스 표지'를 발견했다고 믿는다. 뉴런의 전기적 범위 맨 끝에 잔존하는 단백질 알갱이가 그것이다. 그가 발견한 분자는 과거의 기원에 대한 프루스트의 탐구에 해결이 될 수도 있을 것이다.

사이는 마들렌이 제기한 의문에 대답하려 함으로써 자신의 과학적 탐구를 시작했다. 기억은 어떻게 지속되는 것일까? 어떻게 시간의 산패酸敗를 모면하는 것일까? 결국 뇌세포들은, 다른 모든 세포와 마찬가지로, 끊임없는 유동상태 속에 있다. 뇌 단백질의 평균 반감기는 14일에 지나지 않는다. 우리의 해마 뉴런들은 죽고 다시 태어나며, 마음은 끊임없는 환생 상태에 있다. 하지만 사이는 우리의 과거가 불변의 것으로 느껴진다는 사실을 안다. 사이는 우리 기억이 아주 강한

※ 사실 나는 여러 해 동안 사이 박사를 위해 일했다.

물질, 심지어 우리의 세포보다도 튼튼한 무엇인가로 이루어져 있으리라고 결론지었다.

그러나 뉴런 기억은 단순히 강하기만 해서는 안 된다. 그것은 또한 특수해야 한다. 모든 뉴런은 핵은 하나지만, 수많은 신경돌기 가지들을 가지고 있다. 이런 가지들은 모든 방향으로 뻗어가며, 다른 뉴런들을 신경돌기 시냅스에 연결시킨다.(울창한 숲속에서 가지들이 서로 맞닿는 두 그루 나무를 생각해보라). 우리 기억들은 이런 미세한 교차에서 생겨난다. 뉴런 나무의 둥치에서가 아니라 그 뻗어나가는 녹음 속에서.[19]

어떻게 세포는 자신의 가장자리를 바꿀 수 있을까? 사이는 기억에 대한 전통적 모델 중 어떤 것도 그런 현상을 설명하지 못한다는 사실을 깨달았다.※ 무엇인가 다른 것, 아직 알려지지 않은 요소, 특수한 가지를 기억으로 **표시하는** 무엇인가가 있음에 틀림없었다. 정말 중요한 문제는 어떤 세포가 그 표시를 하느냐였다. 어떤 세포적 비밀이 우리의 신경돌기의 밀도 안에 도사리고 있는 것일까? 은밀히 과자를 원하면서?

사이는 이 문제를 철저히 파헤침으로써 연구를 시작했다. 그는 어떤 시냅스 표지도 전사 RNA(mRNA)들을 가동시킬 수 있으리라는 것을 알고 있었다. 왜냐하면 전사 RNA들은 단백질 전구체이며, 새로

※사이 박사 이전에 장기 기억에 대한 전통적 설명은 CREB라는, 파블로프 식 조건화 동안에 뉴런에서 활성화되는 유전자를 중심으로 시도되었다. 그러나 CREB의 효과는 세포 전체에 미치므로, 특수한 신경돌기들에서 기억이 형성되는 것을 설명할 수 없었다.

운 기억들은 새로운 단백질을 필요로 하기 때문이다. 게다가 전사 RNA들은 기억이 조정되는 곳—신경돌기들—에서 조정되므로, 전사 RNA들을 활성화하면 뉴런은 선택적으로 그 세부를 변경할 수 있을 것이다. 이런 통찰은 사이를 개구리 알로 데려갔다. 그는 알이 성장하는 동안 전사 RNA의 특수한 조각을 활성화할 수 있는 세포에 대해 들은 적이 있었다.[20] 이 세포는 뇌의 기억 센터인 해마에도 있었다. 그 면목 없이 복잡한 이름은 CPEB, 즉 '세포질 폴리아데닌화 인자 결합cyptoplasmic polyadenylation element binding' 단백질이다.

CPEB가 정말로 기억에(단순히 개구리 접합자에 대해서뿐 아니라) 중요한가를 보기 위해 사이는 신경과학자들 사이에서는 인기 있는 실험용 동물인 보라색 바다 민달팽이에서 그것을 찾기 시작했다. 천만다행하게도 CPEB는 민달팽이의 뉴런에도 있었다. 게다가 CPEB는 시냅스 표지가 **있어야 할** 바로 그곳에, 그 신경돌기 가지들 안에 조용히 죽치고 있었다.[21]

사이는 궁금증이 일기 시작했다. 그는 CPEB를 이해하기 위해 먼저 그것을 봉쇄했다. 만일 CPEB가 제거된다면, 그래도 뉴런은 여전히 기억을 산출할 수 있을 것인가? 세포는 여전히 시냅스를 표시할 수 있을 것인가? 비록 그는 자신의 데이터를 거의 믿지 않았지만, 대답은 분명했다. CPEB 없이는 민달팽이의 뉴런들은 **아무것도** 기억할 수 없다는 것이었다.

그러나 그는 여전히 CPEB가 어떻게 작용하는지 알아낼 수 없었다. 어떻게 이 세포가 시간 바깥에 존재할 수 있는가? 무엇이 그것을 그처럼 강하게 만드는가? 그것은 어떻게 뇌의 무자비한 기후를 견디고 살아남는가? 사이의 첫 번째 열쇠는 그가 단백질의 아미노산 시퀀스를 해독했을 때 나타났다. 대부분의 단백질은 무작위한 일련의 글자들로 나타나며, 그 구조는 상이한 아미노산들을 건강하게 섞어놓은 것이다. 그러나 CPEB는 전혀 달랐다. 단백질의 한쪽 끝에서는 아미노산들이 기묘한 반복을 이루었다. 마치 그 DNA가 말을 더듬기라도 하는 것처럼.(Q는 글루타민 아미노산을 나타낸다.)

QQQLQQQQQQBQLQQQQ

사이는 즉각 이와 유사한 반복을 보이는 다른 세포들을 찾기 시작했다. 그 과정에서 그는 생물학의 가장 논란 많은 분야 중 하나로 뛰어들게 되었다. 그는 프리온prion처럼 보이는 것을 발견했다.

프리온은 한때 지상에서 최악의 질병군##—광우병, 치명적인 가계 불면증(더 이상 잠들 수 없게 되어 석 달 후에는 불면으로 죽어버리는 병), 그리고 그밖에 수많은 신경퇴행적 질병들—에 대한 악명 높은 병원체로 간주되었었다. 프리온은 여전히 이런 무서운 죽음들을 야기한다는 죄목을 쓰고 있다. 그러나 생물학자들은 또한 프리온이 도처에 있음을 알아차리기 시작했다. 프리온이란 대체로 기능적으로 다른 두 가지 상태로 존재할 수 있는 단백질로 정의할 수 있다.(그 밖의 다른 모든 단백질은 단지 한 가지 자연 상태만을 갖는다.) 이 상태 중 하나는 활동적이고 다른 하나는 비활동적이다. 게다가 프리온은 위로부터의 아무 지시 없이 상태를 바꿀 수도 있다. 그것들은 DNA를 바꾸지 않고도 단백질 구조를 바꿀 수 있는 것이다. 일단 프리온이 가동되면 그것은 유전물질의 실제적 전이 없이 그 새롭고 전염성 있는 구조를 이웃 세포들에게 전파할 수 있다.

다시 말해서 프리온은 생물학의 신성한 법칙 대부분을 위반한다. 그것들은 우리가 모르는 것이 얼마나 많은가를 상기시켜주는 골치 아픈 예에 속한다. 하지만 그래도 뇌 속의 프리온들은 기억에 대한 우리의 과학적 시각을 바꾸는 데 핵심적인 단서를 지니고 있다. CPEB 단백질은 세월에 저항할 만큼 튼튼할 뿐 아니라―프리온들은 사실상 파괴 불가능한 것으로 유명하다―놀라운 가소성을 보인다. 유전적 기층으로부터 자유로운 CPEB 프리온들은 비교적 쉽게 형태를 바꾸어 기억을 만들어내거나 지울 수 있다. 우리가 생각할 때 뉴런들이 방출하는 신경전달물질들인 세로토닌이나 도파민의 자극은 CPEB의 구조 자체를 바꾸어 단백질을 그 활성 상태로 돌릴 수 있다.

CPEB가 활성화되면, 그것은 특정한 신경돌기 가지를 기억으로 표시한다. 그 새로운 형태 속에서, 그것은 장기 기억을 유지하는 데 필요한 전사 RNA를 소집할 수 있다. 더 이상의 자극이나 유전자 변형이 요구되지 않는다. 단백질은 우리의 시냅스 속에 조용히 서성거리면서 참을성 있게 기다릴 것이다. 다시는 마들렌을 먹지 못할 수도 있고, 콩브레는 여전히 시간 속에 잃어버린 채로 있을 것이다. 과자가 차에 적셔지고 기억이 표면으로 소환될 때에야 비로소 CPEB는 되살아난다. 과자의 맛은 새로운 신경전달물질들이 콩브레를 나타내는 뉴런들에게 몰려가는 것을 촉발하고 만일 모종의 티핑 포인트에 도달한다면 활성화된 CPEB는 이웃 신경돌기들을 '감염'시킨다. 이 세포의 몸서리로부터 기억이 태어나는 것이다.

그러나 프루스트가 강조했듯이, 우리의 기억은 단지 스토아적으로 인내하기만 하는 것은 아니다. 그것은 또한 끊임없이 변한다. CPEB 는 프루스트의 가정을 지지한다. 우리가 과거를 불러낼 때마다 우리 회상의 가지들은 또다시 변형이 가능해진다. 우리의 기억을 표시하는 프리온들은 사실상 불멸이지만, 그 신경돌기 가지들은 항상 변하며, 기억과 망각의 양극 사이를 오간다. 우리의 과거는 영속적인 동시에 덧없다.

이처럼 간략한 이론적 스케치는 기억의 신경과학에 대해 심오한 의미를 갖는다. 우선 그것은 프리온들이 어떤 낯선 생물학적 위경僞經 이 아니라는 증거이다. 사실상 프리온들은 생명의 근본 요소이며 온갖 종류의 흥미로운 기능들을 가지고 있다. 스위스 과학자들은 사이 박사의 연구에 따라 광우병을 야기하는 프리온 유전자와 증가된 장기 기억 사이의 연관을 발견하기까지 했다. 근본적으로 뉴런이 잘못 접힌 프리온들을 형성할수록 기억은 더 좋아진다.[22] 또 다른 실험들은 쥐의 해마에서 CPEB의 결여가 장기 기억의 결함과 연관된 것을 밝혀냈다.[23] 세부적인 것들은 여전히 확실치 않지만, 프리온과 기억 사이에는 깊은 연관이 있는 것으로 보인다.

그러나 CPEB 모델은 또한 우리가 기억에 대한 은유를 바꿀 것을 요구한다. 우리는 더 이상 우리의 기억을 우리 삶에 대한 완전한 거울로 상상할 수 없다. 프루스트가 강조했듯이, 지나간 사물에 대한 기억이 반드시 실제의 그 사물들에 대한 기억은 아니다. 프리온들은 이 사실을 반영한다. 왜냐하면 그것들은 구조 안에 무작위성의 요소를 지니고 있기 때문이다. 그것들은 악의 없는 거짓말을 개의치 않는다. CPEB는 주어진 실험적 환경 하에서 활성화된 상태로 바뀔 수 있다면, 사이의 실험은 단백질이 아무 이유 없이 활성화될 수 있음을 보여준다. 왜냐하면 그 변형은 단백질 접힘protein folding과 화학양론化學量論의 불가해한 법칙을 따르기 때문이다. 기억 그 자체와 마찬가지로, CPEB도 그 우연성을 즐긴다.

이런 비결정성은 CPEB의 디자인의 일부이기도 하다. 단백질로서는 유일하게 프리온들은 해방되었다. 그것들은 DNA의 지침에서부터 우리 세포의 생명 사이클에 이르기까지 모든 것을 무시할 수 있다. 그것들은 비록 우리 안에 존재하지만, 궁극적으로는 우리와 별개이며, 그 자신의 법칙을 따른다. 프루스트가 말했듯이, "과거는 우리가 전혀 엿볼 수 없는 어떤 물질적 대상 속에 감추어져 있다".[24]

비록 우리 기억이 여전히 헤아릴 길 없기는 하지만, CPEB 세포(만일 이 이론이 옳다면)는 시간을 초월하여 잔존하는 시냅틱 세부이다. 사이 박사의 생각은 감회 어린 기억들이 어떻게 살아남는가를 설명하기 시작한 최초의 가설이다. 그 때문에 콩브레는 표면 아래, 의식의 커튼 바로 뒤에 조용히 존재할 수 있었다. 그 때문에 마르셀은 58페이지에 가서야 콩브레를 기억한다. 진실로 **느껴지는** 것은 기억의 세포 이론이다. 왜냐고? 왜냐하면 그것은 우리의 본질적인 무작위성을 포용하기 때문이다. 프리온들은 정의상 예측 불가능하고 불안정하기 때문이며, 기억은 그 자체 외의 어떤 것에도 복종하지 않기 때문이다. 바로 그것을 프루스트는 알고 있었다. 과거는 결코 과거가 아니라는 것을. 우리가 살아 있는 한, 우리의 기억은 놀라울 정도로 변할 것이다. 그 변덕스러운 거울 속에서, 우리는 우리 자신을 본다.

05

폴 세잔 : 세상을 보는 법

🐋 **폴 세잔Paul Cézanne, 1839~1906___**프랑스의 화가. 근대 회화의 아버지로 불린다. 프랑스 남부 액상프로방스의 비교적 유복한 가정에서 자랐으며, 어린 시절부터 에밀 졸라와 친구로 지냈다. 아버지의 권유로 액스의 법과대학에 진학했으나, 화가가 될 결심을 하고 1861년 파리에 갔다. 이후 십여 년 동안, 미술학교 입시에 실패하고 일반 미술학원에 다니면서 피사로, 모네, 르누아르 등과 어울렸다. 1874년 제1회 인상파전에 출품한 작품을 통해 인상파 작가로 접근해 가는 듯했으나, 제3회 인상파전을 고비로 차차 인상파를 벗어나는 경향을 보이고, 구도와 형상을 단순화한 거친 터치로 독자적인 화풍을 개척해 나가기 시작했다. 이때의 작풍이 더욱 발전하여 후에 야수파와 입체파에 커다란 영향을 끼쳤다. 1896년 인상파 그룹과 결별한 후 고향에 돌아가 작품에만 몰두했다. 그는 20세기 회화의 참다운 발견자로 칭송되고 있으며, 피카소를 중심으로 하는 입체파는 세잔 예술의 직접적인 전개라고 볼 수 있다. 1906년 액상프로방스 교외에서 그림을 그리다가 뇌우로 졸도, 사망했다.

어떻게 생각만 하여 진리를 배우겠는가?
사람 얼굴도 그려보면 더 잘 보게 되는 것을.
—루트비히 비트겐슈타인

"1910년 12월, 또는 그즈음에 인간 본성이 변했다."[1] 버지니아 울프가 그녀의 에세이 「소설의 인물」(1924)에서 엄숙히 선포한 말이다. 물론 울프는 짐짓 과장하고 있고, 1910년 12월이라는 날짜는 언뜻 아무렇게나 갖다 붙인 것으로 보인다. 그러나 사실 그것은 후기인상파의 첫 전시회 개막일을 빗대어 말한 것이었다.✤ 폴 세잔은 그 전시회에서 단연 돋보이는 스타였다. 그의 혁명적인 그림들은 대개 평범한 사물들을 담고 있었다. 과일, 두개골, 그리고 태양 빛에 타 들어가는 프로방스의 풍경 등. 하지만 이런 초라한 주제들은 세잔의 화풍을 한층 두드러지게 했으니, 그것은 미술평론가 로저 프라이가 이 전시회의 개회사에서 말했던 '상투적 재현'이라는 것을 노골적으로 내팽

✤ 울프는 또한 버트런드 러셀의 『수학의 원리』(1910~1913)을 가리켜 말하는 것이기도 하다. 러셀의 세기적 역작인 『수학의 원리』는 현실이 논리적 원칙들로 환원될 수 있는가에 대해 뜨거운 논쟁을 낳았다. 좀 더 상세한 내용은 앤 밴필드의 『유령의 식탁』 참조.

개친 화풍이었다. 프라이는 이렇게 선언했다. "미술은 더 이상 외관에 대한 유사과학적 충실성을 목표로 삼지 않을 것이다. 이것은 세잔이 개시한 혁명이다…… 그의 그림은 환상이나 추상이 아니라 현실을 추구하는 것이다."[2]

현실의 정의를 바꾸기란 쉽지 않다. 1910년의 이 전시회에서 세잔의 작품들은 언론의 혹평을 받았다. "병리학을 배우는 학생과 비정상을 다루는 전문가 외에는 그 누구의 관심도 끌 수 없다"[3]는 것이었다. 비평가들은 세잔이 문자 그대로 제정신이 아니라고 선언했다. 그의 미술은 추한 거짓이며 자연의 의도적 왜곡에 지나지 않는다고 보았다. 정확한 세부와 섬세한 사실감을 강조하는 아카데미즘의 화풍은 쉽사리 물러나려 들지 않았다.

보수적 미학은 나름대로 과학적 뿌리를 가지고 있었다. 당대의 심리학은 우리의 감각들이란 외부세계의 완벽한 반영이라고 믿고 있었다. 사람의 눈은 카메라와 같은 것으로, 눈은 빛의 화소들을 모으고 그 화소들을 수동적으로 뇌로 보낸다는 것이었다. 이런 심리학의 창시자는 저명한 실험과학자 빌헬름 분트로, 그는 모든 감각지각을 좀 더 단순한 감각 자료로 쪼갤 수 있다고 주장했다. 과학은 의식의 층들을 껍질 벗기듯 벗겨나갈 수 있고, 그 맨 밑에 있는 자극을 그대로 드러낼 수 있다는 것이다.

세잔은 시각에 대한 이런 관점을 완전히 뒤집었다. 그의 그림들은 시각의 주관성, 표면의 환영에 대한 것이었다. 세잔이 후기인상파를 창시한 것은 인상파 화가들이 충분히 낯설지 않다는 이유에서였다.

그는 말했다. "내가 그림에 옮기려고 애쓰는 것은 한층 더 신비로운 것이다. 그것은 존재의 가장 깊은 뿌리들과 엉켜 있다." 모네와 르누아르, 드가는 우리 눈에 보이는 것은 단순히 빛의 총화라고 믿었다. 이 화가들의 고운 그림들은 눈에 흡수되는 찰나적인 광자光子들을 묘사하고자 했으며, 자연을 전적으로 빛이라는 측면에서 그리고자 했다. 그러나 세잔은 빛이란 보는 과정의 시작일 뿐이라고 믿었다. "눈으로는 충분치 않다"고 그는 선언했다. "생각할 필요도 있다."[4] 세잔이 깨달은 바에 따르면, 우리의 인상은 해석을 요한다. 다시 말해 본다는 것은 보이는 것을 창조하는 과정이다.

오늘날 우리는 세잔이 옳았음을 안다. 보는 과정은 광자로 시작되지만, 그것은 시작일 뿐이다. 우리가 눈을 뜰 때마다 뇌는 놀라운 상상의 나래를 펼친다. 뇌는 빛의 잔재를 변형시켜 우리가 이해할 수 있는 형태와 공간으로 이루어진 세상을 만든다. 인간의 뇌를 연구함으로써 과학자들은 우리의 감각지각이 어떻게 생성되는지, 시각피질 세포들이 어떻게 우리의 시각을 형성하는지 설명할 수 있게 되었다. 현실은 저 밖에서 목도되기를 기다리는 것이 아니며, 우리의 현실은 마음에 의해 만들어진다.

세잔의 예술은 보는 과정을 드러내준다. 그의 그림들은 불필요하게 추상적이라는 비난을 받았지만—심지어 인상파 화가들조차 세잔의 화법을 조롱했다—그것들은 세상이 뇌에 처음 모습을 드러내는 그대로를 우리에게 보여준다. 세잔의 작품에는 경계선도 사물을 구분 짓는 검은 윤곽선도 없다. 그 대신, 붓으로 물감을 칠한 자국과 캔버스 위에 엉긴 한 빛깔이 다른 빛깔로 변하는 것처럼 보이는 곳들이 있을 뿐이다. 이것이 우리 시각의 출발점이다. 현실이 뇌에 의해 해석되기 전의 모습이다. 이때 빛은 아직 형태가 되지 않았다.

그러나 세잔은 거기서 멈추지 않았다. 그랬더라면 너무 쉬웠을 것이다. 그의 예술은 낯설음을 구가하기는 하지만, 그러면서도 재현하는 대상에 여전히 충실하다. 덕분에 우리는 세잔이 무엇을 그린 것인지 알아볼 수 있다. 그는 우리 뇌에 꼭 충분한 만큼의 정보만 주기 때문에, 우리는 모호함 가운데서 윤곽을 건져내며 그의 그림을 해독한다.(세잔의 형태들은 아주 취약해 보이지만 결코 일관성을 잃지 않는다.) 겹겹이 더해진 붓 자국이, 모호함 가운데서도 극히 명확하게, 그릇에 가득 담긴 복숭아가 되고, 화강암 산이 되고, 자화상이 된다.

세잔의 천재성은 이처럼 동일한 정태적 캔버스 안에서 시각의 처음과 끝을 보여주는 데 있다. 처음에는 색채들의 추상적인 모자이크로 보이는 것이, 차츰 사실적인 묘사가 되어간다. 그림은 물감이나 빛으로부터 나오는 것이 아니라, 우리 마음속 어딘가로부터 그 모습을 드러낸다. 우리는 예술작품 속으로 들어갔고, 그 낯설음은 우리 것이 되었다.

세잔은 자신의 앞선 걸음을 문화와 과학이 뒤늦게나마 따라오는 것을 미처 보지 못한 채 죽었다. 그는 인상파도 채 받아들여지기 전에 후기인상파 화가였다. 하지만 프라이와 울프는, 세잔의 스타일이야말로 현대성의 선구라고 보았다. 세잔이 프로방스에서 홀로 죽은 후 6년 만인 1912년에, 프라이는 그라프턴 화랑에서 두 번째 후기인상파 전시회를 열었다. 세잔의 그림들은 이제 진지한 운동의 시발점으로 여겨지고 있었으며, 그의 예술적 실험들은 이제 더 이상 외롭지 않았다. 화랑의 하얀 벽 위에는 마티스와 새로운 러시아 화가들,※ 버지니아 울프의 언니인 바네사 벨의 그림들이 걸렸다. 추상이 새로운 사실주의가 된 것이었다.

사진의 발명

추상화에 대한 이야기는 사진에서부터 시작된다. 사진photograph이란 '빛photo'과 '쓰다graph'의 결합이다. 이 단어는 사진이 무엇인지를 여실히 드러낸다. 즉 동결된 빛으로 그려진 상像이 사진인 것이다. 르네상스 이래로 예술가들은 '카메라 옵스쿠라camera obscura'(어둠상자)라 불리는 도구를 사용하여 삼차원 현실을 이차원으로 압축하곤했다. 레오나르도 다 빈치는 연구노트에서 '카메라 옵스쿠라'를 눈에 대한 은유로 기술한 바 있다. 1558년 조반니 바티스타 델라 포르타도 『자연의 마법』이라는 논저에서, '카메라 옵스쿠라'는 고군분투하는 화가들을 위한 도구라고 옹호한다.

하지만 회화가 재현에 대한 독점력을 상실한 것은 19세기에 들어

※ 이 전시회에서는 프랑스와 영국의 화가들 외에 '새로운 러시아 화가들'인 나탈리아 곤차로바, 미하일 라리오노프, 니콜라스 뢰리히 등이 소개되었다.(옮긴이)

감광성을 갖는 화학물질들이 발견되면서부터였다. 사실감은 이제 기술이 되었다. 상업 화가였던 루이 다게르는 은으로 처리한 구리판을 요오드로 다시 처리함으로써, 빛에 민감한 평평한 판을 만들었다. 그러고는 그 판을 '카메라' 안에서 노출시키고 따뜻한 수은 증기의 독을 쐬어 상像이 나타나게 했다. 화소들은 정확한 유령처럼 모습을 드러냈다. 판을 식염수에 담금으로써 다게르는 이 유령에 영구성을 부여했다. 빛을 포획하는 데 성공한 것이다.

현실을 모사하느라 골몰해 있던 화가들에게 이 신기술은 큰 위협이었다. 사람의 손이 어떻게 광자와의 경쟁에서 이긴다는 말인가? 은판 사진daguerreotype을 본 J. M. W. 터너는 "살 만큼 산 것이 기쁘다. 회화의 시대도 끝이 났으니"라고 말했다고 한다. 하지만 모든 예술가들이 카메라의 압도적인 승리를 믿었던 것은 아니다. 상징주의 시인 샤를 보들레르는 과학에 관한 타고난 회의론자로, 1859년 어느 사진 전시회에 대한 논평에서 이 새로운 매체의 한계를 지적했다. 그에 따르면, 사진의 정밀성이란 기만적이며 기껏해야 현실의 모조품에 불과하다. 심지어 사진사는 **유물론자**—보들레르는 이 모욕의 말을 아주 중대한 일에만 사용했다—라고까지 했다. 그의 낭만적 견해에 따르면, "인쇄나 속기가 문학을 창조하지도 보충하지도 않았듯이" 사진의 진정한 의무는 "과학과 예술의 종, 그것도 매우 겸허한 종이 되는 것"이었다. "만일 그것[사진술]이 상상의 영역을, 인간 영혼의 무엇인가가 더해짐으로써만 가치를 갖는 어떤 것을 침해하게 된다면 매우 유감스러운 사태가 될 터"였다.[5] 보들레르는 현대의 예술가가 사진이

놓치는 모든 것을, "덧없는 것, 찰나적인 것, 우연적인 것"들을 그려 내기를 바랐다.[6]

보들레르의 글과 에두아르 마네의 도발적 사실주의에서 영감을 얻은 젊은 프랑스 화가들의 잡다한 무리가 저항을 도모했다. 그들은 카메라란 거짓말쟁이라고 믿었다. 카메라의 정밀성은 가짜다. 왜냐고? 왜냐하면 현실은 정태적 이미지들로 이루어지지 않기 때문이다. 카메라는 시간을 정지시키지만, 실상 시간은 결코 정지할 수 없기 때문이다. 카메라는 모든 것을 초점면 안에 놓지만, 실상 어떤 것도 초점면 안에 있지 않기 때문이다. 눈은 렌즈가 아니고, 뇌는 기계가 아니기 때문이다.

이 반역자들은 스스로를 인상파라고 불렀다. 카메라에게 필름이 있다면, 그들에게는 빛이 있었다. 그러나 인상파 화가들은 빛이 점인 동시에 번짐이기도 함을 깨달았다. 카메라가 점을 포착한다면 인상파 화가들은 번짐을 재현했다. 그들은 그림 속에 **시간**을 포착하기를 원했다. 건초 더미가 오후의 그림자 속에서 어떻게 변해 가는지, 생라자르 역을 떠나는 기차가 내뿜는 연기가 엷은 공기 속으로 어떻게 천천히 퍼져 가는지 보여주기를 원했다. 보들레르의 요청대로, 인상파 화가들은 카메라가 빠뜨리고 놓친 것을 그렸다.

예를 들어 모네의 초기 작품인 〈인상: 해돋이〉를 보자. 모네는 1872년 봄에 르아브르 항구의 이 몽롱한 풍경을 그렸다. 주황색 해가 회색 하늘에 걸려 있고, 외로운 어부가 굽이치는 붓 자국으로 채워진 바다를 떠간다. 눈으로 볼 만한 것은 별로 없다. 모네는 배에도, 휘날리는 돛에도, 거울 같은 바닷물에도 관심이 없다. 그는 사진사가 잡아낼 만한 모든 정태적인 것들을 무시한다. 그 대신, 모네는 순간에, 순간의 덧없음에, 그 덧없음에 대한 자신의 인상에 관심을 집중한다. 그의 기분이 물감에 섞여 들어가고, 그의 주관성이 감각지각과 뒤범벅이 된다. 모네는 마치 '이것은 그 어떤 사진사도 포착할 수 없는 광경이야'라고 말하는 듯하다.

시간이 흐르면서 인상파 화가들은 더욱 과격해졌다. 부분적으로 이것은 눈에 장애가 있었기 때문이다. 모네는 백내장으로 시력을 잃어갔고(그런 중에도 지베르니의 목교木橋들을 그리기를 멈추지 않았다), 빈센트 반 고흐는 등유와 테레빈유油, 압생트를 마신 탓에※ 자기가 그리는 별과 가로등 둘레의 빛무리가 사실 그대로라고 믿었던 것 같다. 에드가 드가는 심각한 근시였기 때문에 차츰 조각을 더 많이 하게 되었으며(그는 "나는 눈먼 사람의 생업을 배워둬야 해"라고 말하곤 했다), 오귀스트 르누아르는 파스텔 물감에 중독되어 류머티즘으로 손까지 굳어져 갔다.

하지만 인상파 화가들의 추상이 생리학에 그 동기를 두었건 철학에 그 뿌리를 두었건 간에, 인상파가 아카데미즘의 구태의연한 사실주의적 전통과 결별했다는 사실은 점점 더 명확해져 갔다.※※ 인상파

※ 고흐는 간질발작, 불안과 우울증 발작을 막기 위해 압생트를 마시곤 했다. 압생트는 당시 많은 화가들이 마신 술인데, 독성이 있어서 그의 간질과 조울증을 악화시켰다. 뿐만 아니라 우울증 발작이 일어나면 자살을 하려고 등유나 물감을 마시기도 했는데, 물감에 든 납 성분은 망막을 부풀게 하여 사물 주위에 빛무리가 보이게 만들었다.(옮긴이)

는 종교적 영웅이나 서사적 전투, 왕가의 초상화 따위를 그리지 않았다. 그 대신, 이미 그린 것을 그리고 또 그렸다. 부르주아 계층의 일요일 나들이. 목욕하는 여인들. 빛이 아롱지는 물위를 떠도는 자줏빛 수련. 비평가들이 인상파의 작품을 경박하고 거짓되다고 조롱해도, 인상파 화가들은 대수롭지 않게 여겼다. 결국 인상파 예술은 기법의 잔치였다. 빛이 있는 곳이면 어디에서든 그림을 그릴 수 있었다.

인상파 화가들이─낭만파 화가 들라크루아, 신고전주의 화가 앵그르, 아카데미즘 화가 부그로 등과 달리─현대적인 느낌을 주는 것은 그 때문이다. 인상파 화가들은 단순히 대상을 성실하게 재현하기만 하면 된다고는 생각하지 않았다. 화가는 예술가이고, 예술가는 아이디어를 가지며, 바로 그 아이디어를 **표현**해야 한다. 팔리지 않는 그림들, 미술관에 거저 주어도 받지 않을 그림들에서, 인상파 화가들은 회화적 추상이라는 아이디어를 발명했다. 색은 상징이 되었다. 번짐이 멋이 되었다. 작품은 일일이 뜯어보는 것이 아니라 한눈에 바라보는 것이 되었다.

그러나 예술 운동이란 본래 가만있지 않는 법이다. 예술가를 사실성의 엄격한 제약으로부터 해방함으로써, 인상주의는 전혀 뜻하지

❖❖ 인상주의가 주도한 화풍의 혁신은 물감 기술의 발전에도 힘입은 바 크다. 예를 들어 모네가 바다와 하늘을 그릴 때 자주 사용한 코발트바이올렛은 불과 몇 년 전에 화공학자들이 발명해낸 것이었다. 어쨌든 모네는 이 새로운 물감이 빛의 효과를 묘사하는 데 요긴하게 쓰일 것을 곧 알아차렸다. "나는 마침내 대기의 색을 발견했다"고 모네는 선언했다. "그것은 바이올렛이야!"

않았던 곳으로, 물위를 떠도는 수련들이 미처 상상하지 못했던 곳으로 옮아가고 있었다. 모네와 드가가 카메라에 자극받아 인상주의로 나아갔다면, 폴 세잔은 그 후의 길을 이끌었다. 세잔은 화가로서의 경력을 시작한 지 얼마 되지 않아 대담하게 선언한 바 있었다. "나는 인상주의를 무언가 견고하고 항구적인 것으로, 미술관에 전시되는 미술로 만들고 싶다."[7]

　세잔은 종종 몇 시간씩이나 붓질에 대해 생각하곤 했다. 바깥에 나가 그릴 대상을 바라보곤 했다. 대상이 자신의 응시 아래에서 녹아내릴 때까지, 세상의 형태들이 무형의 혼잡으로 빠져 들어갈 때까지 오래오래 바라보았다. 눈에 비치는 것을 해체함으로써 세잔은 시각의 첫 단계로 돌아가려 했다. 스스로 '예민한 기록판'과도 같은 것이 되려 했다. 이 방법은 워낙 시간이 많이 걸렸으므로, 그는 단순한 대상에만 초점을 맞추어야 했다. 식탁이라는 사다리꼴 위에 놓인 빨간 사과 몇 알. 멀리서 바라본 하나의 산괴山塊. 하지만 그는 대상 자체는 무관하다는 사실을 알고 있었다. 그의 그림들을 가만히 들여다보면, 우주의 법칙들이 어디서나 모습을 드러낼 것이었다. "사과 한 알로 파리를 경악시키겠다"는 것이 세잔의 말이었다.
　후기인상파의 창시자인 폴 세잔은 인상파의 정수와도 같은 화가로부터 그림을 배웠으니, 그는 바로 카미유 피사로였다. 이 두 사람은 어울리지 않는 한 쌍이었다. 피사로는 서인도제도 출신의 유대계 프랑스인이었고, 세잔은 투박한—어떤 이들에 따르면 세련되지 못

〈파란 사과〉, 폴 세잔, 1873년.

한—프로방스 사람이었다. 이들의 우정은 공통된 소외감에서 싹텄다. 두 사람 다 당대의 아카데미즘 화풍으로부터의 망명자였다. 아카데미즘은 앵그르를 신으로 떠받들고, 세밀하고 선명한 필치를 재주와 동일시했다. 피사로와 세잔은 그런 미술에 소질도 인내심도 없었다. 상냥한 무정부주의자였던 피사로는 입버릇처럼 루브르에 불을 지르자고 했고, 세잔은 초년의 미술 선생들에 대해 "선생들이란 모두 거세당한 후레자식에 병신들이야. 배짱이라곤 없어"라고 일갈했다.[8]

피사로와 세잔은 두 사람만의 스타일에 빠져들었다. 세잔은 피사로의 인상파 기법을 이해하기 위해 그의 그림을 꼼꼼히 베끼곤 했다. "눈은 모든 것을 흡수해야 한다"고 피사로는 가르쳤다. "법칙과 원리들을 따르지 말고, 보고 느끼는 대로 그리라. 자연 앞에서 움츠려들지 말라."[9] 세잔은 피사로의 말을 경청했다. 오래지 않아, 세잔이 초기작에서 즐겨 쓰던 암갈색과 적갈색이—세잔은 쿠르베를 좋아했다—인상파의 전형적인 파스텔 빛깔들과 겹쳐지게 되었다. 초기 작품 중 하나인 〈에스타크의 바위들〉은, 세잔이 좋아하는 프로방스 풍경을 묘사한 것으로, 피사로의 영향이 역력하다. 탁탁 끊는 듯 힘찬 붓질이 화면을 가득 채우고 있으며, 기본색들을 쓰고 있지만 농담濃淡은 매우 다채롭다. 깊이와 구조, 심지어 시간까지도 물감의 흐리고 짙음을 미세하게 조절하여 표현했다. 하지만 〈에스타크의 바위들〉은 그 모든 인상주의적인 특징에도 불구하고, 여전히 세잔만의 아방가르드적 창의성을 보여준다.

이 독창성은 세잔이 빛을 숭상하기를 그만둔 덕분이었다. 그는 인상파에서 하려는 일—사람의 눈에서 펼쳐지는 빛의 춤을 그려내는 것—이 사실상 너무 빈약하다고 생각하게 되었다.("모네는 눈眼에 불과하다"고, 세잔은 사뭇 얕잡아보듯 말했다.) 〈에스타크의 바위들〉에서, 멀리 있는 바다는 피사로의 그림에서라면 그랬을 법한 반짝임을 보이지 않는다. 화강암은 햇빛을 받아 빛나지 않으며, 아무것도 그림자를 드리우지 않는다. 인상파 화가들과는 달리, 세잔은 모든 것을 빛의 표면들로 만들어버리는 데는 관심이 없었다. 그는 카메라와 승강이할 생각이 없었다. 그 대신, 순간이 그 순간의 빛 **이상**임을 보여주고 싶었다. 인상파가 눈을 반영했다면, 세잔의 예술은 마음을 비추는 거울이었다.✧

그 거울에서 세잔은 무엇을 보았을까? 세잔은 우리가 눈으로 보는 형태들—정물화에서의 사과 또는 풍경화에서의 산—이 정신적 산물이라는 것을 깨달았다. 우리가 무심결에 그런 정신적 산물을 감각지각 위에 덧입힌다는 사실을 발견했다. 그는 고백했다. "나는 자연을 모사하려고 애썼다. 그러나 할 수 없었다. 나는 자연을 헤집고 뒤집고 모든 각도에서 바라보았다. 그러나 허사였다."[10] 아무리 애를 써도, 세잔은 자기 뇌의 해석 작용을 피해갈 수 없었다. 그는 추상적인 회화들을 통해 이런 심리적 과정을 표출하여, 사람의 마음이 현실을 창조해내는 그 특이한 과정을 사람들에게 인식시키기를 원했다. 그의 예술은 우리가 보지 못하는 것을, 다시 말해 '우리는 어떻게 보는가' 하는 것을 우리에게 보여준다.

빛의 한계

보는 과정은 어떻게 시작하는가, 안구는 어떻게 빛을 전기적 암호로 바꾸는가, 이런 문제를 이해하게 된 것은 현대 신경과학의 가장

❋ 프랑스 화가 에밀 베르나르는 세잔의 회화 기법을 실제로 관찰한 몇 안 되는 사람들 중 하나였다. 세잔이 캔버스를 구성하는 것을 관찰하면서 베르나르는 충격을 받았다. 세잔이 인상파의 규칙들을 깡그리 무시했기 때문이었다. "그의 방법은 완전히 달랐다…… 세잔은 자신이 보는 것을 해석했을 뿐, 그것을 모사하려 들지 않았다. 그의 시각은 눈보다는 뇌에 더 밀착되어 있었다."(Doran, p. 60)

만족스러운 업적 중 하나이다. 시각은 다른 어떤 감각보다도 속속들이 해부되었다. 우리는 이제 시각이 실제로 원자적 교란에서 시작된다는 사실을 안다. 빛의 입자들이 망막에 있는 수용체들의 섬세한 분자 구조에 변화를 준다. 이와 같은 세포 차원의 떨림은 연쇄반응을 촉발하며, 그 반응은 순간적인 전압을 발생시킨다. 광자 에너지가 정보로 변한 것이다.◈

   그러나 세잔이 알고 있었듯이, 빛의 신호는 보는 과정의 시작일 뿐이다. 만일 시각이 단순히 망막의 광수용체들에 불과하다면, 세잔의 캔버스들은 분간할 수 없는 색의 덩어리 이상의 아무것도 아닐 것이다. 그가 그린 프로방스 풍경화들은 올리브색과 황토색의 무의미한 교대로만 이루어질 것이며, 그의 정물화들은 온통 물감일 뿐 과일은 보이지 않을 것이다. 나아가 우리의 세상 자체도 형태가 없을 것이다. 하지만 다행히도, 우리의 진화된 신체기관에서는, 안구가 그리는 빛의 지도가 거듭거듭 변형되어 수백만 분의 일 초 후에 우리의 의식으로 들어간다. 색채의 소용돌이 속에서 우리는 사과를 본다.

   이렇듯 눈 깜빡하는 순간의 무의식적 활동 중에 도대체 무슨 일이 일어나는 것일까? 눈을 통해 들어오는 시각 자료를 뇌는 어떻게 가공하는 것일까? 어렴풋하게나마 과학적인 해답을 얻기 시작한 것은 1950년대 후반에 데이비드 휴벨과 토르스텐 위젤이 시도한 놀라운

◈ 광수용체들의 전기적 메시지는 사실 전기적 메시지의 부재를 의미한다. 즉 칼륨 이온들이 빠져나가면서 세포가 과분극화hyperpolarized된다. 눈은 침묵으로써 말한다.

실험들을 통해서였다. 당시 신경과학은 대뇌피질이 어떤 종류의 시각 자극에 반응하는지 전혀 알지 못했다. 빛이 망막을 자극한다는 것은 알지만, 어떤 종류의 시각 정보가 우리의 마음을 자극한다는 말인가? 이 질문에 대한 답을 찾기 위해 휴벨과 위젤이 시도한 실험들은 무지막지하게 단순했다. 반짝거리는 빛의 점들을 동물의 망막에(불쌍하게도 고양이가 주로 이용되었다) 쏘는 한편, V1이라고 불리는 뇌 영역(시각피질의 첫 단계)으로부터 나오는 세포 전기를 전기침으로 기록했다. 전압이 감지되면 세포가 뭔가를 보고 있다는 뜻이었다. 휴벨과 위젤 이전의 과학자들은 눈이 카메라와 같고, 따라서 뇌의 시야視野는 시공간적으로 깔끔하게 정돈된 빛의 점들로 이루어져 있다고 가정했다. 사진이 화소들로 이루어진 조각보이듯이, 우리 눈은 반사되는 빛의 이차원적인 표상을 만들고 그 표상은 고르게 뇌로 전달된다는 것이었다. 하지만 과학자들이 두개골 속에서 이런 카메라를 찾아내려 할 때마다 찾아지는 것은 침묵뿐이었다. 무관심한 세포들의 전기적 무감각 상태가 확인될 뿐이었다.

이것은 참으로 답답한 역설이었다. 동물은 분명히 사물을 보는데도, 동물의 세포들은 따로 빛줄기를 비추면 잠잠하기만 했다. 마치 동물이 보는 영상들은 텅 빈 캔버스로부터 떠올라 오는 듯했다. 휴벨과 위젤은 이 수수께끼 속으로 뛰어들었다. 처음에 얻은 실험 결과들은 단지 개별적 광光자극으로 피질 뉴런들을 활성화하는 것이 불가능함을 확인해줄 뿐이었다. 그러다가 순전한 우연으로, 이 두 사람은 활성화된 세포를 발견했다! 뉴런 하나가 자기가 본 한 조각의 세상에 반응한 것이다.

이 세포는 대체 무엇에 반응한 것일까? 휴벨과 위젤은 도저히 알수 없었다. 세포는 그것이 침묵하리라 기대된 바로 그 순간에, 즉 실험과 실험 사이에 활성화되었던 것이다. 그것을 자극할 만한 빛이라고는 없었다. 자신들의 실험 과정을 고스란히 되짚어본 후에야 휴벨과 위젤은 무슨 일이 일어났는지 짐작할 수 있었다. 투광기에 유리슬라이드를 삽입할 때, 무심결에 "희미하지만 날카로운 그림자"를 고양이의 망막에 드리웠던 것이었다. 그것은 단지 순간적으로 스쳐간밝음—한 방향으로 곧게 나아가는—에 불과했다. 하지만 세포가 원했던 것은 바로 그것이었다.

휴벨과 위젤은 이 발견에 놀라 얼떨떨해졌다. 말하자면 그들은 시각의 원료를 흘낏 들여다본 셈인데, 그것은 완전히 추상적이었다. 우리의 뇌세포들은 이상하게도, 빛의 점들이 아니라 선들의 각도에 매혹되었던 것이다.[◈] 이 뉴런들은 밝음보다 대조를, 둥근 것보다 모난 것을 선호했다. 휴벨과 위젤은 1959년의 획기적인 논문 「고양이 줄무늬 피질 내의 단일 뉴런들의 수용장들」로, 시각피질의 초기 층들에 나타나는 실상을 기술한 최초의 과학자들이 되었다. 이것은 보이기전의 세상이 어떻게 생겼는지에 관한 연구이자, 우리의 정신이 시각

◈ 우리 시각피질의 초기 부분들은 피에트 몬드리안의 그림과 매우 흡사해 보이는 시각 자료에 의해 자극된다. 몬드리안은, 세잔으로부터 지대한 영향을 받은 화가로, 자신이 '형태에 관한 항구적 진실들'이라고 부른 것을 평생 찾아 헤매었다. 그는 마침내 직선을 자신의 예술의 핵심으로서 받아들였다. 그가 옳았다. 적어도 V1의 관점에서는.

을 만들어내고 있는 순간에 관한 연구였다.

세잔의 그림들은 그렇듯 시각피질이 느끼는 선들의 비밀스러운 기하학을 반영한다. 마치 그는 뇌를 쪼개고, 보는 과정이 어떻게 일어나는지 들여다본 것만 같다. 예컨대 〈샤토 누아르 위쪽 동굴 근처의 바위들〉(1904~1906)을 살펴보자. 세잔은 대개 단순한 대상을 선택했다. 삐죽삐죽 제멋대로 자란 나무 몇 그루와 나무들로 둘러싸인 바위 몇 덩어리. 잎들 사이로 군데군데 보이는 푸른 하늘. 그러나 세잔의 그림은 하늘이나 바위나 나무에 대한 것이 아니다. 그는 각각의 요소들을 감각적 부분들로 쪼개어, 눈앞에 펼쳐진 풍광을 해체함으로써 우리의 정신이 어떻게 그것을 재구성하는가를 보여준다.

채색의 차원에서만 보자면, 세잔의 풍경화는 붓 자국들을 이은 조각보일 뿐이고, 붓 자국들은 각기 다른 색깔의 선이다. 그는 쇠라와 시냑의 점묘법을 버렸다. 점묘법에서는 모든 것이 개별적인 빛의 점들로 해부된다. 세잔은 그보다 훨씬 더 충격적인 길을 추구했으니, 얼룩과 붓 자국으로만 그림을 창조했다. 그의 두껍게 칠한 물감은 그 자체로서 관심을 끌고, 캔버스를 고정된 이미지가 아니라 건축적 과정으로 보게 만든다. 미술사가 마이어 샤피로는 세잔의 작품에서 "독립적이고 일정한 기존의 사물이 화가의 눈에 주어져 재현되는 것이 아니라, 연속적으로 탐지된 감각지각들이 중첩되기만 하는 듯하다"[11]라고 평했다. 세잔은 우리에게 완전히 실현된 형태들 대신 겹겹이 포개진 암시적 모서리들만을 제시한다. 형태들은 그런 중첩으로부터 서서히 펼쳐져 드러난다. 우리의 시각은 선들로 이루어지고, 세잔은 그 선들을 피곤할 정도로 두드러지게 만든다.

이것이 V1 영역의 뉴런들이 재현하는 추상적 현실이다. 세잔 작품의 표면이 증언하듯, 우리의 가장 기초적인 차원의 감각지각은 모순과 혼동으로 가득하다. 시각피질 세포들은 넘쳐나는 빛의 소문들 가운데서 선들이 가능한 모든 방향으로 뻗어 나가는 것을 본다. 각들이 교차하고, 붓 자국들은 불협화하며, 표면들은 온통 엉망으로 번져 있다. 세계는 여전히 형태가 없으며, 색채의 벽돌들을 이어붙인 콜라주에 불과하다. 그러나 이런 모호함은 보는 과정의 핵심적인 부분이니, 그것은 주관적 해석의 여지를 우리에게 남겨주기 때문이다. 우리 뇌는 현실이 저절로 해상解像할 수 없도록 설계되어 있다. 우리가 세잔의 추상적 풍경을 이해하기 위해서는, 반드시 우리의 정신이 개입해야 한다.

지금까지의 논의는 우리가 실제로 감각하는 것, 즉 망막이 감지하는 빛과 선들, 그리고 시각피질의 초기 단계들에 대한 것이었다. 이것들은 말하자면 우리의 '피드포워드feed-forward' 투사들이다. 이것들은 반사된 광자들의 외부세계를 나타낸다. 본다는 것은 이런 인상들로 시작하지만, 그 막연한 암시들을 재빨리 뛰어넘는다. 결국 우리의 실제적인 뇌는 카메라 같은 사실성에는 관심이 없다. 뇌는 단지 이해할 장면을 필요로 할 따름이다. 뇌에서 시각적 과정의 처음 단계로부터 최종적으로 다듬어진 이미지가 나오기까지, 강조되는 것은 통일성과 대비이며 그러기 위해 정확성은 종종 희생된다.

신경과학자들은 우리가 마침내 보게 되는 것이 이른바 '하향 처리 top-down processing'라 불리는 것에 큰 영향을 받는다는 사실을 이제는 안다. 하향 처리란 뇌 피질 층이 우리의 실제 감각지각을 하향 투사하여 영향을 주는(어떤 이들의 표현에 따르면 '변질시키는') 방식을 기술하는 용어이다. 눈을 통한 투입 자료는 뇌에 들어가, 곧장 두 개의 분리된 길을 따라 가게 된다. 한쪽 길은 빠르고 다른 길은 느리다. 빠른 길은 조잡하고 흐릿한 그림을 재빨리 우리의 전전두 피질prefrontal cortex에 전송한다. 전전두 피질은 의식적 사고에 관여하는 뇌의 부분이다. 한편 느린 길은 시각피질을 통과하는 에움길로, 시각피질은 빛의 선들을 꼼꼼하게 분석하고 다듬는다. 느릿한 이미지는 빠른 이미지가 도착한 후 5천만 분의 1초 만에 전전두 피질에 도달한다.

왜 사람의 마음은 모든 것을 두 번씩 보는가?[12] 왜냐하면 우리의 시각피질이 도움을 필요로 하기 때문이다. 전전두 피질이 정밀하지 못한 그림을 받은 후, 우리 뇌의 '꼭대기top'는 '바닥bottom'이 무엇을 보았는지 재빠르게 결정을 내리고, 감각 데이터를 손보기 시작한다. 형태가 V1 영역에 있는 무형의 잡석들에 덧입혀지고, 외부세계는 우리의 기대에 부응하게 된다. 이런 해석 과정을 제거한다면, 우리의 현실은 인식 불가능한 것이 되고 말 터이다. 빛만으로는 충분치 않은 것이다.

신경학자 올리버 색스에게는 피 선생Dr. P이라는 환자가 있었는데, 이 환자는 세잔의 캔버스 같은 세상 속에 살았다. 피질에 병변이 있는 까닭에 피 선생의 두 눈은 사실상 뇌로부터 아무런 투입 자료를 받지 못했다. 그는 세상을 가공되지 않은 형태로, 빛의 미로들과 색의 덩어리들로 된 것으로만 보았다. 다시 말해 그는 실제 있는 그대로의 현실 모습을 보았다. 불행하게도 이것이 의미하는 바는 그의 감각지각들이 완전히 초현실적이었다는 것이다. 이 환자의 병증을 자세히 알아보기 위해, 색스는 피 선생에게 『내셔널 지오그래픽』지에 실린 사진 몇 점을 묘사해보라고 요청했다.

"그[피 선생]의 반응은 매우 흥미로웠다. 그의 두 눈은 하나의 사물에서 다른 사물로 빠르게 건너뛰면서 작은 특징들, 개별적인 특색들을 주워 모았다. 내 얼굴을 볼 때도 그런 식이었다. 하나의 밝음, 하나의 색상, 하나의 형태에 대해 그는 관심을 보이고 토를 달았다. 하지만 어떤 경우에도 그는 전체적인 장면을 파악하지 못했다. 그는 풍경이나 장면을 전혀 이해하지 못했다."[13]

피 선생의 문제는 빛이 망막을 지난 다음에 일어났다. 그의 두 눈은 문제가 없었고, 광자들을 완벽하게 흡수했다. 다만 그의 뇌가 감각지각들을 해석하지 못하는 게 문제였다. 그 때문에 그는 세상을 단편들의 일대 혼란으로 보게 되는 것이었다. 그에게는 사진도 추상회화처럼 보였다. 피 선생은 거울에 비친 자신의 모습도 알아보지 못했다. 색스는 피 선생이 진료실을 나가려 할 때 일어났던 일을 이렇게 기술했다. "그[피 선생]는 모자를 찾아 두리번거리다가, 손을 뻗어 아내의 머리를 거머쥐고는 그것을 들어 올려 자기 머리에 쓰려 했다. 그는 자기 마누라를 모자로 착각한 것이 분명했다! 그의 아내는 새삼

스러울 게 없다는 표정이었다."14)

색스가 들려주는 이 웃지 못할 이야기는 보는 과정의 근본 요소가 무엇인가를 말해준다. 하향 처리 과정이 갖는 기능 중 한 가지가 대상을 인지하는 것이다. 전전두 피질의 지시에 따라 우리는 어떤 대상의 다양한 요소들—V1 영역에 보이는 그 모든 선들과 모서리들—을 그 대상에 대한 통합된 **개념**으로 동화시킨다. 이것이 바로 피 선생이 하지 못하는 일이다. 빛이 그에게 주는 인상들은 결코 하나의 사물로 수렴되지 못한다. 그래서 피 선생은 장갑 한 짝, 자기 왼발, 자기 아내 등등을 '보기' 위해 자신의 감각지각들을 힘들여 해독해야 했다. 하나하나의 형태를, 마치 생전 처음 보는 듯이, 꼼꼼히 따져 납득해야 했다. 예컨대 피 선생은 한 송이 장미에 대한 자신의 의식적인 사고 과정을 이렇게 설명했다. "길이가 15센티미터쯤 되어 보입니다. 빨간색의 돌돌 말린 형태에 녹색의 선형 부속물이 달려 있군요." 하지만 이 정확한 세부들은 결코 '장미'라는 개념을 촉발하지 못했다. 피 선생은 꽃의 냄새를 맡아보고서야 그 형태가 무엇인지 알아낼 수 있었다. 색스가 말했듯이, "피 선생에게는 아무것도 낯익지 않았다. 시각적인 견지에서 그는 생명 없는 추상의 세계에서 길을 잃은 셈이었다".

세잔의 그림을 들여다보면 피 선생이 무엇을 놓치고 있는지를 예리하게 알아챌 수 있다. 그의 후기인상파 작품을 가만히 들여다보노라면, 우리는 하향 처리 과정이 일어나는 것을 느낄 수 있다. 세잔이 인상파 화가들보다 더 추상적인(그리고 더 진실한) 스타일을 창조한 것은, 인상이라는 것으로는 충분치 않음을—인상은 마음에 의해 **완성되어야** 한다는 것을—알고 있었기 때문이다. 그의 후기인상파 스타일은 불필요하게 과격해 보였지만—마네는 그를 "흙손으로 그림을 그리는 벽돌장이"라 일컬었다—사실은 그렇지 않았다. 세잔이 자연을 추상화한 것은 우리에게 보이는 **모든 것**이 추상임을 깨달았기 때문이었다. 우리는 자신의 감각지각을 이해하기에 앞서, 그 위에 우리가 갖고 있는 환상들을 압인하는 것이다.

세잔은 자신의 그림에서 이런 정신적 과정을 자명하게 드러냈다. 그는 자신의 그림을 해체하여 풀어헤쳐질 지경으로 만들었지만, 그래도 그의 그림은 풀어헤쳐지지 않았으니, 그것이 세잔 그림의 비밀이다. 그의 그림은 풀어헤쳐지는 대신, 이해되어야 할 파손과 균열들로 가득 찬 채, 존재의 언저리에서 전율한다. 그토록 절묘한 균형은 쉽지 않다. 세잔은 한 점의 그림을 팔 때까지—그는 거의 그림을 팔지 못했지만—자신이 묘사하고자 하는 섬세한 리얼리티에 조금이라도 더 가까이 다가가기 위해 계속 붓칠을 더하곤 했다. 그래서 그의 작품은 그렇듯 신중히 덧칠한 물감으로 겹겹이 더께지기 일쑤였다. 그러다가 물감이 자체의 부피를 견디지 못하고 부서지기도 했다.

어찌하여 그림을 그린다는 것이 세잔에게는 그토록 힘겨운 투쟁이 되어야 했을까? 왜냐하면 그는 단 한 점이라도 거짓된 붓 자국을 더했다가는 그림 전체를 망치고 말 것임을 알고 있었기 때문이다. 인상파 화가들이 야외의 자유로운 분위기를 그림에 반영하고자 했던 것과는 달리, 세잔의 예술은 어렵기만 했다. 그는 움켜쥔 캔버스 위에 우리 뇌가 해독하기에 꼭 필요한 만큼을—붓 자국 하나도 더하거나 덜하지 않게—그리고자 했다. 그의 재현이 너무 정확하거나 너무 추상적이 되면, 모든 것이 허물어지고 말 것이다. 우리의 마음은 예술 작품 속으로 끌려들어가지 않을 것이고, 그의 선들은 아무 의미를 갖지 못할 것이다.

세잔과 졸라

1858년, 세잔은 열여덟 살이었다. 절친한 친구 에밀 졸라는 파리를 향해 떠났고, 세잔은 액상프로방스에 남았다. 졸라는 이미 작가가 되기로 작정한 터였지만, 세잔은 권위주의적인 아버지의 요구에 따라 법률학교에서 죽을 쑤고 있었다. 1860년 7월의 편지에서, 졸라는 세잔에게 맹렬히 화를 냈다. "그림은 자네한테 변덕스러운 취미에 불과한가?" 그는 따지고 들었다. "그림이 그저 심심풀이, 얘깃거리에 불과한가? 만일 그렇다면, 자네 행동을 이해하겠네. 가족과 괜한 다툼을 일으키지 않는 게 옳겠지. 그러나 만일 그림이 자네의 천직이라면, 자네는 내게 수수께끼, 스핑크스, 도저히 이해할 수 없는 인물일세."[15] 이듬해 여름, 세잔은 파리로 갔다. 화가가 되기로 결심한 것이다.

도시에서의 삶은 어려웠다. 세잔은 외롭고 가난했다. 보헤미안으로서의 삶은 생각했던 만큼 멋지지 않았다. 낮에는 루브르 박물관에 몰래 들어가, 참을성 있게 티치아노와 루벤스의 작품들을 모사했다.

밤에는 다들 떼 지어 동네 술집으로 몰려가 거나하게 정치와 예술을 논하곤 했다.

세잔은 자신이 실패자처럼 느껴졌다. 처음으로 추상을 실험한 작품들은 우연한 실수로, 재능 없는 사실주의 화가의 볼품없는 작품으로 무시되었다. 그는 수레에 그림을 가득 싣고 온 도시를 돌아다녔지만 그의 작품을 받아주는 화랑은 없었다. 세잔의 유일한 위안은 문화 전반에 있었다. 답답한 파리 미술이 마침내 달라지기 시작했던 것이다. 보들레르는 앵그르를 공격하기 시작했고, 마네는 벨라스케스를 연구하고 있었다. 귀스타브 쿠르베의 거친 그림들—그의 신조는 "설령 추악할지라도 진실하자"였다—이 서서히 존경을 얻어가고 있었다.

1863년경에는 이 모든 새로운 '추함'을 더 이상 억압할 수 없게 되었다. 일일이 억압할 수도 없을 만큼, 온통 널린 것이 그런 것이었다. 결국 황제 나폴레옹 3세는 미술아카데미가 연례 전시회에 채택하지 않은 그림들을 따로 전시하라는 결정을 내린다. 바로 이 낙선전에서 세잔은 마네의 〈풀밭 위의 점심식사〉를 처음으로 보게 되었다. 일대 물의를 일으킨 이 그림은 한 벌거벗은 여인이 자신의 벗었음을 알지 못하는 양 태연히 공원에 앉아 있는 모습을 담은 것이었다. 세잔은 매혹되었다. 그는 마네의 외설적인 소풍을 상상 속에서 다시 그린 작품들을 연속적으로 내놓기 시작했다. 하지만 마네가 냉소적인 거리를 두고 여인을 그렸다면, 세잔은 작품의 한복판에 자기 자신을 등장시켰다. 삐죽삐죽한 수염과 벗어진 머리는 영락없이 화가 자신임을 알아보게 했다. 마네에게 경멸을 보내던 바로 그 비평가들이 이제는 세잔을 향해 혹평을 퍼부었다. 한 평론가는 이렇게 썼다. "대중은 이 작품에 조소를 보낸다. 세잔 씨는 음주 섬망 증세 가운데 그림을 그리는, 일종의 광인이라는 인상을 준다."

20년 후 모든 것이 변했다. 프랑스-프로이센 전쟁(1870~1871)이 일어났고, 전투에서 패한 나머지 황제도 폐위되었다. 클로드 모네는 군 복무를 피하기 위해 파리에서 피신하여 런던에 가 있는 동안 J. N. W. 터너의 선구적인 추상 수채화들을 보게 되었다. 그는 새로운 영감으로 가득 차서 프랑스로 돌아왔다. 1885년경 모네의 인상주의는 그야말로 전위적이었다. 어렴풋한 빛을 그리는 화가들이 이제 자신들만의 살롱전展을 가지게 되었다.

그간의 세월은 졸라에게도 친절을 베풀었다. 연작 『루공 마카르 총서』 덕분에 문단의 유명인사가 된 그는 논란 속에서도 자신만만했다. 그는 '과학적 소설'을 쓰고자 하는 새로운 문학 유파인 자연주의의 당당한 창시자였다. 졸라의 말에 따르면, 소설가는 말 그대로 과학자가 되어서 "인간을 연구함에 있어 실험적 방법을 채택해야 한다."[16]

졸지에 성공한 졸라는 화가에 대한 책을 쓰기로 했다. 소설 제목은 『걸작』이라고 지었으며, 더 나은 제목을 생각할 수 없기 때문이라고 했다. 자신의 방법론에 따라, 졸라는 실제 인생에서 그대로 훔쳐온 이야기를 바탕으로 한 허구를 만들어냈다. 이번에 그가 훔친 인생은 절친한 친구의 인생이었다. 1886년 봄, 소설이 출간된 후로, 세잔과 졸라는 평생 왕래를 끊었다.

『걸작』의 주인공 이름은 클로드 랑티에였다. 세잔처럼 클로드도 수염이 나고 머리가 벗어지는 프로방스 사람이었으며, 그림이 너무 이상하여 전시할 기회를 얻지 못하는 화가이다. 졸라는 심지어 주인공의 아픔까지도 친구에게서 빌려왔다. 즉 클로드와 세잔, 둘 다 모두 불치의 눈병을 앓고 있었으며, 아버지로부터 조롱당했고, 동네 식료품점에 그림을 주고 식료품을 얻었다. 클로드는 그렇듯 전형적으로 고생하는 화가로 그려진 반면, 그의 가장 친한 친구라는 작가 피에르 상도즈는 대단한 문학적 명성을 얻었고, "인류의 진리를 축소판으로" 기록하는 스무 권의 연작 소설을 쓰고 있었다. 이 작가가 누구인지 짐작하기는 어렵지 않았다.

한층 더 모욕적이었던 것은 졸라가 클로드의 그림을 묘사한 대목이었다. 졸라에 따르면, 그의 추상적인 그림들은 "멋대로 날뛰는 정신 활동…… 자신을 잡아먹는 가공할 정신의 드라마"일 뿐이다.[17] 반면, 상도즈의 소설들은 "인간을 있는 그대로 기술한다".[18] 상도즈의 소설들은 "다가오는 과학의 세기에 맞는 새로운 문학"이다.[19]

졸라가 인상파 친구들을 배신한 것은 분명 사실이었다. 모네와 피사로, 그리고 상징주의 시인 스테판 말라르메는 모임을 갖고 이 책을 비난했다. 모네는 졸라에게 이렇게 썼다. "우리의 적들이 당신의 책을 이용하여 우리를 무참하게 내려칠 것입니다."[20] 그러나 졸라는 개의치 않았다. 그는 추상에 이미 등을 돌린 터였다. 세잔의 그림들이 우리의 주관성을 주제로 삼았다면, 졸라의 소설들은 인간을 객관적 대상으로 만들려는 결의로 차 있었다. 졸라에 따르면, "화가는 사라져야 하며, 그저 자신이 본 것을 보여주어야 한다. 작가가 마음이 약해져서 끼어들게 되면 소설은 약해질 뿐이다. 사실에 사실 외적인 요소가 가미되어 사실이 갖는 과학적 가치가 파괴된다".[21]

졸라의 스타일은 오래가지 않았다. 자칭 '과학적 소설들'은, 유전과 생물학적 결정론에 대한 순진한 믿음과 함께, 볼품없는 구닥다리가 되었다. 그의 작품은 그의 기대와는 달리 "인간적 진실들에 대한 불멸의 백과사전"이 되지 못했다. 오스카 와일드가 말한 대로이다. "졸라는 우리에게 제2제정 시대의 그림을 보여주려 한다. 하지만 오늘날 제2제정에 눈 하나 까딱할 사람이 어디 있단 말인가? 한물간 얘기다. 삶은 사실주의보다 앞서간다." 더구나 졸라가 『걸작』에서 배신한 아방가르드 미술은 이제 떠오르고 있었다. 사실주의는 후기인상파에게 길을 내주어야 했다. 1900년 무렵에는 졸라도 자신이 세잔의 추상 미술을 잘못 판단했었노라고 인정하지 않을 수 없었다. "이제야 그 친구의 그림을 좀 더 잘 이해하게 되었다"고 졸라는 고백했다. "참으로 오랫동안 이해할 수 없었던 것인데, 그건 내가 그의 그림이 과장되었다고 생각했기 때문이다. 하지만 사실 그것은 믿을 수 없을 만치 진지하고 진실하다."[22]

결국 세잔과 졸라의 사이를 갈라놓은 것은 『걸작』이 아니었다. 졸라는 결코 사과하지 않았고, 사과해도 마찬가지였을 것이다. 그 어떤 사죄의 말도 그들의 철학적 괴리를 메우지는 못했을 것이다. 죽마고우였던 두 사람은 현실의 본질에 대해 상반되는 결론에 도달한 것이었다. 졸라가 자신을 피해 예술 속으로, 과학적 사실의 냉엄한 영역으로 도망치려 했다면, 세잔은 자신 **속으로** 뛰어듦으로써 현실을 추구했다. 세잔은 화가가 그림을 만들듯이 마음이 세상을 만든다는 것을 알고 있었다.

이런 놀라운 깨달음을 바탕으로 세잔은 모던 아트의 아버지가 되었다. 그의 그림들은 의도적으로 새로움을 추구했다. 그는 시각의 법칙들을 드러내기 위해 회화의 규칙들을 깨뜨렸다. 그가 몇몇 세부들을 생략하는 것은, 우리가 거기에 무엇을 투입하는지 보여주기 위해서였다. 그로부터 불과 수십 년 내에, 파리는 새로운 세대의 화가들로 북적거리게 될 것이었다. 이들은 규칙을 깨는 데 한층 더 적극적이었다. 파블로 피카소와 조르주 브라크가 이끌었던 입체파 운동은 세잔의 기법을 그 극단적인 결론으로 몰고 갔다.(피카소는 한때 세잔과 버팔로 빌◈에게서 가장 큰 영향을 받았노라고 선언했다.) 입체파는 양자물리학의 이상한 사실들을 미리부터 내다보았다는 식의 농담을 즐기곤 했지만, 세잔만큼 인간의 정신을 꿰뚫어본 화가는 없었다. 그의 추상화는 우리를 해부하여 드러낸다.

채워지지 않은 캔버스

세잔이 늙어가면서 그의 그림은 점점 더 빈 캔버스로 채워져 갔다.

◈ 미국 서부개척 시대의 전설적인 카우보이이자 쇼맨.(옮긴이)

그리고 이것을 세잔은 웅변적이게도 **미완**nonfinito이라고 불렀다. 일찍이 이런 일은 아무도 한 적이 없었다. 세잔의 그림은 분명 미완성이었다. 그런데 어떻게 예술이 될 수 있단 말인가? 그러나 세잔은 비평가들이 뭐라 하건 개의치 않았다. 그는 자신의 그림이 겉보기에만 비어 있다는 것을 알고 있었다.※ 그 미완의 그림들은 보는 과정에 대한 은유였다. 이 미완성 캔버스들에서 세잔은 뇌가 그를 대신하여 어떻게 완성할 것인가를 이해하고자 했다. 그러므로 그의 모호함은 극히 의도적이었고, 그의 막연함은 정밀함을 기초로 했다. 세잔은 우리가 그의 빈 공간들을 채우길 바랐으며, 그러기 위해 정확히 비울 것만 비워두어야 했다.

예컨대 세잔이 생트-빅투아르 산을 그린 수채화들을 보라. 말년에 세잔은 매일 아침 레 로브 언덕 꼭대기까지 걸어올라 갔고, 거기에 서면 프로방스의 탁 트인 평원들이 눈앞에 펼쳐졌다. 그는 보리수나무 그늘에서 그림을 그리곤 했다. 거기에서는 땅의 숨겨진 무늬들을, 강과 포도원이 서로 겹치는 평면들로 배열된 형식을 볼 수 있다는 것이었다. 배경에는 항상 생트-빅투아르 산이 있었고, 그 삐죽거리는 이등변의 바위들이 마른땅과 무한한 하늘을 연결시켜주는 것 같았다.

물론 세잔은 풍경을 있는 그대로 그리는 데는 관심이 없었다. 계곡을 묘사할 때 세잔이 원했던 것은 본질적인 요소들만을, 형태의 필요

※ 거트루드 스타인이 한때 세잔의 어느 풍경화에 대해 말했듯, "완성되었건 완성되지 않았건 그것은 언제나 유화의 가장 본질적인 것을 닮았다. 있을 것은 다 있기 때문이다".

〈레 로브에서 본 생트-빅투아르 산〉, 폴 세잔, 1904~1905년.

불가결한 뼈대만을 그리는 것이었다. 그런 까닭에 그는 강을 한줄기 굽이치는 푸른 띠로 요약한다. 작은 밤나무 수풀들은 우중충한 초록 물감으로 톡톡 두드린 것에 불과하며, 간혹 암갈색 붓 자국이 끼어든다. 그리고 산이 있다. 세잔은 종종 생트-빅투아르 산의 육중한 몸체를 텅 빈 하늘에 가로질러 그어진 묽은 물감의 선 하나로 응축시키곤 했다. 이 엷은 회색의 선은 산의 그늘진 윤곽은 네거티브한 공간으로 완전히 둘러싸여 있다. 그것은 제멋대로 뻗쳐 나가는 공허 위에 맥없이 긁어놓은 자국이다.

그런데도 산은 사라지지 않는다. 산은 **거기** 있다. 그 존재는 준엄하고 요지부동이다. 우리의 정신은 세잔의 물감이 알려줄 듯 말 듯하는 그 형태를 쉽사리 만들어낸다. 비록 산 그 자체는 보이지 않지만—세잔은 산의 존재를 암시할 뿐이다—산의 어렴풋한 무게가 마치 배의 닻처럼 그림을 제자리에 묶어둔다. 어디서 어디까지가 그림의 몫이고 어디서부터가 우리의 몫인지 알 수가 없다.

세잔이 빈 캔버스를 받아들인 것—비어 있음이 그대로 보이게 놔두기로 한 것—은 그의 가장 급진적인 발상이었다. 명료함과 장식적 섬세함을 그 무엇보다도 숭상했던 아카데미즘 화풍과는 달리, 세잔의 후기인상파 그림들의 주제는 그 자체의 모호함이었다. 있음과 없음을 조심스럽게 혼동시킴으로써, 세잔의 **미완**의 그림들은 형태의 깊은 본질에 대해 질문을 던진다. 그의 미완성 풍경화들은 아무런 감각지각이 없을 때조차 캔버스가 비어 있을 때조차 우리는 여전히 무언가를 본다는 증거이다. 산이 여전히 거기에 있는 것이다.

세잔이 빈 캔버스에서 이런 연구를 시작했을 때, 과학은 세잔의 그림들이 실제보다 왜 덜 비어 보이는지 설명할 길을 알지 못했다. 세잔의 **미완** 스타일이 존재한다는 자체가, 뇌가 아무것도 없는 데서 의미를 찾아낼 수 있다는 사실 자체가, 우리의 시각을 빛의 화소들로 격하시키는 이론들을 부정하는 것으로 보였다.

20세기 초 게슈탈트 심리학자들은 세잔이 그토록 웅변적으로 다루었던 형태의 환영들을 직시한 최초의 과학자들이었다. 게슈탈트 Gestalt란 말 그대로 '형태'를 뜻하는 단어이다. 게슈탈트 심리학자들에게는 형태가 관심의 대상이었다. 카를 슈툼프, 쿠르트 코프카, 볼

프강 쾰러, 막스 베르트하이머가 20세기 초에 창시한 독일의 게슈탈트 운동은 당시의 환원주의 심리학에 대한 거부로 시작되었다. 당시 학계는 빌헬름 분트와 그의 동료 심리물리학자들의 이론에 여전히 사로잡혀 있었다. 분트는 시지각이 기본적 감각지각들로 환원될 수 있다고 주장했다. 사람 마음은 거울처럼 빛을 반영한다는 것이었다.

그러나 마음은 거울이 **아니다**. 게슈탈트 심리학자들은 보는 과정이 우리가 보는 세상에 수정을 가한다는 사실을 증명하기 위해 나섰다. 자신들의 대선배였던 임마누엘 칸트와 같이, 그들은 **외부세계**에 있다고 우리가 생각하는 것 중 많은 부분이 사실은 **마음속에서** 나온다고 주장했다.(칸트에 따르면 "상상력은 지각 그 자체의 필수적 요소이다".[23]) 자신들의 지각 이론을 뒷받침할 증거로, 게슈탈트 학자들은 착시를 이용했다. 착시는 범위가 넓어서, 영화의 '겉보기 움직임'(실제로 영화는 정태적 사진들이 1초에 24회 지나가는 것이다)에서부터 두 가지 형태로 볼 수 있는 그림들(고전적인 예는 꽃병의 윤곽선이 마주보는 두 개의 옆얼굴로도 보이는 그림이다)까지 다양하다. 게슈탈트 학자들에 따르면, 이러한 일상적 착시들은 우리가 보는 모든 것이 환영이라는 증거였다. 형태는 하향 지시에 따라 만들어진다. 분트 및 그 추종자들이 단편적인 감각 자료들에서 시작하는 것과는 달리, 게슈탈트 심리학자들은 우리가 실제 경험하는 현실로부터 시작하기를 원했다.[24]

시각피질에 대한 현대 신경과학적 연구는 세잔과 게슈탈트 학자들의 직관이 옳았음을 확증해준다. 즉 우리의 시각적 경험은 우리의 시지각을 초월한다. 세잔의 산이 빈 캔버스로부터 떠오르는 것은 뇌가, 그림을 어떻게든 이해하려고 애쓰면서, 그 부족한 부분들을 채우기 때문이다. 이것은 필수적인 본능이다. 사람의 마음이 눈을 보완하지 않는다면, 우리의 시야에는 빈 구멍이 숭숭 뚫릴 것이다. 가령 시신경이 망막으로 연결되는 곳에는 빛에 민감한 원추형 세포들이 없다. 다시 말해 우리의 시야 한복판에는 그야말로 '눈먼' 부분이 있는 것이다. 그러나 우리는 우리의 눈먼 부분에 대해 눈멀어 있으니, 우리의 뇌에는 균열 없이 매끈한 세상이 포착된다.

우리의 불완전한 감각들로부터 의미를 만들어내는 이 능력은 피질의 해부학적 구조와 관련이 있다. 시각피질은 몇 개의 영역으로 명확하게 나뉜다. 이 영역들의 이름은 깔끔하게도 각각 V1, V2, V3, V4, V5이다.[25] 망막으로부터의 정보가 선들의 집합 형태로 그 모습을 최초로 드러내는 신경 영역인 V1에서 나오는 빛의 메아리를 V5까지 계속 추적해보면, 시각적 장면이 무의식적인 창조성을 획득하는 것을 볼 수 있다. 현실은 계속적으로 정제되어, 마침내 애초의 감각지각이라는 불완전한 캔버스는 우리의 주관성에 함입되고 만다.

시각피질에서 뉴런들이 착시 이미지와 실제 이미지 모두에 반응하는 최초의 영역은 V2이다. 바로 여기서 우리 마음의 '꼭대기'는 하위 단계들의 시각을 변조하기 시작한다. 그 결과 우리는 그저 가느다란 검은 선이 가로질러 있는 곳에서 산을 보기 시작한다. 이때부터 우리는 우리의 정신적 창조물을 실제로 존재하는 것과 분리할 수 없게 된다. 실제로 산을 볼 때 반응하는 뉴런들은 산을 상상할 때 반응하는 그 뉴런들과 동일하다. 무오한 지각 같은 것은 없다.

시각피질의 나머지 영역들에 의해 신속하게 처리된 후 색깔과 움직임이 이제 그림에 통합된다—데이터는 내측 측두엽(V5라고도 한다)으로 흐른다. 내측 측두엽은 의식적 지각을 일으키는 뇌의 부분이다. 우리 머리의 뒤쪽에 있는 이 영역에서, 세포들의 작은 하위 집합들이 복잡한 자극(세잔의 산 그림이나 실제 산)에 처음으로 반응을 보인다. 이런 특정 뉴런들에 불이 들어오면, 우리의 시각 처리과정이 비로소 마무리된다. 감각지각은 이제 의식에 대한 준비를 마친 셈이다.[26]

측두엽 피질의 뉴런들은 재현 양상이 매우 특수하여, 뇌의 이 부분에 조그마한 병변이라도 생기면 그에 해당하는 범주의 형태들이 완전히 지워질 수 있다. 이런 증후군을 '시각적 물체 실인증'이라고 부른다. 이런 증후군을 앓는 환자 중 일부는 사과나 사람 얼굴, 혹은 후기인상파의 그림들을 알아보지 못한다. 사물의 다양한 요소들을 여전히 인식하기는 하지만, 그런 단편들을 일관된 재현으로 묶을 수가 없기 때문이다. 중요한 것은 사람이 인지하는 형태의 세상은 신경 처리과정의 이 최후 단계에서만 존재한다는 사실이다. 즉 인지되는 세상은 외부세계와는 동떨어진 두개골의 쭈글쭈글한 주름 사이에만 존재하는 것이다.

더욱이 의식으로 들어가는 신경들도 의식에 의해 변조된다. 일단 전전두 피질이 산을 보았다고 생각하는 순간, 그것은 들어온 데이터를 조정하기 시작하여 빈 캔버스에 어떤 형태를 상상해낸다.(폴 사이먼의 말대로, "사람은 보기 원하는 것을 보고, 나머지는 무시한다".) 사실, 안구를 뇌로 연결하는 두꺼운 신경인 외측슬상핵(lateral geniculate nucleus, LGN)에서, 눈에서 피질로 가는 섬유보다 피질에서 눈으로 뻗어가는 섬유가 열 배나 많다고 한다. 우리가 눈에게 거짓말을 시키는 것이다. 윌리엄 제임스는 『실용주의』에서 이렇게 적고 있다. "감각지각은 변호사에게 소송을 맡긴 의뢰인과 다소 닮았다. 의뢰인은 법정에서 자신의 사건에 대해 변호사가 무슨 말을 하든지 자기에게 유리해서 그러려니 하고 수동적으로 듣기만 한다."[27]

이 모든 해부학 수업의 교훈은 무엇인가? 마음은 사진기가 아니다! 세잔이 이해했듯이, 보는 것은 상상하는 것이다. 문제는 우리가 본다고 **생각**하는 것을 정량화할 방도가 없다는 데 있다. 우리는 모두 각자의 독특한 시각적 세계 안에 갇혀 있다. 만일 우리가 그 세계로부터 자의식을 제거한다면 어떨까? 만일 우리가 안구의 몰개성한 정직성으로 세상을 본다면? 그렇다면 우리는 형태 없는 공간에서 반짝거리는 외로운 빛의 점들만을 보게 될 것이다. 산은 없을 것이고, 캔버스는 그저 비어 있을 것이다.

세잔이 시작한 후기인상파 운동은 우리의 부정직한 주관성을 주제로 삼은 최초의 스타일이었다. 그의 그림은 그림에 대한 비평이었다. 그의 그림은 그것이 현실이 아님에 주목하게 했다.[28] 세잔의 작품은 풍경이 네거티브 공간으로 만들어졌음을, 한 접시의 과일은 붓질이 남기는 자국들이 모인 것임을 인정한다. 모든 것이 캔버스에 맞도록 왜곡되었다. 삼차원은 이차원으로 납작해졌고, 빛은 물감으로 대체되었다. 장면 전체가 의식적으로 구성되었다. 미술은 인위적인 기교들에 둘러싸여 있음을 세잔은 우리에게 상기시킨다.

충격적인 사실은 우리의 시각이 미술과 같다는 것이다. 우리가 보는 것은 현실이 아니다. 그것은 우리의 캔버스인 뇌에 맞도록 조정된다. 눈을 뜰 때면, 우리는 착시의 세계로, 망막이 열어젖히고 피질이 재창조하는 장면 속으로 들어간다. 화가가 그림을 해석하듯, 우리는 우리의 감각지각을 해석한다. 그러나 우리의 신경 지도가 아무리 정밀하다 해도, 우리가 실제로 무엇을 보는가 하는 의문은 결코 풀지 못할 것이다. 시지각은 내밀한 현상이기 때문이다. 우리의 시각 경험은 망막의 화소들과 시각피질의 단편적인 선들을 능가한다.

그것은 예술이지 과학이 아니다. 그것은 우리가 내면에서 보는 것을 표출하는 수단이다. 이런 점에서 회화는 현실에 가장 가깝다. 그것은 우리를 경험에 가장 근접하게 해준다. 우리는 세잔의 사과들을 응시하면서 그의 머릿속으로 들어간다. 그 자신의 정신적 재현을 재현하고자 함으로써 세잔은 예술이 사실주의의 신화를 어떻게 뛰어넘는지 보여주었다. 라이너 마리아 릴케가 썼듯이, "세잔은 과일을 너무 사실적으로 그려서 전혀 먹을 수 없게 만들었다. 그로써 과일들은 그토록 사물 같고 현실적이 되었다. 그 완고한 현존 속에서 파괴될 수 없게 되었다".[29] 그 사과들은 항상 그러했던 것, 즉 마음이 창조한 그림, 너무나 추상적이어서 현실적으로 보이는 환상이 되었다!

06
|
이고르 스트라빈스키 : 음악의 원천

스트라빈스키, 이고르 Igor Stravinsky, 1882~1971___러시아 출신의 미국 작곡가. 20세기 음악의 선두에 서서 그 전개에 결정적 영향을 끼친 음악가이다. 아버지의 권유로 페테르부르크대학에서 법률을 전공했고, 림스키코르사코프에게 작곡 개인지도를 받았다. 1908년 관현악곡 〈불꽃〉을 발표했으며, 이후 발레곡 〈불새〉(1910), 〈페트루슈카〉(1911)를 작곡하여 성공을 거둠으로써 작곡가로서의 지위를 확립했다. 그 후 제3작인 〈봄의 제전〉(1913)은 파리 악단에서 찬반양론의 소동을 일으켰으나, 그는 이 곡으로 당시의 전위파 기수의 한 사람으로 주목받게 되었다. 이 곡은 혁신적인 리듬들과 관현악법에 의한 원시주의적인 색채감, 그리고 파괴력을 지닌 곡으로 앞의 두 곡과 함께 파리와 유럽의 음악계에 큰 센세이션을 불러일으켰다. 러시아혁명으로 조국을 떠난 그는 제1차 세계 대전 후 신고전주의 작풍으로 전환했다. 1939년 제2차 세계대전이 발발하자 1945년 미국으로 망명, 귀화했다. 쇤베르크가 죽은 1951년부터는 12음기법에도 흥미를 가져 12음기법에 따른 종교음악을 많이 남겼다.

너무 멀리 가기를 마다하지 않는 자만이
얼마나 멀리 갈 수 있는지 알아낸다.
—T. S. 엘리엇

발레는 여덟시에 시작했다. 덥고 습한 파리의 여름날이었고, 불편
하도록 후텁지근한 날씨는 밤에도 식지 않았다. 극장 안은 숨이 턱턱
막혔다. 관객들은 오기 전에 한 잔씩 걸쳤는지, 조금 얼근히 취해 있
었다. 불빛이 희미해지자, 프로그램을 내려놓고 웅성임을 그쳤다. 남
자들은 모자를 벗고 이마를 닦았다. 여자들은 깃털 목도리를 풀었다.
커튼이 서서히 올라갔다.

　네 번째 줄에 앉은 이고르 스트라빈스키는 턱시도를 입고서 땀을
흘리며 잔뜩 긴장해 있었다. 그의 교향곡 〈봄의 제전〉(1913)이 선보
이려는 것이었다. 야심찬 젊은 작곡가 스트라빈스키는 이 대도시의
군중에게 자신의 천재성을 널리 알리기를 열망했다. 이 새로운 작품
이 자신을 유명하게 만들어주기를, 너무나 새로워서 결코 잊힐 수 없
기를 바랐다. 현대는 현대의 소리를 요구하는 법이니, 스트라빈스키
는 자신이 가장 현대적인 작곡가이기를 원했다.

그날 밤 첫 번째 순서는 〈봄의 제전〉이 아니었다. 세르게이 디아길
레프는 이날 저녁을 〈레 실피드〉로 시작하기로 했다. 쇼팽의 피아노
곡에 미하일 포킨이 우아한 안무를 붙인 이 인기 있는 작품은 스트라
빈스키가 반기를 들었던 모든 것을 대변했다. 포킨은 쇼팽의 꿈결 같
은 화음에 영감을 받아, 낭만주의의 몽환이요 순수한 시적 추상인 발
레를 만들어냈던 것이다. 작품의 유일한 플롯은 아름다움이었다.

막간은 없었다. 우렁찬 박수소리가 잦아들자 객석은 다시금 침묵
에 빠져들었다. 타악기 주자들 몇 명이 더 나타나 오케스트라 석으로
꾸역꾸역 들어갔다. 현악기 주자들은 음정을 다시 맞추었다. 모두 준
비가 되자, 지휘자 피에르 몽퇴가 지휘봉을 들었다. 그는 바순 주자
를 가리켰다. 〈제전〉이 시작되었다.

〈제전〉의 도입부는 매혹적일 만큼 쉽다. 바순은 전율하며 낼 수 있
는 가장 높은 음을 내며(마치 깨진 클라리넷 소리 같다) 리투아니아의
옛 민요 선율을 불러낸다. 무심한 청중에게, 이 즐거운 곡조는 따사
로운 봄의 약속처럼 들린다. 겨울은 갔다. 죽었던 땅이 푸른 새싹들
의 아르페지오에 길을 내어주는 소리가 들리는 듯하다.

그러나 봄은, T. S. 엘리엇의 말대로, 가장 잔인한 계절이기도 하다.
라일락이 피는가 싶더니 불협화음이 밀어닥친다. 마치 "자연이 그 형
태를 새롭게 하는 순간 모든 사물이 경험하는 광대한 감각"과도 같
이.[1] 음악사상 가장 거친 경과부 중 하나에서, 스트라빈스키는 끔찍
한 편두통 같은 음향으로 교향곡의 두 번째 단락을 시작한다. 곡이
시작된 지 얼마 되지 않았건만, 스트라빈스키는 벌써부터 청중의 기

대를 완전히 무산시킨다. 그는 이 단락을 '봄의 징후'라 불렀다.

이 징후는 좋지 않다. 바순의 구성진 민요 선율은 간질 발작을 일으키는 듯한 리듬에 깔려버리고, 호른들은 지속저음ostinato에 비대칭적으로 맞서며 충돌을 감행한다. 봄을 맞이한 삼라만상이 저마다 주목을 요구하며 소리높이 외친다. 긴장은 갈수록 고조되지만, 배출구가 없다. 불규칙한 움직임은 세계 종말에 헌정된 사운드트랙인양 기세등등하고, 박자는 치명적인 포르티시모로 치닫는다.

바로 그때 관객이 고함을 치기 시작했다. 〈제전〉이 폭동으로 발전할 판이었다.

일단 비명이 시작되자 멈출 길이 없었다. '징후'의 화음에 흠씬 두들겨 맞은 부르주아들은 객석의 통로에서 악다구니를 쓰기 시작했다. 나이든 여성들은 젊은 탐미주의자들에게 호통을 쳤다. 발레리나들에게는 모욕의 말이 날아갔다. 너무 시끄러워서 몽퇴는 자신이 지휘하는 음악을 더 이상 들을 수 없었다. 오케스트라의 연주는 정신 나간 악기들의 귀청 찢는 소리로 해체되었다. 음악적 불협화는 또 다른 불협화에 밀려났다. 이 모든 소동이 스트라빈스키를 분격케 했다. 멍청한 대중이 그의 예술을 짓밟다니. 분노로 일그러진 얼굴을 하고, 스트라빈스키는 자리에서 일어나 무대 뒤로 달려갔다.

무대 뒤에서는 디아길레프가 극장의 조명을 미친 듯 켰다 껐다 하고 있었다. 섬광 효과는 관객들의 광기를 부채질할 뿐이었다. 발레안무가 바슬라프 니진스키가 무대 바로 뒤 의자 위에 서서 고함치며 무용수들에게 구령을 불러주고 있었다. 그의 목소리는 들리지 않았지만, 사실 들리든 말든 상관없었다. 어차피 이 춤은 질서의 부재에 대한 것이었다. 음악과 마찬가지로, 니진스키의 안무도 자기 예술에 대한 의식적 거부였다. 그는 아카데믹한 발레가 요구하는 세련된 삼차원적 형태, 팔다리의 신중한 움직임, 발롱,◈ 감미로운 팔 동작, 앙드올,◈◈ 튀튀◈◈◈ 등 춤의 모든 전통을 조롱했다. 니진스키의 지휘 아래, 관객들은 무용수들의 옆모습만을 볼 수 있었다. 무용수들의 등은 구부정히 굽었고, 머리는 아래로 늘어뜨린 채, 안쪽을 향한 발은 무대의 마룻바닥을 망치질하듯 두드리고 있었다. 무용수들은 그렇게 춤을 추면 내장이 덜컹거린다고들 했다. 그것은 스트라빈스키의 음악만큼이나 격렬하게 새로운 발레였다.

파리 경찰들이 마침내 도착했다. 그들은 혼란을 가중시킬 뿐이었다. 훗날 거트루드 스타인은 이렇게 회상했다. "아무것도 들을 수 없었다…… 춤은 아주 훌륭했고, 그렇다는 것은 알 수 있었다. 비록 옆 칸에서 지팡이를 흔들어대는 남자 때문에 계속 신경이 쓰이긴 했지만. 마침내 그 남자는 옆 칸에 있는 한 열성 팬과 심한 언쟁이 붙었고, 열성 팬이 분기탱천하여 모자를 눌러쓰자 지팡이로 그 머리를 내리쳤다. 모든 것이 믿을 수 없도록 사나웠다."[2] 난리법석은 음악이 멎을 때까지 끝나지 않았다.

◈ballon, 도약하는 동안 공중에 머물러 있는 듯이 보이게 하는 기술.(옮긴이)
◈◈en-dehors, 발레에서 발끝이 바깥을 향하는 기본자세.(옮긴이)
◈◈◈tutu, 챙이 넓고 주름이 많이 잡힌 무용복 치마.(옮긴이)

그날 밤의 폭력에 그나마 위안이 되는 구석이 있었다면, 그것은 엄청난 홍보 효과였다. 스트라빈스키의 교향곡은 장안의 화제가 되었다. 그는 갑자기 콜레트*보다 더 '쿨'한 인물이 되었다. 훗날 스트라빈스키는 그날 밤을 달콤 씁쓰레했다고 회상했다. 아무도 그의 음악에 귀 기울여주지는 않았지만, 하룻밤 사이에 유명인사요 아방가르드의 아이콘이 되어버린 것이었다. 연주가 끝나고 극장이 텅 비자, 디아길레프는 스트라빈스키에게 딱 한마디 했다고 한다. "내가 원하던 바로 그대로일세."[3]

왜 관객들은 그날 밤 그런 소동을 일으켰을까? 어떻게 음악작품 하나가 군중을 폭력으로 내몰았을까? 이것이 〈제전〉의 비밀이다. 그날 객석을 채운 청중에게 스트라빈스키의 교향곡은 무자비하게 독창적인 소리였다. 청중은 쇼팽을 더 기대했으나, 그 대신 귀청을 찢는 현대 음악의 탄생에 참예해야 했다.

이런 고통의 근원은 악보에서도 그대로 보인다. 더듬거리며 내뱉듯 거친 흐름의 음표들이 악보를 한 장 한 장 메워 나간다. 시커멓게 빽빽이 모여 있는 소리들. 멀리서 난데없이 나타나는 클라리넷 솔로로 간간이 끊어질 뿐인, 순전하고 고통스러운 음향. 〈제전〉은 그 기악 편성에서도 교향곡의 전통을 모욕한다. 스트라빈스키는 현악기를 무

---

* 콜레트는 자전적 소설 『클로딘』(1900~1903)으로 유명 작가가 되었지만, 그 후 한동안 뮤직홀에서 춤을 추었으며 1907년에는 무대 위의 동성간 키스로 경찰이 동원될 만큼 일대 소동을 일으키기도 했다.(옮긴이)

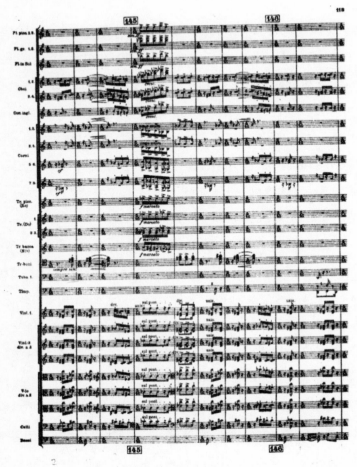

〈봄의 제전〉에 주석을 단 악보. 작곡가 레오폴드 스토코프스키의 수집품 중에서. 스토코프스키는 훗날 월트 디즈니의 만화영화 〈판타지아〉를 위해 이 교향곡을 개작했다.

시했다. 현악기는 낭만주의 작곡가의 충실한 일꾼이었지만, 그가 보기에는 그 끊어질 듯 가느다란 소리가 너무나 인간의 목소리를 닮았다. 그는 인간을 배제한 교향곡을 원했다. "아름다움이 깨어나기 이

전의" 음악의 소리를 원했다.[4]❖

스트라빈스키는 청중에게 아무것도 양보하지 않음으로써 그러한 효과를 창출했다. 그는 청중의 전통을 볼썽사납게 만들었고, 청중의 환상을 와해시켰다. 〈제전〉 초연 때의 청중은 아름다움이란 불변의 것이라고—어떤 화음들은 단순히 다른 화음들보다 더 듣기 좋다고— 여겼지만, 스트라빈스키는 한참 앞서나가 있었다. 본능적인 모더니스트로서, 스트라빈스키는 인간의 심미적 감각이란 변하기 마련이며, 우리가 숭상하고 신뢰하는 화성법이나 으뜸화음도 신성불가침한 것이 아니라고 보았다. 신성불가침한 것은 없다. 자연은 소음이다. 음악이란 우리가 듣는 법을 배운 소리의 일부분에 지나지 않는다. 〈제전〉으로, 스트라빈스키는 이제 새로운 것을 배울 때가 왔음을 선포했다.

그는 우리 마음의 가소성을, 새로운 종류의 음악에 적응하는 능력을 믿었으며, 이런 믿음이야말로 스트라빈스키의 길이 남을 통찰이었다. 그는 스위스에서 〈제전〉을 처음 작곡하던 무렵에 피아노로 불협화음들을 시험하곤 했는데, 그럴 때면 이웃집 어린 소년이 스트라빈스키의 창에다 대고 "틀렸어!"라고 외치곤 했다. 스트라빈스키는 그저 어깨만 으쓱할 뿐이었다. 결국은 뇌가 그의 틀린 점을 바로잡아주리라는 것을 알고 있었기 때문이다. 청중은 그의 어려운 음들에 적

❖〈봄의 제전〉이 얼마나 고통스러우냐고? 소설가 피츠제럴드 부부는 저녁식사 손님에게 〈제전〉의 찍찍거리는 음반을 듣거나 부상병들의 사진을 보는 것 중 하나를 택하라고 요구하곤 했다. 그들은 분명 그 두 가지 경험이 거의 비슷하게 고통스럽다고 여겼던 듯하다.

응할 것이고, 그의 음악에 갇혀 있는 아름다움을 발견할 것이었다. 오늘날 신경과학은 우리의 음감이 계속해서 변한다는 것을 알고 있다. 청각피질의 뉴런들은 우리가 실제로 듣는 노래와 교향곡들에 의해 끊임없이 변경되고 있다. 영원히 어려운 것이란 없다.

불협화음의 탄생

이고르 스트라빈스키는 1882년 군소 귀족 가문의 셋째아들로 태어났다. 그의 아버지는 상트페테르부르크의 오페라 가수였다. 집안에서는 그가 법률학교에 갈 것을 종용했으나, 스트라빈스키는 법을 혐오했다. 법률 제도는 그가 지겨워하는 모든 것—규칙, 형식, 판사 등—을 구현하고 있었다. 학창 시절 내내 마음고생은 이어졌고, 어린 이고르는 고뇌에 빠졌다. 훗날 그는 어린 시절을 "그 시절과 연관된 모든 사람과 모든 것을 지옥으로 보내버릴 수 있을 순간을 기다리는 기간"으로 묘사하곤 했다.[5]

아버지께서 돌아가시자 때가 왔다. 이고르는 이제 법률 학교를 그만둘 수 있었다. 그는 곧장 니콜라이 림스키-코르사코프의 음악학교에 등록했다. 코르사코프는 그에게 둘도 없는 스승이 되어주었다. 옛 민요 가락들을 바탕으로 현대적 교향곡을 쓰게 될 훗날의 스트라빈스키처럼, 코르사코프 역시 모순으로 정의되는 작곡가였다. 즉 그는 독일 음악을 사랑하는 러시아 민족주의자, 세기말 정서에 흠씬 취해 있던 제정주의자였다.

상트페테르부르크의 음악학교에서 코르사코프는 이고르에게 현대 작곡가의 고뇌를 주입했다. 코르사코프는 말했다. "현대 음악이 직면한 문제는 간단해. 교향곡 음악이 이젠 지루해졌다는 거지." 바그너의 장쾌한 야망은 대략 유쾌한 짜깁기 곡으로 대체되었고, 그 대부분은 발레를 위해 작곡되었다.(바그너는 그답게도 이런 현상을 유대인 탓으로 돌렸다.) 더욱 걱정스러운 것은, 모더니즘 혁명에서 작곡가들이 뒤처지고 있다는 것이었다. 화가들은 추상을 발견하느라 바빴지만, 음악은 이미 추상적이었다. 시인들은 상징주의를 구가하고 있었지만, 음악은 언제나 상징적이었다. 음악은 바그너의 〈니벨룽의 반지〉 4부작 이상으로 장대할 수도, 바흐 이상으로 정교할 수 없을 것 같았다. 현대 작곡가는 과거에 갇혀 있었다. 그러므로 음악에서의 모더니즘 혁명은 해체 작업으로 시작해야 할 것이었다. 그보다 반세기 전에 바그너가 음악적 스타일의 일대 혁신에 착수하면서 선언했듯이, "예술작품은 현재에 창조될 수 없다. 예술작품은 오직 혁명적 활동이라는 수단으로, 파괴하고 분쇄할 가치가 있는 모든 것을 파괴하고 분쇄함으로써 준비될 수 있을 뿐이다".◈

◈〈제전〉으로 인한 소동은, 바그너의 〈탄호이저〉 때문에 난리가 났던 1861년 이후로 음악 때문에 일어난 소요 중 최악이었다고들 했다. 초연에 실패한 스트라빈스키는 이 사실로 자신을 위안했다. "마흔다섯 먹은 바그너도 야유를 당했는데, 나는 겨우 서른다섯이잖아. 나도 죽기 전에는 승리하겠지." (Kelly, 299)

음악에서의 모더니즘 혁명은 1908년에 일어났다. 아르놀트 쇤베르크가 고전음악의 구조를 버리기로 결심한 것이다. 이런 미학적 반항은 말하자면 소설가가 플롯을 포기하는 것에 비견될 만한 행동이었다. 쇤베르크 이전에는 모든 교향곡이 몇 가지 간단한 규칙을 따랐다. 첫째, 작곡가는 세 개의 음으로 구성된 으뜸화음을 도입한다.❖ 이 으뜸화음은 보이지 않는 중심으로서, 악곡의 전개를 다스리는 구심력에 해당한다. 그런 다음 작곡가는 으뜸화음에서 조심스레 벗어나 돌아다니지만, 너무 멀리 가지는 않는다.(으뜸화음으로부터의 거리가 멀수록 불협화음이 심해지며, 지나친 불협화음은 무례한 것으로 여겨졌다.) 악곡은 항상 으뜸화음이 당당히 돌아오는 것으로, 행복하고 조화로운 소리로 끝을 맺는다.

쇤베르크는 이런 형식에 숨이 막혔다. 그는 자기 음악의 구조가 자신의 표현 욕구를 반영하기를 원했지 "별 볼일 없는 싸구려 장사꾼"의 답답한 습관을 반영하기를 원치 않았다. 그는 "불협화음이 굴레에서 풀려나는 날"을 꿈꾸기 시작했다. 그날이 오면 교향곡이 8음계의 상투적 방식에서 해방될 것이었다. 그는 말했다. "설령 내가 예술적 자살을 해야 한다 하더라도 나는 그 신조에 따라 살아야 한다."[6]

무조無調에 의한 이 자살은 마침내 1908년에 작곡된 〈현악사중주 2번 올림 바단조〉 가운데서 감행되었다. 이 사중주는 조성적 엔트로

❖ 으뜸화음은 으뜸음, 그보다 3도 위의 음, 다시 그보다 3도 위의 음으로 이루어진다. 예를 들어 C 으뜸화음은 C-E-G로 되어 있다. 이것은 다장조 음계의 옥타브로부터 바로 나온다. 즉 C-D-E-F-G-A-B-C이다.

피 tonal entropy에 대한 연구이다. 우리 귀는 올림 바단조가 서서히 해체되어가는 것을 듣는다. 현악사중주의 3악장에 이르러, 소프라노 가수가 〈나는 예언자의 외치는 소리일 뿐〉을 노래할 즈음, 조성적 구조는 흔적도 없이 사라진다. 그 어떤 화성도 몇 초 이상 가지 않는다. 작품 전체가 화성의 단편들에 의해서만 유도된다. 고전 음악이 해체된 것이다.

그날 밤 프로그램에서, 쇤베르크는 자신의 '아수라장' 같은 음악을 뒷받침하는 논리를 설명하고자 했다. 그에게는 형식으로부터의 자유가 필요했으니, 음악적 형식이 더 이상 아무것도 의미하지 않기 때문이었다. "압도적으로 많은 불협화음들"을 더 이상 억누를 수도 걸러낼 수도 없었다.[7] 쇤베르크는 더 이상 다른 모든 이들의 규칙을 따르지 않기로 했다. 자신만의 곡을 쓸 때였다.

스트라빈스키는 처음 쇤베르크의 음악을 들었을 때부터 이 선배 음악가의 중요성을 알아차렸다. 선을 하나 넘어선 것이었다. 쇤베르크는 이제 **무엇이든**, 심지어 추한 것들까지도 표현하는 자유를 누리고 있었다. 스트라빈스키는 초기의 한 편지에서 말했다. "쇤베르크는 우리 시대의 가장 위대한 창조적 정신의 소유자 중 한 명이다."[8]

빈 사람들은 생각이 달랐다. 음조를 완전히 버리기 전부터도 쇤베르크의 작품들은 고상한 취향의 한계를 넘어서곤 했다. 빈의 한 음악 협회는 바그너 음악의 영향이 역력한 쇤베르크의 1890년 작 〈정화된 밤〉을 금지곡으로 정했다. 알려지지 않은 불협화음이 들어 있다는 이유에서였다. 그 점잖은 협회는 쇤베르크가 알려지지 않은 소리에**만** 관심이 있다는 사실을 알지 못했던 것이다. 어떤 불협화음이든 일단 알려지고 나면 그것은 더 이상 처음 같은 불협화음일 수가 없었다. 쇤베르크는 자신의 음악을 화학에 빗대기를 즐겼다. 화학에서는 작은 변조만으로도 엄청나게 막강한 화학물질이 만들어진다! "수소원자 하나가 더해지고 탄소원자 하나가 줄어들면, 별 볼일 없는 물질이 물감이 되거나 심지어는 폭발물이 되기도 한다."[9]

〈제전〉이 초연되던 1913년 무렵, 쇤베르크는 이미 음악적 다이너마이트를 만드는 법을 발견한 터였다. 그의 예술은 이제 단순한 무조가 아니라 **고통스러운** 무조였다. 〈제전〉 초연 두 달 전에 있었던 그의 〈실내교향곡 1번 작품번호 9〉의 연주는 작곡가와 청중 사이의 가느다란 유대마저 끊어버렸으며, 청중은 마침내 폭발했다. 그들은 쇤베르크의 새로움에 항거하여, 무대를 향해 고함을 질러댔고 경찰을 불러 연주를 취소시키라고 종용했다.◈ 의사들은 충격받은 청중의 편을 들어, 쇤베르크의 무조 형식이 정서적, 심리적 괴로움을 불러일으켰다고 선언했다. 타블로이드판 신문들은 소송이니 주먹다짐이니 하는 제목의 기사들을 남발했다. 쇤베르크는 굴하지 않았다. "예술이라면 모두를 위한 것이 아니며, 모두를 위한 것이라면 예술이 아니다."[10]

스트라빈스키의 〈페트루슈카〉는 대담하게도 쇤베르크의 아방가르

◈ 청중은 알반 베르크의 〈알텐베르크 리더Altenberg lieder〉와 〈한계 저 너머Uber die Grenzen〉 역시 목소리를 높여 비난했다. 이 두 작품에서 반음계의 12음이 동시에 들린다. 베르크는 쇤베르크의 문하생이었고, 쇤베르크가 그날 밤 지휘를 맡았다.

드를 따라나선 최초의 주요 작품이다. 하지만 쇤베르크와 달리 스트라빈스키는 기존의 음조 형식을 무너뜨리기 위해 음조를 아예 없애지는 않았다. 스트라빈스키는 무조주의가 너무 답답하다고 우려했고, 쇤베르크가 그 모든 "합리주의와 규칙들"에도 불구하고 "멋을 잔뜩 부린 브람스"가 되고 말 것을 걱정했다.[11] 그 대신 스트라빈스키는 오히려 음조를 **과다**하게 하여 청중을 고문하기로 했다. 살아 움직이는 꼭두각시를 주인공으로 하는 디아길레프의 발레 〈페트루슈카〉에서 스트라빈스키는 옛 민요의 선율 두 가지를 취해, 마치 태엽을 감은 자동인형들처럼 마주하게 만들었다. 그리하여 두 가지 음조(검은 건반만으로 이루어지는 올림 바장조와 흰 건반만으로 이루어지는 다장조)가 동시에 펼쳐졌고, 그 결과 애매한 불협화음이 창출되었다. 즉 협화음의 과잉으로 인한 역설적인 불협화음이었다. 귀는 어느 쪽을 들어야 할지 결정해야 했다.

소음의 물결

청각의 출발점은 음파(초속 335미터로 공간을 가로지르는 파장)와 고막의 충돌이다. 이 충돌로 생겨나는 떨림이 청소골聽小骨—몸속에서 가장 작은 세 조각의 뼈—을 건드리고, 청소골이 움직이면서 달팽이관의 막들이 눌린다. 달팽이관의 막들은 림프라고 불리는 액체로 차 있으며, 따라서 압축된 공기의 파장이 염분기 있는 액체의 파장으로 변형된다. 이 액체 파장은 다시 유모有毛세포—미세한 솔처럼 생긴 세포—를 움직인다. 이 미세한 움직임은 이온 통로를 열어 세포들이 전기로 부풀어 오르게 만든다. 이때 세포들이 충분히 오랫동안 충분히 뾰족한 각도로 굽어 있으면, 전기적 메시지가 뇌를 향해 발사된다. 침묵이 깨어진다. 소리가 시작된다.

우리의 달팽이관에는 이런 뉴런들이 만 6천 개나 깔려 있다. 소란한 세상에서 그것들은 끊임없이 굽어진다. 공기는 진동으로 채워지고, 모든 진동은 귀의 반향실反響室에서 울려 퍼진다.(유모세포들은 원자 차원의 소리에 민감하다. 우리는 글자 그대로 '브라운 운동', 즉 원자들이 무작위로 밀치락달치락하는 움직임을 들을 수 있다.) 하지만 우리는 어떻게 이런 전기적 잡음으로부터 일관된 소리를 들을 수 있는 것일까?

그 답은 해부학적이다. 우리의 유모세포들은 피아노 건반처럼 배열되어 있다. 이쪽 끝의 유모세포들은 고주파 소리에 반응하게끔 되어 있고, 저쪽 끝의 유모세포들은 낮은 주파수 소리에 굽어지게끔 되어 있다. 스케일 연주를 들을 때면, 유모세포들은 오르내리는 음들에 마치 건반처럼 반응한다. 음악에 때맞추어 흔들리면서, 소음의 에너지를 전기의 공간적 코드로 솜씨 좋게 바꾸는 것이다.

그런데 모든 소리가 유모세포들의 일시적 패턴으로 출발하기는 하지만, 그것은 듣기의 시작에 불과하다. 16분음표의 짧은 시간 동안, 우리 귀가 듣는 감각의 소문들은 뇌 안에서 거듭거듭 연습된다. 마침내 소리는 우리의 주요 청각피질에 다다르는데, 거기 있는 뉴런들은 특정한 높이의 소리를 감지하도록 설계되어 있다. 청각피질은 귓속에서 진동하는 음파들의 스펙트럼 전체를 재현하는 대신, 소음 속에서 음을 찾아내는 데 집중한다. 이해할 수 없는 잡음에 대해서는 신경을 끈다.(그 덕분에 우리는 다양한 악기들이 연주하는 같은 높이의 음을 파악할 수 있는 것이다. 트럼펫과 바이올린은 아주 다른 음파를 내지만, 우리는 그 차이를 무시하도록 설계되어 있다. 우리가 신경 쓰는 것은 음의 높이뿐이다.) 우리 청각피질의 이렇듯 선택적인 뉴런들이 자극을 받으면, 공기의 애매모호한 떨림은 비로소 음이 된다.[12]

하지만 음악작품은 단순히 시간 순으로 배열된 개별 음들의 집합이 아니다. 음악이 정말로 시작되는 것은 높이가 다른 개별 음들이 녹아들어 하나의 패턴을 이룰 때이다. 이것은 뇌 자체가 갖는 제약 때문이다. 음악은 정보의 즐거운 범람이다. 소음이 우리의 처리능력을 초월할 때마다—우리는 유모세포들을 건드리는 모든 음파를 다 해독할 수는 없다—마음은 굴복한다. 마음은 개별 음들을 이해하려는 노력을 포기하고, 음들 **사이**의 관계를 이해하려고 애쓴다. 우리의 청각피질은 이런 과업을 수행하기 위해 소리에 대한 단기 기억—뇌의 좌반구 뒤쪽에 위치한다—을 이용한다. 즉 악구phrase, 동기motif, 악장movement 등 좀 더 높은 차원에서의 패턴들을 발견하는 것이다. 이 새로운 접근을 통해 우리는 공간 속에 아무렇게나 날아다니는 이 모든 음들로부터 **질서**를 추출할 수 있다. 우리의 뇌는 질서에 강박적으로 사로잡혀 있다. 우리는 감각지각들을 이용해 어떻게든 외부세계를 이해하려 한다.

이 심리적 본능 패턴을 찾아내려는 뉴런들의 절박한 탐색 활동이
야말로 음악의 원천이다. 교향곡을 들을 때 우리의 귀에 들어오는 것
은 번잡하게 움직이는 소음, 각각의 음이 다음 음 속으로 번져 들어
가는 소음이다. 소리는 **연속적인** 것처럼 느껴진다. 물론 물리적 현실
에서는 각각의 음파가 별개이니, 악보에 쓰여 있는 음표들이 따로 떨
어져 있는 것과도 같다. 하지만 우리는 음악을 그런 식으로 경험하지
않는다. 우리는 투입되는 경험들을 끊임없이 추상화하여 패턴을 만
들어냄으로써 밀려드는 소음과 보조를 맞춘다. 그리고 일단 우리의
뇌가 어떤 패턴을 발견하면, 우리는 즉시 예측하기 시작하여 다음에
어떤 음이 올지 상상한다. 우리는 이처럼 상상된 질서를 미래에 투영
한다. 방금 들은 곡조를 바탕으로, 곧이어 들려올 곡조를 만들어내는
것이다.[13] 패턴에 귀 기울임으로써, 그리고 각각의 음을 우리 기대에
따라 해석함으로써 우리는 단편적인 소리들을 교향곡의 썰물과 밀물
로 바꾸어나간다.

정서적 긴장

음악의 구조는 우리 뇌가 패턴을 추구하는 성향을 잘 보여준다. 모
든 유조有調 음악(그리고 쇤베르크 이전의 모든 서구 음악)의 출발점은
으뜸화음을 통한 선율 패턴의 확립이다. 이 패턴이 곡의 틀이 될 음
조를 확정한다. 우리 뇌는 이런 구조를 절박하게 필요로 한다. 그런

구조가 있어야 뒤따르는 음의 혼잡에 질서를 부여할 수 있기 때문이다. 하나의 음조나 주제는 기억을 돕는 패턴으로 진술된 다음, 멀리 비켜나 있다가, 다시 돌아와 안정된 협화음을 이룬다.

하지만 어떤 패턴이 뇌가 원하는 것이 되려면, 손쉽게 얻어져서는 안 된다. 음악은 우리의 청각피질이 그 질서를 발견하기 위하여 애쓸 때 비로소 우리에게 감동을 줄 수 있다. 만일 곡이 너무 빤하다면, 즉 그 패턴들이 항상 있는 것이라면, 짜증나도록 지루할 뿐이다. 그래서 작곡가들은 곡 초반에 으뜸화음을 도입하고는, 끝 부분에 이르기까지 줄곧 멀리하는 것이다. 우리가 기대하는 패턴이 나타날 때까지의 시간이 길면 길수록, 그 패턴이 고스란히 되돌아왔을 때의 정서적 감흥은 더욱 커진다. 우리의 청각피질은 그토록 열심히 찾아 헤매던 질서를 찾고 기쁨에 젖는다.

이런 심리적 원리를 분명히 보여주기 위해 음악학자 레너드 마이어는 명저 『음악의 감흥과 의미』(1956)에서, 베토벤의 〈현악사중주 올림 다단조 작품 131번〉의 5악장을 분석했다. 마이어는 음악이 어떻게 질서에 대한 우리의 기대를 희롱하며, 그 희롱—굴복이 아니라—으로 정의되는지 보여주려 했다.[14] 그는 베토벤의 걸작을 50소절로 나누어, 베토벤이 곡을 진행하는 방식을 보여주었다. 즉 베토벤은 먼저 리듬과 화성의 패턴을 분명하게 진술함으로써 곡을 시작한 다음, 복잡한 음조의 너울거림 속에서 그 패턴의 반복을 교묘하게 피해 나간다. 베토벤은 그 처음 패턴을 반복하는 대신 그 변주들을 시사할 뿐이다. 그는 처음 패턴의 잡힐 듯 잡히지 않는 그림자이다. 마장조가 으뜸조라면, 베토벤은 마장조 화음의 불완전한 형태들을 연주하되, 직설적인 마장조의 표현은 계속 피할 것이다. 그는 자기 음악에서 불확실성의 요소를 간직하려 하며, 그가 주기를 거절하는 그 한 가지 화음에 우리 뇌가 매달리게 만든다. 베토벤은 그 화음을 마지막 순간까지 아껴둔다.

　마이어에 따르면, 이처럼 아슬아슬한 긴장감(우리의 채워지지 않는 기대로부터 솟아나는 긴장감)이야말로 음악적 정서의 원천이다. 그 이전의 음악 이론들은 어떤 소리가 이미지와 경험들로 이루어지는 실제 세상을 지칭하는 방식(즉 그 '함축적connotative' 의미)에 집중했던 반면, 마이어는 우리가 음악에서 얻는 감동이 악곡 그 자체의 전개에서 온다고 주장했다. 이 '체현된embodied' 의미는 교향곡이 서두에 불러일으킨 다음 무시해버리는 패턴들로부터, 또 교향곡이 그 자체의 형식 내에서 창출하는 모호함으로부터 온다. 마이어는 이렇게 썼다. "사람의 마음은 그런 의심과 혼란의 상태를 혐오한다. 의심과 혼란에 맞닥뜨리면, 마음은 그것들을 명료성과 확실성으로 해결하고자 한다."[15] 그래서 우리는 기대에 부푼 가슴으로, 마장조가 다시 등장하여 베토벤이 처음에 수립했던 패턴이 완성되기를 기다린다. 마이어에 따르면, 이런 조바심 어린 기대야말로 "그 악절의 존재 이유이다. 왜냐하면 악절의 목적은 으뜸화음으로 된 카덴차를 늦추는 데 있기 때문이다".[16] 이 불확실성이 감동을 만든다. 음악은 형식이며, 음악의 의미는 어떻게 그 형식을 침범하느냐에 달려 있다.

스트라빈스키의 음악은 **온통** 침범이다. 교양 높은 청중은 음악이란 깔끔하게 맞아떨어지는 박자로 연주되는 협화음의 집합이라고 생각했던 반면, 스트라빈스키는 청중의 생각이 틀렸음을 깨달았다. 예쁜 소음들은 지루하다. 음악은 우리를 긴장과 맞닥뜨리게 할 때 비로소 흥미로워지며, 긴장의 원천은 갈등이다. 스트라빈스키가 깨달은 바로는, 청중이 진정으로 원하는 것은, 원하는 것을 얻지 못하는 것이었다.

〈제전〉은 이런 역설적인 철학을 표현한 최초의 교향곡이었다. 스트라빈스키는 청중이 무엇을 예견할지 예견했고, 그 예견한 것을 하나도 주지 않았다. 그는 통상적인 봄의 노래를 가져다가, 그 반대되는 것으로부터 예술을 창조했다. 불협화음은 결코 협화음에 굴복하지 않는다. 무질서는 질서와의 싸움에서 지지 않는다. 혐오스러운 긴장이 흐르지만, 그 긴장은 절대로 풀리지 않는다. 모든 것은 악화일로를 치닫는다. 그러고는 끝난다.

우리의 예민한 신경에, 이런 교향곡은 모욕으로 느껴진다. 시냅스적인 습관을 갖는 기관인 뇌는 좌절한다. 우리는 무대 위의 격렬한 제의 무용과 동화되기 시작한다. 이것이 스트라빈스키의 의도였다. 즉 그의 음악은 노골적인 도발이었다. 두말할 것 없이 그것은 효과가 있었다. 그러나 왜? 그리고 어떻게 스트라빈스키는 그토록 많은 고뇌를 자신의 예술 속에 얽어 넣은 것일까?

이 질문에 답하려면, 우리는 다시 질서라는 관념으로 돌아가야 한다. 음악은 패턴에 대한 선호에서 시작되지만, 마이어가 지적하듯이,

음악의 **감동**은 우리가 상상하는 패턴이 무너져 내릴 때 시작된다. 〈제전〉은 그런 패턴의 긴 붕괴인 셈이다. 스트라빈스키는 단순히 새로운 음악적 패턴을 창조하는 데 머물지 않고, 이전 패턴들을 죽여야 한다고 강조했다. 그는 민요의 조각들을 가져다가, 반음계라는 총알들을 날려 그 조각들을 박살냈다. 또한 장음계라는 음향의 붓을 가져다가 입체파 예술이라는 기계 속으로 밀어 넣었다. 슈트라우스를 불쏘시개로 던져버렸고, 바그너를 물구나무 세웠으며, 쇼팽을 놀림감으로 만들었다. 고전주의를 냉소적으로 만들었다.

〈제전〉의 패턴들이 갖는 가학적인 새로움, 즉 우리가 학습해온 기대들에 대한 완강한 거부야말로 그 불쾌함의 비밀이다. 우리가 안다고 생각하는 모든 것을 어김으로써 스트라빈스키는 우리에게 우리가 기대를 **가지고 있다**는 사실을, 우리의 마음이 특정한 유형의 질서와 뒤이은 해방을 기대한다는 사실을 직시하게 만든다. 그런데 〈제전〉에서는 이런 기대들이 무용지물이다. 우리는 어떤 음이 뒤이어 나올지 결코 알 수 없으니까. 그리고 이것은 우리의 화를 돋운다.

음악적 긴장감—스트라빈스키가 괴이한 차원까지 끌어올린 긴장감—에서 비롯되는 감흥이 온몸에 고동친다. 오케스트라가 연주를 시작하자마자 우리 몸은 광범위한 변화들에 휩쓸린다. 두 눈동자가 풀리고, 맥박과 혈압이 오르며, 피부의 전기 전도율이 낮아진다. 그리고 소뇌—신체 움직임과 관련된 뇌의 부분—가 보기 드물게 활발해진다. 피의 흐름의 방향이 바뀌어 근육으로 몰리기도 한다.(그 결과 우리는 박자에 맞추어 발장단을 맞추게 된다.) 소리는 저 낮은 생물학적인 수준에서 우리를 휘젓는다. 쇼펜하우어의 말대로, "현악기들에 의해 고문당하는 것은 우리 자신이다".

물론 스트라빈스키는 혈압 높이는 법을 정확히 알고 있었다. 언뜻 보면 이것은 다소 의심스러운 성취이다. 현대 음악은 꼭 그렇게 잔인할 필요가 있을까? 아름다움은 대체 어떻게 된 걸까? 그러나 스트라빈스키의 악의는 인간의 마음에 대한 깊은 이해에 기초한 것이다. 그는 음악의 원동력이 협화음이 아니라 갈등임을 깨달았다. 우리를 느끼게 하는 예술은 우리를 아프게 하는 예술이다. 그리고 무자비한 교향곡만큼 우리를 아프게 하는 것도 없다.

어떻게 음악이 그렇게 고통을 줄 수 있을까? 왜냐하면 음악은 우리의 감정에 직접 작용하기 때문이다. 그 어떤 생각들도 음악적 정서를 방해하지 않는다. 바로 그 때문에 "모든 예술은 음악의 상태를 동경"하는 것이다.[17] 스트라빈스키의 이 교향곡은 우리에게 불확실성의 전율을―패턴을 찾아 헤매는 즐거운 고뇌를―주지만, 실제의 삶을 위험에 빠뜨리지 않는다. 음악을 들을 때면 우리는 추상에 감동한다. 우리는 느끼지만 그 이유는 모른다.

스트라빈스키는 시대의 반항아

스트라빈스키는 애초에 '봄의 징후'라는 악절―소요를 불러일으킨 바로 그 끔찍한 소리—을 피아노로 작곡했다. 한 손으로는 마장조를 연주하면서 다른 손으로는 내림마장 7도 화음을 연주했다. 그는 이 소리들을, 자명종 시계만큼이나 고집스러운 리듬으로, 상아 건반에 두들겨 넣었다. 이 골치 아픈 소리에 스트라빈스키는 당김음까지 집어넣었다. 끔찍함에 이제 틀이 잡혔다. 디아길레프는 '봄의 징후' 악절을 처음 듣고는, 스트라빈스키에게 딱 한마디를 물었다고 한다. "이런 식으로 얼마나 진행되는 거요?" 스트라빈스키는 대답했다. "끝까지요." 디아길레프는 움찔했다.

그런데 역설적이게도 '징후'의 끔찍하게 아름다운 화음은 실은 불협화음이 아니다. 고전적 으뜸화음들이 서로 대립하여, 불협화하게 **연결**될 뿐이다. 스트라빈스키는 개별적인 화음의 두 극단을 한데 섞었고, 그것이 말하자면 잘 나가다 끊어지는 단락短絡 효과를 낳은 것이다. 우리의 귀는 단편적인 화음(바, 내림 바, 다)들을 듣지만, 우리의 뇌는 그 사금파리들을 하나로 연결 짓지 못한다. 어찌된 일일까?

왜냐하면 그런 소리는 **새롭기** 때문이다. 스트라빈스키는 익숙한 것에 전기 충격을 가했다. 음악사상 어떤 작곡가도 감히 이런 짓은 한적이 없었다. 압축된 공기의 이렇게 특별한 떨림을 제시한 적도, 이렇게 적나라한 스타카토를 연주한 적도 없었다. 뇌는 어리둥절하고, 세포들은 얼떨떨해진다. 우리는 이 소리가 도대체 **무엇인지**, 그것이 어디로 **가려는지**, 어떤 음이 **뒤이어 올지** 짐작도 할 수가 없다. 우리는 긴장하지만, 그 긴장이 풀어질 것을 상상조차 할 수 없다. 이것이 새로움의 충격이다.

스트라빈스키는 새로움을 숭상했다. "〈봄의 제전〉은 전통이라고는 물려받은 것이 없다"고 훗날 그는 으스대곤 했다. "배경이 될 만한 이론도 없다. 오직 내 귀만이 나를 도왔다."[18] 스트라빈스키는 음악이 자연과 마찬가지로 끊임없이 새로워질 필요가 있다고 믿었다. 음악은 독창적이지 않으면 흥미롭지 않았다. 그래서 스트라빈스키는 평생 자신을 재창조하는 노력을 기울였고, 자신의 삶을 제각기 스타일이 다른 여러 시기로 나누었다. 우선, 스트라빈스키가 모더니스트였던 시기가 있다. 음악계의 피카소였다고나 할까. 그것이 지루해지자 스트라빈스키는 바로크의 풍자가를 자처했다. 그 다음에는 미니멀리즘에 뛰어들었고, 이것은 다시 신고전주의로 변형되었으며, 이것은 그의 말년에 쇤베르크적인 음렬주의serialism가 되었다. 그가 탐색해 보지 않은 주의ism는 거의 없었다.

왜 스트라빈스키는 어느 한 가지 스타일에 머물지 않았을까? 음악계의 또 다른 카멜레온인 밥 딜런은 이렇게 말한 적이 있다. "태어나느라 바쁘지 않은 자는 죽느라 바쁘다." 스트라빈스키가 가장 두려워한 것은 빤한 타성 가운데 천천히 죽어가는 것이었다. 그는 자신의 음표 하나하나가 놀라움으로 진동하기를, 청중을 늘 벼랑 끝에 세워 두기를 원했다. 그는 순전한 과감성—미美나 진리에 반하는 과감성—이야말로 "가장 섬세하고 위대한 예술가의 원동력"이라고 믿었다. "나는 모험을 좋아한다. 나는 모험에 아무 한계도 두지 않는다."

스트라빈스키의 대담성은 그의 음악 곳곳에서 드러난다. 그는 만나는 리듬마다 당김음 처리를 하려 들었으며, 만나는 선율마다 조롱하려 들었다. 그러나 정태적인 것을 흐트러뜨리고 싶다는 그의 욕구는 과거의 음악적 패턴들을 어떻게든 피해간 데서 가장 뚜렷이 드러난다. 그는 새로움이라는 불협화음이 오랜 세월을 거치며 협화음이 되었음을 알고 있었다. 마음은 어지러운 소음을 해독하는 방법을 배우게 마련인 것이다. 그 결과 교향곡도 더 이상 무시무시한 것이 아니게 되었다.

스트라빈스키 자신이 장화음들이나 과거 음악의 매혹적인 패턴들에 딱히 반감을 가졌던 것은 아니다. 사실 〈제전〉은 협화음들로 넘치며, 러시아의 옛 민요 가락들을 자주 환기하곤 한다. 그러나 스트라빈스키는 긴장이 필요했다. 그는 자신의 음악이 스트레스로, 독창성의 '질풍노도'로 끓어 넘치기를 바랐다. 그리고 그런 음악을 창출하는 유일한 방법은 새로운 음악을, 청중이 알지 못하는 불협화음을 창조하는 것이었다. "**잠재력들** 앞에 놓인 모든 민감한 영혼을 찍어 누르는 극도의 공포를 나는 오케스트라에 털어놓았다"[19]고 스트라빈스키는 〈제전〉의 서문에 적고 있다. 스트라빈스키가 봄의 약동 속에서 들은 것은 바로 이 소리—끝없는 새로움의 두려운 소리, **어떤** 형태도 될 잠재력을 지닌 소리였다!

물론 문제는 일관성이 없지 않으면서도 첨단을 가고, 어렵기는 하지만 불가능하지는 않은, 그런 균형을 잡는 것이었다. 비록 초연 당시 〈제전〉은 순전한 소음과 끊임없는 혼돈의 예로 묘사되었지만, 사실 그것은 다양한 패턴들로 이루어진 작품이었다. 스트라빈스키는 꼼꼼함 그 자체였다. 그러나 그가 〈제전〉에 엮어 넣은 패턴들은 서구

236_

음악의 통상적인 패턴들이 아니었다. 우리 뇌는 그런 패턴들을 알지 못한다. 스트라빈스키는 모든 관습들을 내팽개치고 이 교향곡에서 자신만의 화음과 박자 체계를 창조했다. 예컨대 '봄의 징후'의 리듬은 흔히 임의적이고 무작위적이라고 묘사되지만, 사실은 전혀 그렇지가 않다. 스트라빈스키는 이때를 이용하여 선율과 화음을 중단시킴으로써, 찌르는 듯한 불협화음들만이 들리게 한다. 그는 우리가 고통의 근원에 집중하기를 원한다.

그리고 '봄의 징후'의 호통 치는 박자는 갑자기 나타나는 척하지만, 스트라빈스키는 우리가 그 리드미컬한 쿵쿵거림을 맞이하게끔 조심스럽게 준비해두었다. 서주序奏에서 몰려드는 민요 선율들 가운데서, 스트라빈스키는 바이올린들이 화음(내림 라, 내림 나, 내림 마, 내림 나)과 박자(4분의 2박자)의 윤곽을 잡게 한다. 그래서 실제로 '봄의 징후'가 시작될 때 우리는 정박자였다가 엇박자였다가 하며 머뭇거리는 강약을 듣게 된다. 그 좌충우돌하는 무작위성은 사실 틀 안에 갇혀 있으며, 역설적이게도 그 틀이 오히려 무작위성을 강조한다. 스트라빈스키는 한편으로는 박자의 안정성을 무너뜨리면서—'봄의 징후'의 화음을 이용하여 자신이 방금 창조해낸 양식을 해체하면서—다른 한편으로는 청중이 그 박자에 지속적으로 매달리게끔 만들고 있는 것이다. 그는 우리가 그 자신의 독특한 패턴을 계속 앞으로 투사하도록 몰고 간다. 사실상 우리는 우리만이 안정성의 **유일한** 원천임을 곧 깨닫게 된다. 그나마 도움을 주던 바이올린들도 조용해졌다. 스트라빈스키는 패턴에 대한 우리의 중독을 이용하여 그의 무질서에

질서를 부여한다. 그 질서는 곧 우리의 질서이다.[20]

이것이 〈제전〉의 방법이다. 첫째, 스트라빈스키는 우리가 패턴을 만드는 과정에 재를 뿌린다. 고의적으로 그리고 시끄럽게 우리가 안다고 생각하는 모든 것을 뒤집는다.('봄의 징후'의 화음은 이런 목적을 숨기려 들지 않는다.) 그렇게 우리 머리에서 고전의 잔해를 치워버린 다음, 스트라빈스키는 우리에게 음악이란 이런 **것이라야 한다**는 선입견에서가 아니라 음악 자체로부터 스스로 패턴을 만들어내게끔 강요한다. 그 자신이 과거의 관습을 버림으로써, 그는 우리에게 그의 교향곡 안에서 발견할 수 있는 것 말고는 아무런 패턴도 남겨주지 않았다. 〈제전〉에 다른 패턴을 덧씌우려 든다면 어떨까? 베토벤의 것이든 바그너의 것이든, 심지어는 〈페트루슈카〉의 것이든 간에, 다른 패턴을 이용하여 〈제전〉의 새로움을 풀어보려 한다면? 〈제전〉은 그 패턴들을 우리 면상에 도로 던져버릴 것이다. 설령 우리가 스트라빈스키의 음들을 알아본다 하더라도, 그 음들의 배열이 우리를 혼란에 빠뜨린다. 스트라빈스키는 모든 것을 잘게 부숴놓았기 때문이다. 그의 상상력은 믹서와도 같았다.

이 모든 생경함 속에서 우리는 방향감각을 잃는다. 〈제전〉에서 질서의 메아리라도 찾아내려면, 신경을 바짝 곤두세우고 주의 깊게 들어야 한다. 그러지 못하면, 그 절묘하게 얽어 넣은 음의 파동들의 흐름을 놓치면, 오케스트라 전체가 소음의 폭동이 되고 만다. 음악은 사라진다. 이것이 스트라빈스키가 바랐던 바이다. "듣는 데는 노력이 필요하다"고 그는 말했다. "그저 들리는 대로 듣는 것은 아무 의미도 없다. 오리 새끼도 그렇게는 듣는다."21)

그러나 스트라빈스키는 그렇듯 경청하는 것조차 힘들게 만들었다. 그의 교향곡은 동물들이 떼 지어 몰려다니는 소리이며, 거기에 질서가 있다 한들 그 실낱같은 질서는 숨겨져 있다. 우리는 패턴들을 듣기는 하지만, 가까스로 그럴 뿐이다. 어떤 구조를 감지하기는 하지만, 그 구조는 우리의 마음속에만 존재하는 것 같다. 이게 음악일까? 우리는 의아해한다. 아니면 소음일까? 이 공기의 떨림은 제멋대로일까, 아니면 이 광기에도 어떤 방식이 존재하는 걸까? 스트라빈스키는 이런 질문들에 대답하지 않는다. 심지어는 질문이 던져졌다는 사실조차 아랑곳하지 않는다. 소리는 여전히 떼 지어 몰려올 뿐이다.

그 음향적 결과는 순전한 모호함, 무서울 지경의 모호함이다. 스트라빈스키가 "음악은, 그 특성상, 근본적으로 아무것도 표현할 힘이 없다"22)라고 할 때, 그는 음악적 표현의 요체가 불확실성이라는 사실을 시사하는 것이다. 애매모호하지 않은 음악은 아무것도 표현하지 않으며, 음악이 무언가를 표현한다면 그것은 오직 확실성의 부재를 표현할 뿐이다. 〈제전〉 이전의 모든 음악이 자신의 독창성을 제한하는 습관을 가졌던 반면—지나친 새로움은 지나치게 고통스러웠다— 스트라빈스키는 그런 미학적 게임에 종지부를 찍었다. 그의 교향곡은 우리에게 협화음의 클라이맥스를 제공하지 않는다. 해피엔딩을 기대하는 우리를 비웃는다. 사실상 그것은 우리의 모든 기대를 조롱한다.

그래서 다른 모든 작곡가들이 다른 모든 교향곡에서 평화로운 휴

식의 모퉁이—으뜸화음으로 마무리하는 오케스트라의 그 만족한 소리—를 바라보는 바로 그 시점에서, 스트라빈스키는 몇 개의 커다란 팀파니 북으로 처녀를 죽이기로 한다. 스트라빈스키는 그녀에게 소절마다 다른 박자를 주어 불가능한 춤을 추게 한다. 리듬 패턴은 마치 정신분열증 환자의 중얼거림과도 같이 정신없이 뒤바뀌며 날아간다. 8분의 9박자에서 8분의 5박자로, 거기서 8분의 3박자로 갔다가 갑자기 4분의 2박자로, 그러고는 4분의 7박자로, 4분의 3박자로⋯⋯ 우리의 세포들은 여기서 혼돈을 감지한다. 우리는 이 음의 벽이 허물어지지 않을 것을 안다. 우리가 할 수 있는 것은 기다리는 것뿐이다. 이것도 반드시 끝이 난다.

플라톤의 실수

음악이란 무엇인가? 〈제전〉의 핵심에는 이 해답 없는 질문이 놓여 있다. 초연에서 폭도로 변한 관중들은 〈제전〉이 소음에 불과하다고 주장했다. 음악이 무엇이든 간에 이것은 아니었다. 새로움에도 한계가 있는 법인데, 〈제전〉은 그 선을 넘어버렸다는 것이었다.

스트라빈스키야 물론 그렇게 생각하지 않았다. 그에 따르면, 소음이 음악이 되는 것은 "오직 조직됨으로써이며, 그런 조직화는 의식적인 인간 행위를 전제로 한다".[23] 음악은, 하고 그의 교향곡은 외친다, 사람이 만드는 거야, 우리가 알아듣는 법을 배운 소음들의 모음이야,

그게 전부야!

이것은 음악의 완전히 새로운 정의였다. 플라톤 이래로, 음악은 자연의 내재적 질서에 대한 은유로 여겨져왔다. 플라톤에 따르면, 우리는 음악을 만드는 것이 아니라 **발견**하는 것이다. 현실이 시끄럽게 보일지라도 그 소음 속에는 근본적인 화음이, '뮤즈의 선물'이 숨겨져 있다. 그렇기 때문에 플라톤은 음악을 의약醫藥의 한 형태로, "조화를 잃은 영혼의 궤도에 질서를 부여하려는 전투에서의 동맹군"[24]으로 보았다. 다장조 화음의 아름다움은 그 합리적인 진동의 반영이며, 그것은 우리 안에서 그에 병행하는 합리성을 고무한다는 것이었다.

플라톤은 예술의 힘을 진지하게 받아들였다. 그는 자신이 상상한 공화국에서 음악이 (시와 드라마와 함께) 엄격한 검열을 받아야 한다고 주장했다. 피타고라스의 수비數秘주의에 매혹된 플라톤은 서로 어울리는 음악적 진동만이—깔끔한 기하학적 비율에 따라서만 떨리므로—이성적 사고에 도움이 되며, 그럴 때에야 "열정이 이성의 지휘에 따라 작용한다"고 믿었다. 불행하게도, 이것은 일체의 불협화한 음과 패턴을 침묵시키는 것을 의미했다. 왜냐하면 불협화는 영혼을 혼란케 하니까. 감정이란 위험한 것이었다.

언뜻 보면 〈제전〉은 플라톤의 음악 이론이 옳음을 완벽하게 증명하는 듯하다. 스트라빈스키의 불협화한 관현악은 도시에 폭동을 일으켰으니 말이다. 바로 그렇기 때문에 아방가르드는 금지해야 한다. 공화국에 해로우니까. 차라리 귀에 익은 다방 음악이나 되풀이해 듣는 편이 낫다.

그러나 플라톤은—이상향에 대한 온갖 통찰에도 불구하고—음악이 실제로 무엇인지 이해하지 못했다. 음악은 **오로지** 감정이다. 음악은 **언제나** 우리의 영혼을 뒤흔든다. 우리에게 비이성적인 감정을 불러일으키는 모든 노래를 검열하려 든다면, 남아나는 노래가 없을 것이다. 플라톤은 질서의 수학적 정의에 따르는 음들만을 신뢰했지만, 사실 음악은 그 질서가 무너지는 데서 시작된다. 우리는 불확실성으로부터 예술을 만든다.

〈제전〉은 많은 신화를 박살냈지만, 그중에서도 스트라빈스키가 특별한 쾌감을 느끼며 쳐부순 것은 진보의 신화였다. 그에 따르면, "음악에서 진보란 언어의 도구들을 발전시킨다는 의미에서만 가능하다".[25] 플라톤은 음악이 언젠가는 우주의 조화로움을 완벽하게 반영할 것이고, 이성의 순수한 소리로 우리 영혼을 감동시킬 것이라고 믿었지만, 스트라빈스키의 교향곡들은 진보의 무의미함을 기리는 기념비들이다. 〈제전〉과 같은 모더니즘의 견지에서, 음악이란 위반되는 패턴들의 통사일 뿐이다. 음악은 세월이 흐르면서 나아지지 않는다. 달라질 뿐이다.

스트라빈스키의 진보에 대한 관점은 〈제전〉 초연 이후의 사태로 확증되었다. 초연 때의 청중은 무대에 대고 고함치며 음악의 전통을 파괴했다고 욕했지만, 〈제전〉은 자기 나름의 전통을 정의하기에 이르렀다. 실제로 초연 이후 몇 년이 지나지 않아 〈제전〉은 기립박수 속에 연주되었으며, 스트라빈스키는 환호하는 청중의 어깨 물결을 타며 청중석을 빠져나가곤 했다. 디아길레프는 이런 우스갯소리를 했다. "우리 이고르가 이제 프로 권투선수처럼 경찰 호위를 받으며 연주회 장에서 빠져나오게 생겼군."[26] 한때는 폭동을 일으키다시피 했던 바로 그 곡이 이제는 현대 음악의 표본이 되어버렸다. 청중은 그 미묘한 패턴들을 들을 수 있게 되었고, 그 파동 속에 묻혀 있는 놀라운 아름다움을 발견한 것이다. 1940년 무렵, 〈제전〉은 월트 디즈니 영화 〈판타지아〉의 배경음악으로 사용되기에 이르렀다. '징후'의 화음이 만화영화에 제격이 되었다.

〈제전〉의 고집스러움이야말로 그 가장 파격적인 승리이다. 플라톤주의자들은 음악의 정의가 자연에 근거해 있고 음악의 질서는 우리 바깥에 있는 어떤 수학적 질서를 반영한다고 믿었지만, 스트라빈스키의 교향곡은 음악이 인간의 창조물임을 인정하게 만든다. 교향곡에 거룩함이란 없다. 그것은 우리 뇌가 듣는 법을 **터득한** 공기의 진동일 뿐이다.

하지만 우리는 그렇듯 듣는 법을 어떻게 터득하는 것일까? 어떻게 한때는 소음에 불과했던 소리가 현대적 교향곡의 고전이 되는 것일까? 〈제전〉의 고통이 어떻게 즐길 만한 것이 될 수 있을까? 이런 질문에 대한 답은 다시금 우리 뇌의 독특한 재능을, 자신을 바꾸는 능력을 들여다보게 만든다. 청각피질은 우리의 다른 모든 감각 영역들과 마찬가지로, 탁월한 가소성을 갖고 있다. 신경과학은, 음악용어를 빌려, 이처럼 순응적인 세포들을 '피질푸가 네트워크corticofugal network'라고 명명했다. 바흐가 유명하게 만든 푸가 형식을 따라 이름 붙인 것이다. 이 대위법적인 뉴런들은 곧바로 청각의 기층에 되먹임을 보낸다. 즉 우리의 감각 세포들이 실제로 반응하는 특정 주파수, 진폭, 시간적 패턴들을 변조하는 것이다. 마치 바이올린 주자가 바이올린의 현을 조율하듯이, 뇌는 자체의 청각을 조율한다.[27]

피질푸가 네트워크의 주요한 기능 중 하나는 신경과학에서 '자기중심적' 선택이라고 부르는 것이다. 어떤 소음 패턴이 반복적으로 들리면, 뇌는 그 패턴을 기억한다. 뇌의 더 높은 부분으로부터 하달되는 되먹임은 청각피질을 재구조화하고, 이후로 우리는 그 패턴을 더 쉽게 인식하게 된다.[28] 이런 학습은 대체로 도파민의 소행이다. 도파민은 가소성의 바탕이 되는 세포 기제를 조절한다.[29]

그렇다면 피질푸가 되먹임을 명령하는 것은 무엇인가? 무엇이 우리 감각지각을 책임지는가? 경험이다. 음을 듣는 것은 대체로 타고나지만, **음악**을 듣는 것은 자라면서 배운 덕분이다. 3분짜리 대중가요에서 다섯 시간 길이의 바그너 오페라에 이르기까지, 문화의 창작물들은 우리에게 특정한 음악적 패턴들을 기대하게끔 가르치며, 그런 패턴들은 시간이 지나는 동안 우리 뇌 속에 촘촘하게 짜여 들어간다.

일단 이들 단순한 패턴들을 배우고 나면, 우리는 그 패턴들의 변형에 대해서도 민감해지게 된다. 뇌는 연상을 통해 배우도록—하나를 배우면 열을 알도록—설계되어 있다. 음악은 우리의 연상작용을 바탕으로 펼쳐진다. 즉 우리에게 예측을 하도록 고무하고는 그 예측이 틀렸음을 내보이는 것이다. 사실 뇌간에는 놀라움을 주는 소리에**만**

반응하는 뉴런들의 망이 있다.[30] 우리가 이미 아는 음악적 패턴이 위반될 때, 이 세포들은 신경신호를 전달하기 시작하며, 이 과정은 도파민의 방출을 유도한다. 도파민은 우리의 청각피질을 재구조화하는 바로 그 신경전달물질이다.[31] (도파민은 우리의 가장 강렬한 감정의 화학적 원천이기도 하다. 이것은 음악의 이상한 정서적 힘을, 특히 음악이 우리에게 새로움과 불협화음을 던져줄 때의 위력을 설명해준다.) 음악은 부서지기 쉬운 패턴들로 우리를 유혹함으로써 가장 기본적인 뇌 회로 속으로 가볍게 치고 들어온다.

그러나 도파민에는 어두운 면도 있다. 우리의 도파민 체계가 균형을 잃으면 정신분열증이 생긴다.✤ 도파민 뉴런들이 외부 사건들과 무관하게 방출되면, 뇌는 납득할 만한 연상작용을 할 수 없게 된다.[32] 정신분열증 환자들은 정교한 환청을 듣는데, 이것은 그들의 감각지각이 정신적 예측과 맞지 않기 때문에 생기는 현상이다. 그 결과 정신분열증 환자들은 패턴이 없는 곳에서 패턴을 만들어내고, 이미 있는 패턴은 알아보지 못한다.

〈제전〉의 초연은, 우리의 음악적 기대들을 체계적으로 해체함으로써 말 그대로 광기의 모의실험을 했다. 우리의 도파민 뉴런들을 뒤집어놓음으로써 우리의 정상성을 뒤집어놓았다. 〈제전〉은 처음부터 끝

✤정신분열증의 원인을 단일한 해부학적 요인에서 찾을 수는 없지만, 도파민 관련 가설은 신경과학적으로 가장 조리 있는 설명이다. 이 이론에 따르면, 정신분열증의 많은 증상들이 몇 가지 도파민 아형 수용체의 과잉으로 유발되며, 특히 중간 변연-중간 피질 도파민 체계에서의 과잉이 큰 원인이다.

까지 잘못된 것으로 느껴졌다. 지휘자 피에르 몽퇴는 스트라빈스키가 미친 게 틀림없다고 말하기까지 했다.[33] 교향곡의 오랜 리허설을 하는 동안—〈제전〉은〈불새〉보다 두 배 많은 리허설을 필요로 했다—바이올린 주자들은〈제전〉에 대해 '슈무치히schmutzig'(더럽다)라고 공공연히 비난했다. 푸치니는〈제전〉이 "미친 사람의 작품"이라고 말했다. 금관악기 연주자들은, 넘쳐나는 포르티시모를 연주하면서, 자신도 모르게 발작적인 웃음을 터뜨리곤 했다. 스트라빈스키는 느긋하게 굴었다. "여러분," 하고 그는 리허설을 하는 오케스트라 단원들에게 익살스럽게 말했다. "그렇게들 웃으실 필요 없어요. 나도 내가 뭘 썼는지 아니까."[34]

시간이 지나면서 연주자들은 스트라빈스키의 방법을 이해하기 시작했다. 그의 창조성이 연주자의 뇌 속으로 파고들어, 그들의 도파민 뉴런들도 '징후'의 화음에 적응하게 된 것이다. 한때 무의미한 소음으로만 보이던 것이 이제는 차원 높은 장엄함의 표현이 되었다. 이것이 피질푸가 계의 작용이다. 그것은 불협화음을, 불가해한 패턴을, 이해할 수 있는 것으로 만든다. 그 결과〈제전〉의 고통은 견딜 만한 것이 되고, 결국은 아름다움을 발산하게 된다.

피질푸가 계는 한 가지 매우 흥미로운 부수적 효과를 보인다. 그것은 우리의 마음을 확장해왔지만—우리가 새로운 패턴들을 무한히 배울 수 있게 해주지만—거꾸로 우리 경험을 제한할 수도 있다. 피질푸가 계는 양성 되먹임 고리이므로, 산출output이 투입input을 다시금

유발하는 체계이다. 스피커에 너무 가깝게 놓인 마이크를 생각해보
자. 그렇게 되면 마이크가 자기 소리를 증폭시키게 된다. 그 결과 생
기는 고리loop는 방해받지 않는 양성 되먹임인 백색 잡음white noise의
찢어지는 소리이다. 시간이 지나는 동안 우리의 청각피질도 같은 방
식으로 작동하므로, 전에 들어본 적이 있는 소리들을 더 잘 들을 수
있게 된다. 그래서 우리는 이미 알고 있는(그래서 더 좋게 들리는) 옛
날 노래들을 더 들으려 하고, 알지 못하는(그래서 거칠고 시끄럽게 들
리며 불쾌한 양의 도파민을 분비시키는) 어려운 노래들을 무시하려 한
다. 우리는 새로움의 불확실성을 싫어하게끔 설계되어 있는 것이다.

이와 같은 신경학적 덫에서 어떻게 벗어날 수 있을까? 예술이 그
것을 가능케 한다. 예술가는 우리 뇌의 양성 되먹임 고리에 부단히
저항하며, 이전에 아무도 경험하지 않았던 경험을 창조하려고 몸부
림친다. 시인은 신선한 은유를, 소설가는 새로운 이야기를 만들기 위
해 산고를 겪으며, 작곡가는 발견되지 않은 패턴을 발견해야 한다.
왜냐하면 독창성이야말로 정서의 원천이기 때문이다. 예술이 어렵게
느껴지는 것은 우리의 뉴런들이 그것을 이해하기 위해 무진 애를 쓰
고 있기 때문이다. 그 고통은 성장에서 나온다. 니체가 가학적으로
선언했듯이, "무엇인가가 기억에 남으려면, 그것은 불로 지지듯 지져
져야 한다. 계속해서 아픔을 주는 것만이 기억에 남는다".[35]

새로움은, 아무리 고통스럽더라도, 필요하다. 양성 되먹임 고리들
은, 귀청을 찢는 마이크 소리처럼, 언제나 스스로를 삼켜버린다. 스트
라빈스키처럼 강박적으로 모든 것을 새롭게 만들려 하는 예술가가 없

다면, 우리의 청각은 점점 더 좁아질 것이다. 음악은 그 근본적인 불확실성을 상실할 것이다. 도파민은 더 이상 방출되지 않을 것이다. 그 결과 음표들에서는 서서히 감정이 고갈되고, 듣기 쉬운 협화음의 껍데기만 남을 것이다. 완벽하게 예측 가능한 음악만 미끈하게 흘러넘칠 것이다. 〈제전〉과 같은 작품*은 우리를 그런 안일함에서 깜짝 놀라 뛰쳐나오게 만든다. 말 그대로 마음을 열어놓게 만든다. 아방가르드의 어려움이 없다면, 우리는 이미 알고 있는 것만을 숭상할 터이다.

스트라빈스키가 알고 있었던 것은, 음악이란 마음이 만들어내고, 마음은 거의 모든 것을 들을 줄 알게 된다는 사실이다. 시간이 지나면, 〈제전〉처럼 타협할 줄 모르는 곡도 또 다른 고전적 교향곡이 되고 아름다움으로 마비된다. 그 괴상한 패턴들은 기억에 새겨져 더 이상 고통을 주지 못하게 된다. '징후'의 칼날 같은 화음도 점차 무뎌지고, 그 절묘하게 엮인 모든 불협화음도 그저 그런 예쁘장함으로 퇴색한다. 그것이 스트라빈스키의 악몽이었고, 그는 그런 날이 오리라는 것을 알고 있었다.

스트라빈스키가 그날 밤 소동을 일으킨 군중과 달랐던 점은, 그가 인간 마음의 무한한 가능성을 믿었다는 것이다. 우리의 뇌는 무엇이든 듣기를 배울 수 있으므로 음악을 가둘 새장이란 없다. 음악이 필

---

* 또는 포크 뮤직에 전기 기타를 도입한 밥 딜런이나 펑크록을 선보인 더 레이몬즈The Ramones와 같은 예술가들…… 음악의 역사는 청중의 기대에 감히 도전하는 예술가들의 이야기이다.

요로 하는 것은 위반된 패턴, 무질서에 의해 교란된 질서뿐이다. 그
음향의 마찰 속에서 우리는 감정을 환각할 수 있기 때문이다. 음악은
바로 그 감정이다. 〈제전〉은 그 사실을 구가한 최초의 교향곡이었다.
그것은 뇌를 바꾸는 예술의 소리였다.

07

거트루드 스타인 : 언어의 구조

 거트루드 스타인Gertrude Stein, 1874~1946___미국의 여성 시인이자 소설가. 펜실베이니아 주의 피츠버그 근교에서 태어났으며, 래드클리프 대학에 다니면서 윌리엄 제임스에게서 배웠다. 이후 존스홉킨스 의과대학에서 공부했으나, 학위를 마치지 않은 채 1901년 파리로 가서 생애의 대부분을 프랑스에서 보냈다. 윌리엄 제임스와 베르그송의 영향을 받아 소설이나 시에서 대담한 언어상의 실험을 시도했을 뿐만 아니라, 새로운 예술운동의 비호자로서 피카소, 마티스 등의 새로운 회화작품을 수집하기도 했다. 파리에서 문학 살롱을 열었는데 여기에는 헤밍웨이, 에즈라 파운드, 제임스 조이스 등의 젊은 작가들이 출입했다. 제1차 세계대전 전후에 모더니스트로서 활약한 한 사람으로 '로스트 제너레이션'이란 말을 처음 사용하기도 했다. 『세 여자』(1909), 『미국인 만들기』(1925) 등 전위적인 소설을 써서 헤밍웨이 등에게 영향을 주었으며, 그 수법은 입체주의 회화나 당시 새로운 영화 방법과 비슷하다. 또한 말의 의미보다도 음을 중요시한 시집 『부드러운 단추』(1914)를 펴냈는데, 논리와 문법을 대담하게 무시한 시풍은 프랑스 다다이즘 풍조에 감화를 받은 E. E. 커밍스보다 더욱 파괴적이다. 동반자였던 앨리스 B. 토클라스를 화자로 하는 삼인칭 자서전 『앨리스 B. 토클라스의 자서전』(1933)이 있다.

단어들은 무한한 마음의 유한한 기관들이다.

―랠프 월도 에머슨

거트루드 스타인은 전위 예술가이기 이전에 과학자였다. 그녀가
처음 발표한 글은 『심리학 리뷰』 1898년 5월호에 실렸다.◈ 이 글은
그녀가 하버드 대학교의 윌리엄 제임스의 심리학 실험실에서 연구한
내용을 요약한 것으로, 그녀는 그곳에서 '자동기술automatic writing'을
연구하고 있었다.◈◈ 실험에서 그녀는 플랑셰트―흔히 죽은 자들과
접촉하는 데 사용되는 점판占板―를 사용하여 자신의 무의식과 교통
하고자 했다. 그런 상태에서 마음에 처음 떠오르는 말들을 적으려는
것이었다.

◈ 1896년 9월호에 발표된 「정상적 자동운동」은 스타인과 레오 솔로몬즈가 공저자였다. 그
러나 이 논문에서 스타인의 역할은 크지 않았을 것이다.
◈◈ 그녀의 과학 논문이 인쇄될 즈음 스타인은 존스홉킨스 의학교로 가는 중이었다. 홉킨
스에서 스타인은 선도적인 뇌 해부학자인 프랭클린 몰의 신경해부 실험실에서 일할 예정
이었다.

결과가 우스꽝스러웠음은 두말할 것도 없다. 마음의 억압된 내면을 드러내주기는커녕 스타인의 자동기술 실험은 되는 대로 떠오르는 횡설수설만을 쏟아내었다. 가령 이런 밑도 끝도 없는 문장들이 여러 장씩 계속되었다. "그가 가장 길 수 없었을 때, 그리하여 되기를, 그리하여 되기를, 가장 강한 자가When he could not be the longest and thus to be, and thus to be, the strongest." 이런 말들이 대체 무슨 뜻인가? 자료를 분석한 끝에, 스타인은 그것이 도대체 아무 뜻도 없다는 결론을 내렸다. 그녀의 실험은 실패였다. "자동운동automatic movement은 있지만 자동기술은 없다"고 그녀는 탄식했다. "정상적인 사람에게 글쓰기란 자동적으로 즐기기에는 너무나 복잡한 활동이다."[1]

그러나 실험의 실패로 인해 스타인은 더욱 깊이 생각하게 되었다. 도대체 아무 의미도 없는 말을 쓰고 있을 때에도, 그 아무것도 아닌 것은 여전히 문법적이었다. 문장들은 아무 뜻도 없었지만, 그래도 기본적인 구문은 유지하고 있었다. 주어와 술어가 일치하고 형용사가 명사를 수식하고, 시제도 틀리지 않았다. "의미sense가 없이는 별로 훌륭한 헛소리nonsense가 나오지 않는다"고 스타인은 결론지었다. "그러므로 자동기술이라는 것은 없다."[2] 그녀는 자신의 실험이 언어를 그 질곡으로부터 해방시키기를 희망했지만, 결국 발견한 것은 피할 수 없는 질곡이었다. 우리의 언어는 일정한 구조를 가지고 있으며, 그 구조는 뇌에 각인되어 있는 것이다.

스타인이 자기 실험의 결과를 새로운 형태의 문학으로 전환시키는 데에는 다시 10년이 걸렸다. 훗날 스타인 자신도 인정했듯이, 그녀의 초현실적 글쓰기 방식은 자동기술 실험에서 비롯된 것이었다.[3] 자동기술 실험에서 자신이 썼던 문장들로 인해 그녀는 평생 동안 언어 및 규칙에 사로잡혔으며, 언어가 어떻게 기능하며 인간의 마음에 왜 그렇게 근본적인가를 알아내고자 했다. 그녀의 예술은 이런 과학적 관심에서 시작되었다.

『부드러운 단추』는 1912년에 썼지만 1914년에야 발표한 작품인데, 스타인의 책으로는 처음 폭넓은 비평적 주목을 받았다.(그녀의 첫 번째 책인『세 개의 삶』은 단 73부만이 팔렸다.) 작품 그 자체는 세 개의 임의적인 부분 '사물들', '음식', 그리고 '방들'로 나뉘어져 있다. '사물들'과 '음식'은 짧고 경구적인 단편들로 이루어져 있으며, 그 단편들에는 '양고기', '우산' 등의 제목이 붙어 있다. 그러나 이런 사물들은 스타인의 주제가 아니다. 그녀의 주제는 언어 그 자체이다. 그녀의 산문시의 목표는 "문법을 가지고 작업하며 음과 의미를 배제하는 것"이었다. 플롯 대신에 그녀는 우리에게 언어학 강의를 제시하는 것이다.

스타인은 늘 그렇듯이 자신의 대담함을 널리 선전했다. 『부드러운 단추』의 맨 첫 페이지는 "이것은 19세기 소설이 아님"을 알리는 경고 표지 역할을 한다. 통상적인 배경이나 주요 등장인물에 대한 의미심장한 일별 대신에, 책은 어색한 은유로 시작한다.

물병, 그것은 눈먼 글라스이다.

글라스의 일종이자 사촌이며, 구경거리이자 전혀 이상한 것이 아니다. 단일한 다친 빛깔이며 체계 내에서 지적하기 위한 배열이다. 이 모든 것이고 평범하지 않으며, 닮지 않은 가운데서도 질서가 없지 않다.※

(A CARAFE, THAT IS A BLIND GLASS.

A kind in glass and a cousin, a spectacle and nothing strange a single hurt color and an arrangement in a system to pointing. All this and not ordinary, not unordered in not resembling.) [4]

이 종잡을 수 없는 문단은 언어의 종잡을 수 없음에 관한 것이다. 우리가 쓰는 단어들은—유리를 통해 세상을 본다고 할 때의 '유리', 즉 글라스처럼—투명한 듯이 여겨지지만, 실제로는 불투명하다.(즉 유리는 "눈이 멀었다".) 스타인은 우리에게 우리가 쓰는 명사, 형용사, 동사 등은 현실이 아님을 상기시키고자 한다. 그것들은 단지 임의적인 기표記表들이며, 음절과 음운이 아무렇게나 얽힌 것이다. '로즈'라는 것은 실제의 장미가 아니다. 그 글자들에는 가시도 향기로운 꽃잎도 들어 있지 않다.

그렇다면 왜 우리는 우리가 쓰는 말에 그처럼 의미를 부여하는 것일까? 왜 우리는 그것들이 가짜임을 의식하지 못하는 것일까? 스타

※ 이하 스타인의 실험적 문장들은 사실상 정확한 번역이 불가능하나, 전체적인 느낌만이라도 알 수 있도록 대강 옮겼다.(옮긴이)

인이 과학 실험을 통해 깨달은 사실은 우리가 말하는 모든 것이 '체계 내의 배열'이라는 것이었다. 이런 언어 체계는 비록 보이지 않지만, 단어들이 "닮지 않은 가운데서도 질서가 없지 않게" 해준다. 우리는 본능적으로 언어를 '배열'하기 때문에, 그것은 "전혀 이상한 것이 아니"게 보인다. 스타인은 우리가 이런 숨은 문법을 인정하기를 바랐다. 우리의 언어를 의미심장하고 유용하게 만들어주는 것은 바로 그 구조니까.

그러나 만일 스타인이 그저 문법에 대해 말하기를 원했다면, 왜 그냥 문법에 대해 말하지 않았을까? 왜 그녀는 모든 것을 그토록 어렵게 만들어야 했을까? 이런 질문들에 대한 답은 또 다른 심리학 실험의 형태에서 발견될 수 있다. 즉 윌리엄 제임스가 전혀 의심하지 않는 학부생들을 대상으로 사용했던 방법이다. 그는 『심리학의 원리』에서 그 실험의 본질을 묘사하면서, 마음이 단어들 저변의 구조를 알게 되는 방법을 제시한다. "만일 보통 쓰이지 않는 외래어가 도입되거나, 문법이 비트적대거나, 어울리지 않는 어휘가 불쑥 튀어나오거나 하면, 문장은 삐걱거리게 되고, 우리는 그 어색함에 놀라 반쯤 졸면서 따라가던 상태에서 깨어나게 된다."[5]

"문법이 비트적대고" "어울리지 않는 어휘들이 튀어나오는" 『부드러운 단추』를 읽는 것은 종종 좌절감의 실험이 된다. 그러나 이것이 바로 스타인의 요점이다. 그녀는 우리가 문장의 압박을 느끼고, 우리 자신의 정신적 습관에 의문을 제기하기를 원한다. 적어도 우리가 "반쯤 졸면서 따라가는 상태"에서 벗어나 언어가 겉보기처럼 단순하지 않음을 깨닫게 하려는 것이다. 그래서 그녀는 자신의 문장을 불합리한 추론의 긴 연속으로 가득 채운다. 한 말을 반복하고 반복을 반복하면서. 그녀는 주어에 동사가 없는 문장, 동사에 주어가 없는 문장들을 쓴다.

그러나 스타인의 난해함이 갖는 비결은 그것이 우리를 몰아내지 않는다는 데 있다. 오히려 그것은 우리를 끌어들인다. 그녀가 쓰는 단어들은 친밀함을 요구한다. 그것들에서 의미를 훔쳐내기 위해 우리는 그 안으로 올라가야 한다. 이런 강요된 친밀함이야말로 스타인이 가장 원했던 것이다. 왜냐하면 그것은 우리로 하여금 언어가 실제로 어떻게 작동하는가를 묻게 만들기 때문이다. 그녀의 문장들을 겪으며 고생을 하다보면 "문장들이 자신을 도식화하는 방식"을, 구문의 본능적인 성격을 알게 되리라고 그녀는 말한다.[6] 스타인의 난해함은 우리를 초등학교 문법 시간으로 돌아가게 한다. 우리는 문장이 단어들의 단순한 총화가 아님을 이미 그때 배웠다. "학교에 다닐 때 다른 사람들에게는 다른 것들이 더 재미있었겠지만, 그 당시 내게 가장 흥미로운 것은 문장을 도식화하는 것이었다."[7] 글쓰기를 통해 그녀는 그 스릴을 공유하고자 했다.

스타인의 글쓰기가 그처럼 집요하게 제시했던 언어 구조를 심리학이 재발견하는 데에는 거의 50년이 걸렸다. 1956년에 노엄 촘스키라는 한 수줍은 언어학자가 스타인의 말이 옳았다고 발표했다. 우리가 쓰는 단어들은 보이지 않는 문법에 매여 있으며, 그 문법은 우리의 뇌에 저장되어 있다는 것이다. 이 '심층 구조deep structure'야말로 우리 문장의 은밀한 원천이며, 그 추상적 규칙들이 우리가 말하는 모든 것에 질서를 부여한다. 이 규칙들은 단어들을 의미 있는 연속체로 조합하게 해줌으로써, 언어의 무한한 가능성들을 고취한다. 찰스 다윈이 선언했듯이, "언어는 예술을 획득하려는 본능적인 경향이다".[8] 스타인 예술의 천재성은 우리의 언어 본능이 어떻게 작용하는가를 보여준 것이었다.

피카소의 초상

월리엄 제임스의 실험실에서 자동기술 실험을 마친 뒤, 스타인은 존스홉킨스 의과대학에 들어갔다. 처음 2년은 태아의 뇌를 해부하여 신경 체계의 복잡한 발달을 기록하는 데 보냈다. 그녀는 대뇌피질을 잘라내어 조직을 포름알데히드에 담가 보존하는 법 등을 익혔다. 스타인은 실험실에서 일하지 않을 때는 권투와 엽궐련 피우기 등을 즐겼다. 모두가 그녀는 탁월한 과학자라고들 말했다.

그러나 그녀가 임상 회진을 시작하면서부터 상황은 달라졌다. "실제 의학은 그녀의 흥미를 끌지 못했다"[9]고 스타인은 훗날 술회했다. "그녀는 지겨웠고, 솔직하게 공개적으로 지겨워했다."[10] 유기화학을 공부하거나 해부학 강의를 암기하는 대신, 스타인은 밤늦게까지 헨리 제임스의 소설들을 읽었다. 태동하는 모더니즘의 영감을 받아 그

녀 자신의 의학 노트를 도저히 읽을 수 없는 것으로 만들기 시작했
다.❖ 한 교수가 지적했듯이 "내가 미쳤든가 아니면 스타인 양이 미쳤
든가"[11]였다.

1903년, 졸업을 겨우 한 학기 앞두고서, 스타인은 파리로 갔다. 두
살 위 오빠 레오와 함께 살기 시작했는데, 그는 플뢰뤼스 가 27번지
에 아파트를 가지고 있었다. 그는 바로 얼마 전에 처음으로 세잔의
그림을 사들였으며 ─ "파리에서는 누구나 그림을 살 수가 있어" 하고
그는 거트루드에게 말했다 ─ 파리 예술계를 드나들기 시작하던 무렵
이었다. 거트루드는 그런 환경에 금방 익숙해졌다. 『만인의 자서전』
(1937)에 썼듯이, "나는 그와 합류했고 거기 눌러앉아서, 얼마 안 가
글을 쓰기 시작했다".

그녀의 초기 작품은 그 아파트를 드나들던 화가들의 영향을 받았
다. 『세 개의 삶』(1909)은 세잔의 초상화에서 영감을 얻은 것이었다.
다음 책인 『미국인 만들기』(1906~1908년 집필, 1925년 발표)는 마티
스와의 교제에서 생겨났다. 그러나 스타인은 파블로 피카소와 가장
친했다. 에세이 「피카소」(1938)에 썼듯이, "그 당시 그를 이해한 것

───────────

❖ 자신의 뇌간 그림에 대해 한 교수에게 보내는 편지에서, 스타인은 자기 글을 전형적인
기괴함과 '실수'들로 채웠다. "그것들[그림들]은 착잡한 것들을 걷어내고 명확한 줄거리
만 남긴 것입니다. 저는 교과서에서 그 상황을 이해하는 데 너무나 애를 먹었기 때문에 이
렇게 명확하게 하는 과정이 필요하다고 생각합니다. 책들이 제가 아는 바대로의 진실을 말
하지 않는다는 것이 아니라 너무나 많이 말하기 때문에 혼동이 생긴다는 것입니다……"
〔원문에는 띄어쓰기와 철자들이 제멋대로일 뿐 아니라 강조의 XXXX 표시가 잔뜩 들어가
있다.(옮긴이)〕

〈거트루드 스타인의 초상화〉, 파블로 피카소, 1906년.

은 나뿐이었다. 왜냐하면 나도 문학에서 똑같은 것을 표현하고 있었기 때문이다".[12]

그들의 관계는 1905년 봄에 시작되었다. 피카소가 '청색 시대'에 막 싫증을 내기 시작하던 무렵이었다. 거트루드 스타인은 그에게 자기 초상화를 그려달라고 청했다. 화가는 거절할 수가 없었다. 스타인의 토요 살롱은 파리 전위 예술가들(마티스, 조르주 브라크, 후안 그리스 등이 보통 거기에 왔다)에게 인기 있는 모임이었을 뿐 아니라, 거트루드와 오빠 레오는 피카소의 초기 후원자들에 속했기 때문이다. 그들의 아파트 벽은 그의 실험적인 작품들로 가득했다.

피카소는 스타인의 초상화를 놓고 이전의 어떤 그림을 가지고 그랬던 것 이상으로 씨름을 했다. 날이면 날마다 스타인은 몽마르트르 언덕 꼭대기에 있는 피카소의 아파트에 들렀다. 그래서 피카소가 캔버스 위의 그림을 조심스럽게 손질하는 동안 함께 이야기를 나누곤 했다. 그들은 예술과 철학을, 윌리엄 제임스의 심리학과 아인슈타인의 물리학, 전위 예술가들의 가십 등을 논했다.[13] 스타인의 자서전—짓궂게도 『앨리스 B. 토클라스의 자서전』(1933)이라는 제목을 붙인—에서 그녀는 피카소가 문제의 초상화를 그리던 일을 이렇게 묘사했다.

피카소는 열여섯 살 이후로 아무도 자기 앞에서 포즈를 취하게 한 적이 없었다. 당시 그는 스물네 살이었고 거트루드는 자기 초상화를 그리게 한다는 것은 일찍이 생각해본 적도 없었다. 두 사람 다 도대체 어쩌다 그렇게 되었는지 알지 못했다. 하여간 그렇게 되었고, 그녀는 이 초상화를 위해 아흔 번이나 포즈를 취했으며, 그러는 동안 많은 일이 일어났…… 거트루드 스타인은 망가진 커다란 팔걸이의자에 앉아 포즈를 취했고, 피카소는 작은 부엌의자에 앉아 그림을 그렸으며, 커다란 이젤과 아주 커다란 캔버스들이 많이 있었다. 그녀는 포즈를 취했고, 피카소는 의자에 단단히 올라앉아 캔버스에 바짝 다가앉아서 회갈색이 나는 아주 조그만 팔레트를 들고 더 많은 갈색을 섞어가며 그림을 그리기 시작했다. 그러던 어느 날 갑자기 피카소가 두상 전체를 그려냈다. 당신을 보고 있으면 더 이상 당신이 보이지 않아요, 하고 그는 짜증스럽게 말했다. 그래서 그림은 그 상태에서 끝났다.[14]

그러나 그림은 그 상태로 끝나지 않았다. 자기 연인이었던 앨리스 B. 토클라스의 허구적 시각에서 글을 쓰는 스타인은 미덥지 못한 화자이다. 피카소는 실제로 1906년 가을 스페인 여행에서 돌아온 다음에야 두상을 완성했다. 그가 스페인에서 무엇을 보았는지—고대 이베리아 미술이었는지 농부들의 풍상에 바랜 얼굴이었는지—는 논란의 대상이지만, 그의 스타일은 완전히 달라졌다. 파리로 돌아오자마자 그는 스타인의 초상화 작업을 시작하여 그녀에게 원시 가면과도 같은 표정을 부여했다. 두상의 원근은 평평하게 다져지고, 그림은 세잔이 자기 아내를 그린 것과도 비슷해졌다. 피카소는 스타인의 아파트에서 그 그림을 본 적이 있었다. 누군가가 스타인이 초상화와 전혀 비슷하지 않다고 지적하자, 피카소는 익살스럽게 대꾸했다. "비슷해질 거야."

피카소가 옳았다. 그가 스타인의 얼굴을 그린 후로, 그녀는 점점 더 추상적인 문체로 글을 쓰기 시작했다. 피카소가 회화를 가지고 실험했듯이—그의 예술은 이제 비일관성의 웅변에 관한 것이었다—스타인은 언어를 '무엇인가를 말해야 한다'는 질곡에서 해방시키기를 원했다. 현대 문학은 그 한계를 인정해야 한다고 그녀는 선포했다.

어떤 것도 진정으로 묘사될 수는 없는 것이다. 언어는, 물감과 마찬가지로, 거울이 아니다.

몇 년 후 스타인이 『부드러운 단추』를 쓰기 시작할 무렵에는, 그녀의 뻔뻔함은 피카소의 뻔뻔함을 능가했다. 그녀의 모더니스트 산문은 거슬리는 오칭誤稱의 연속이었다. "믿을 수 없는 정의와 유사함이 그 덕분에 존재하는 보살핌The care with which there is incredible justice and likeness"이라고 그녀는 거의 알아들을 수 있을 듯이 시작하여 "이 모든 것은 웅장한 아스파라거스를 만든다all this makes a magnificent asparagus"는 식으로 나아간다. 스타인이 보기에 의미를 만든다는 것은 희극적인 무대장치에 지나지 않았다. 그 급소를 찌르는 말이 아스파라거스인 셈이었다.

『부드러운 단추』는 뒤로 갈수록 이렇게 엉뚱해지는 일이 점점 많아졌다. 작품이 거의 끝나갈 무렵 **만찬**을 정의하는 그녀의 문장들은 아무 뜻도 없이 그저 음소들만으로 이루어지는 약강격 이상의 것이 아니었다. "달걀 귀 콩, 한번 봐. 어깨. 이상하라고, 다음 떼거리에 종鐘에 팔려서Egg ear nuts, look a bout. Shoulder. Let it strange, sold in bell next herds." 어떤 사전으로도 이 뒤죽박죽의 언어를 이해할 수는 없을 것이다. 사실 사전을 사용하는 것은 사태를 악화시킬 뿐이다.

이것은 스타인의 추상적 문장들의 의미가 도대체 의미라는 것이 있는 한에서 전적으로 단어의 **비현실성**에 의거해 있기 때문이다. 단어들을 우스꽝스럽게 재배열함으로써, 스타인은 우리가 그것들을 새롭게 볼 것을, "기억하지 말고 읽을 것을" 강요한다. 만일 "달걀 귀

콩"이 흥미롭다면, 그것은 우리가 그것을 한 단어씩 이해하기를 그만 두었을 때이다. 여기서 **달걀**은 더 이상 달걀이 아니다. 스타인의 글쓰기가 성공하려면, 문장은 단어들 각각의 정의의 총화 이상이 되어야 한다. 무엇인가 다른 것, 우리가 쓰는 개별 단어들을 초월하는 신비한 구조가 있어야만 한다. 그 무엇인가 다른 것이 『부드러운 단추』를 단순히 조악한 산문이 아니라 시로 만들어주는 것이다.

스타인의 예술은 조롱거리요 웃음거리가 되었고 첫 번째 책은 자비로 출간해야 했지만,＊ 그녀는 자신의 천재성을 결코 의심하지 않았다. 만찬 파티에서 그녀는 자신을 예수나 셰익스피어와 비교하기를 즐겼다. 자신의 예술이 어려운 것은 너무나 독창적이기 때문이라는 것이었다. 이전에 아무도 감히 그녀 같은 글쓰기를 시도한 이는 없었으니까. 하지만 스트라빈스키도 결국 반대자들을 이기지 않았던가? 세잔은 이제 유명인사가 아닌가? 예수도 결국은 인기를 얻지 않았던가? 스타인이 훗날 고백한 대로, "사물을 새로운 방식으로 본다는 것, 그것이 정말로 어렵다. 모든 것이, 습관, 학교, 일상생활, 이성, 일상생활의 필요들, 게으름, 모든 것이 그것을 방해하므로, 사실상 세상에 천재는 아주 드물다".[15]

＊『세 개의 삶』을 읽은 후, 출판인은 그녀가 영어에 서툰 것으로 짐작하고, 원고를 '손질'해줄 수 있는 파리의 편집인을 소개해주었다. 물론 스타인은 자신의 문법적 오류들을 수정하기를 거부했다. "당신은 아주 독특한 책을 썼습니다" 하고 그는 훈계했다. "사람들이 그것을 진지하게 받아들이게 하는 것은 어려운 일이 될 겁니다."

제임스 형제

스타인은 항상 밤에 글을 썼다. 파리의 길거리가 조용해지면 그녀는 자기 자신 외의 모든 것을 무시한 채 "문장들, 그토록 정확하게 수행되어야 하는 긴 문장들과 싸울" 수 있었다. 그녀는 연필로 종잇조각에 글을 써서, 그렇게 쓴 것을 고친 다음, 잉크로 확실히 베끼곤 했다. 어떤 밤에는 무시무시하게 빠른 속도로, 2.5분마다 한 페이지씩 휙휙 써 제끼기도 했고, 어떤 밤에는 한 줄도 쓰지 못한 채 빈 종이만 우두커니 내려다보기도 했다. 그래도 스타인은 매일 밤 줄기차게 책상 앞에 앉아서 침묵이 사라지기를 기다렸다. 그러고는 "날이 밝기 전"의 순간에야 작업을 멈추었다. 빛은 사물들을 너무나 현실적이고 그 '사물성' 속에 고통스러울 만큼 분명하게 만들었기 때문이다. 어둠의 장막은 스타인이 그런 것에 정신을 팔지 않고, 그녀의 글이 글쓰기의 과정에, 그녀의 글이 스스로 써나가는 방식에만 전념하게 해주었다. 그녀는 이른 오후까지 자곤 했다.

스타인이 자기 문장을 현실에서 유리시킨 최초의 작가는 아니었다. 그녀가 큐비즘을 문학적 형태로 전환시키기 이전에, 윌리엄 제임스의 동생인 헨리 제임스가 수다스럽고 애매모호하기로 유명한 소설을 써서 입신했다. 제임스의 후기 소설에서는 아무것도 곧바로 직접적으로 묘사되지 않는다. 그 대신 그의 산문은 그 자체의 의미를 끊임없이 질문한다. 모든 것이 단어들, 단어들, 더 많은 단어들로 둘러싸일 뿐, 본래의 대상은 형용사와 부가어와 종속절의 몽롱함 속에 사라지고 만다. 세계는 문체에 삼켜지고 만다.

거트루드 스타인이 헨리의 문학을 좋아했다는 것은 전혀 놀라운 일이 아닐 것이다. 그녀는 거듭거듭 그의 소설로 돌아가, 그의 불투명하게 겹쳐 쓴 언어들에서 영감을 얻곤 했다. 스타인은 언젠가 헨리 제임스에 대해 이렇게 말했다고 한다. "그는 그걸 일종의 분위기로 만들어버려요. 중요한 건 인물들의 사실주의가 아니라 작문의 사실주의지요."[16] 『앨리스 B. 토클라스의 자서전』에서 지적한 대로, "헨리 제임스는 20세기의 문학적 방법으로 가는 길을 발견한 최초의 인물이었다".[17] 그녀는 그를 '선구자'라고 불렀다.

거트루드는 왜 헨리의 후기 소설을 현대 문학의 시초라고 정의했을까? 왜냐하면 그는 언어가 사물을 직접 반영한다는 환상을 제거한 최초의 작가였기 때문이다. 그의 소설에서 단어들은 주의 깊은 해석을 요구하는 막연한 상징들이다. 그 결과 그의 모든 문장의 의미는 텍스트 자체에서가 아니라 주관적 독자와 알 수 없는 작품 사이의 상호작용에서 떠오른다. 완전한 진실이라든가 최종적인 독서라든가 하는 것에는 결코 도달할 수 없으니, 헨리의 말대로 현실은 "하나의 창문이 아니라 수백만의 창문을 갖고 있기 때문이다…… 그 각각의 창문에 한 쌍의 눈을 가진 사람이 서 있다".[18]

헨리의 소설 철학은 윌리엄의 심리학을 반영했다. 윌리엄은 그의 1890년 교과서 『심리학의 원리』에서 이렇게 선언했다. "언어는 진실에 대한 우리의 지각에 거역하여 작용한다." 왜냐하면 단어들은 현실이 마치 불연속적인 부분들—형용사, 명사, 동사 등—인 것처럼 보이게 만들기 때문이다. 하지만 우리의 실제 경험에서는 이 모든 부분들이 함께 작용한다. 윌리엄은 독자들에게 세계는 "커다랗게 피어나며 웅웅거리는 혼동"이라는 사실을, 다시 말해 우리가 감각지각에 부여하는 깔끔한 개념이나 범주들은 상상적인 것임을 상기시키고자 했다. 그가 『원리』에 쓴 대로, "내가 그토록 주의를 환기하고자 하는 것은 우리 정신생활에서 막연하고 모호한 것이 제자리를 찾아야 한다는 사실이다".[19] 당시 비평가들은 윌리엄이 심리학을 소설가처럼, 헨리는 소설을 심리학자처럼 쓴다고 빈정대곤 했다.

불행하게도, 스타인이 파리의 어둠 속에서 글을 쓰기 시작했을 때, 현대 문학과 현대 심리학은 결별한 터였다. 모더니스트 작가들은 헨리의 실험을 추구했고 자아와 그 문장들에 한층 더 회의적으로 되었지만, 현대 심리학은 마음에 대한 윌리엄의 견해에 등을 돌렸다. '신新심리학'이 태어났고, 이 엄격한 과학은 제임스 식의 막연함을 필요로 하지 않았다. 무엇이든 재고 다는 '측정'이 유행하게 되었다. 심리학자들은 온갖 시시한 것들을 계산하느라 바빴다. 가령 하나의 감각지각이 손가락에서 출발하여 머리에 닿기까지의 시간이라든가 하는 것들 말이다. 그들은 인간의 의식을 정량화함으로써 마음을 과학적 연구 대상으로 만들고자 했다.

윌리엄은 이런 '신심리학'을 높이 평가하지 않았다. 그는 그런 환원주의적 접근은 의식적 마음의 '무한한 내적 다채로움'을 무시하고 뇌의 기계적인 면을 과대평가함으로써, 현실이 실제로 어떻게 **느껴지**

는가를 놓쳤다고 생각했다. 우리의 감각을 측량하는 데 대한 강박은 모든 감각지각이 사고의 전체적 과정에 부분으로서 지각된다는 사실을 간과하게 만들었다.(윌리엄이 지적했듯이, "아무도 하나의 감각지각을 그 자체로 느끼지는 않는다".) 자신의 관점을 입증하기 위해 윌리엄은 언어를 비유로 들었다. "우리는 '그리고'라는 하나의 느낌을, '만약'이라는 하나의 느낌을, '그러나'라는 하나의 느낌을, '의해서'라는 하나의 느낌을, 마치 우울한 느낌이나 춥다는 느낌처럼 즉각적으로 말해야 할 터이다."[20]◈ 우리가 문장에서 연결사들을 흔히 무시하고 그 '실사적 부분들'에 집중하듯이, 신심리학은 우리 마음속에 작용하는 '전이 과정들'을 무시한다는 것이다. 이것이 그들의 주된 실수였다. 문장들은 관사와 부사를 필요로 하며 마음은 생각들을 한데 엮기 위해 다른 생각들을 필요로 하는 것이다.

스타인은 윌리엄의 철학을 결코 잊지 않았다. 그녀는 후배 작가 리처드 라이트에게 "윌리엄 제임스는 내가 아는 모든 것을 가르쳐주었다"[21]고 말했다. 그녀의 생애의 마지막까지 그는 그녀의 영웅이었다. "나는 많은 것을 위대한 스승인 윌리엄 제임스에게 빚지고 있어요.

◈ 스타인은 훗날 제임스의 개념을 작품으로 만들었다. 그녀의 난해한 장시 「가부장적 시」에서 스타인은 우리가 보통 무시하는 언어의 모든 부분들을 주목하게 하려 했다. 그래서 그녀는 전적으로 부사에 관한 연聯을 쓰기도 했다. "Able able nearly nearly nearly nearly able able finally nearly able nearly not now finally finally nearly able." 또는 전치사에 관한 연도 있다. "Put it with it with it and it and it in it in it add it add it at it at it with it with it put it put it to this to understand."

그는 '아무것도 증명되지 않았다'고 했지요."[22] 제임스는 한때 파리
에 있는 스타인의 아파트를 방문했고, 그녀의 벽이 세잔, 마티스, 피
카소의 그림으로 가득한 것을 보았다. 스타인이 묘사한 바에 따르면,
"그는 그림들을 보았고 숨을 헐떡이며 말했다. 내가 언제나 말했지.
마음을 활짝 열고 있어야 한다고".[23]

　　스타인의 글쓰기는 윌리엄의 심리학과 헨리의 문학의 독특한 배합
이었다. 제임스 형제와 마찬가지로, 그녀도 우리의 문장이 사실상 추
상임을 깨닫고 있었다. 우리는 세계에 이름을 부여함으로써 세계를
분명하게 만든다. 불행히도, 우리의 이름들은 흉내이다.『부드러운 단
추』에서 스타인이 "무엇이 흐림인가, 그것은 안감인가, 두루마리인
가, 녹는 것인가What is cloudiness, is it a lining, is it a roll, is it a melting"
하고 물을 때, 그녀는 도대체 **흐림**이란 무엇을 의미하는가를 묻고 있
는 것이다.◈ 요컨대 구름들은 덧없는 자락들이며, 어떤 두 덩어리의
구름도 똑같지 않다. 그렇게 다른 사물들에 어떻게 똑같은 이름을 붙
일 수 있는가? 스타인 이전의 '사실주의' 작가들은 우리가 쓰는 단어
들이 세상을 정확히 나타내는 듯이 행동했지만, 스타인은 우리의 단
어들이 주관적이고 상징적이라는 사실을 주목케 했다. 단어들은 도
구이지 거울이 아니다. 루드비히 비트겐슈타인이 언젠가 말했던 것
처럼, "한 단어의 의미는 언어 속에서 그것이 사용되는 바이다". 스타

◈ 셰익스피어가『한여름 밤의 꿈』에서 말하듯이 우리는 "공중의 아무것도 아닌 것에게 특
정한 습관과 **이름**을 부여한다give to airy nothing/A local habituation and a *name*".

인은 도전적인 산문 속에서 우리의 단어들이 완전히 무용지물이 되게 하려 했다. 그녀는 단어들이 아무것도 의미하지 않을 때 언어의 어떤 부분들이 남는가를 보고자 했다.

제임스가 격렬히 반대했던 '신심리학'은 오래가지 않았다. 뇌는 그 미묘한 비밀들을 드러내지 않았고, 심리학은 우리 신경 체계의 속도를 측정하는 데 싫증을 냈다. 1920년대에 이르면, 과학자들은 마음을 **외부로부터** 경험적으로 설명하느라 바빴다. 뇌는 블랙박스가 된 것이다. 이 새로운 접근은 행동주의behaviorism라 불렸다. 행동주의자들에 따르면, 행동이야말로 모든 것이다. 모든 사상과 신념과 감정은 행동으로 재진술되기 마련이다. 세계는 자극들로 이루어진 아니마트로닉 기계 같은 것이고 우리는 거기 반응하는 것이다.

이런 엄청난 가정에 대한 실험적 증거는 두 명의 심리학자의 작업에 기초해 있었다. 즉 이반 파블로프와 에드워드 손다이크가 그들이다. 파블로프는 러시아에서 일했고, 손다이크는 컬럼비아 대학교에서 일했다. 두 사람 모두 쥐, 고양이, 개가 훈련시키기에 아주 좋은 동물임을 입증했다. 적극적 강화를 사용하여(약간의 먹이로), 파블로프와 손다이크는 이 배고픈 동물들로 하여금 온갖 어리석은 트릭들을 행하게끔 조건 지웠다. 쥐들은 끊임없이 레버를 눌렀고, 개들은 종소리에 침을 흘렸으며, 고양이들은 미로에서 달아나는 법을 배웠다. 행동주의자들은 그렇게 해서 자기들이 학습과정을 설명했다고 믿었다.

과학자들이 행동주의적 논리를 인간에 적용하는 데에는 오래 걸리지 않았다. 쥐가 개이며 개가 사람이었다. 시간이 가면서 우리 뇌는 탁월한 반사 기계로, 자극과 반응에 극도로 민감한 기관으로 여겨지게 되었다. 이런 환원주의적 틀 안에서, 마음이란 조건 지워진 본능들의 네트워크일 뿐이었다. 우리는 환경이라는 덫에 빠질 완전한 자유를 가지고 있었다.

　　명백히, 인간 본성에 대한 이 새로운 접근은 많은 의문을 일으켰다. 그중 최초의 의문은 언어에 관한 것이었다. 어린이들은 어떻게 그렇게 많은 단어와 문법 규칙들을 배우는가?(가령 두 살만 되어도 두 시간마다 새로운 단어를 배운다.) 우리는 말을 못하는 채 태어나지만, 서너 해만 지나면 우리의 두뇌는 언어에 **장악**당한다. 도대체 어떻게 그럴 수 있는가? 그처럼 복잡다단한 상징체계가 어떻게 우리 마음을 장악할 수 있는가?

　　행동주의자들은 이런 반문들에 오래 난처해하지 않았다. 1940년대에 이르면 그들은 언어를 자극과 반응의 또 다른 창조물로 설명해냈다. 행동주의 이론에 따르면, 부모들은 아이들이 동사를 제대로 활용하고 복수형을 만들고 단어들을 제대로 발음하게끔 이끄는 형성적 되먹임을 제공한다는 것이다. 유아들은 사물을 소리와 연관 짓기 시작하고, 시간이 흐르면서 그 소리들을 하나의 문장으로 결합하는 것을 배우게 된다. 만일 우리가 붉은 장미를 보고 '붉다'고 말하면 우리의 '언어적 행동'은 단지 '붉음'이라는 자극에 의해 유발된 반응에 지나지 않으며, 우리의 부모는 우리에게 이것을 적절한 형용사와 연관시키도록 가르쳤을 것이다. 만일 우리가 '장미'라고 말한다면, 우리는 단지 '장미다움' 밑에 깔려 있는 자극의 집합을 요약하고 있는 것이다. 아이들은 쥐들이 레버를 누르는 것을 배우듯이 말하는 것을 배운다. 우리의 단어는 감각적 연상을 반영한다. 언어라는 문제도 해결되었다.

스키너는 동물에 대한 행동주의 연구를 인간에게 아주 진지하게 적용한 심리학자로, 문학도 자극과 반응의 관계로 설명하려 시도했다. 1934년 스키너는 『애틀랜틱 먼슬리』지에 「거트루드 스타인은 비밀이 있는가?」라는 에세이를 썼다. 이 글에서 그는 스타인의 실험적 산문은 행동주의의 실험적 논증이라고 주장했다. 스키너에 따르면, 스타인은 우리가 특정한 자극에 대해 갖는 자동적 언어 반응을 표현하고 있을 뿐이다. 그녀의 예술은 비자발적 반응이요 "읽혀지지 않고 배워지지 않은 마음"의 중얼거림이라는 것이다.

스타인은 스키너의 비평적 이론에 맹렬히 반발했다. 그녀는 자신의 글쓰기가 그와는 정반대되는 심리학의 증거라고 믿었다. "아니, 그것은 그[스키너]가 생각하는 것처럼 그렇게 자동기술적이지는 않다"고 그녀는 『애틀랜틱』지의 편집자에게 보내는 편지에서 썼다. "만일 비밀이 있다면, 정반대되는 비밀이다. 나는 내가 과도한 의식, 과도함으로부터 성취한다고 생각한다. 그렇다면 그에게 말한들 무슨 소용이 있겠는가……"[24] 스키너가 스타인의 문장의 모든 것이 "현재적 감각 자극의 통제" 하에 있다고 추정하는 반면, 스타인의 묘사 대부분은 실제로 존재하기에는 너무나 부조리한 세계를 구가한다. 『부드러운 단추』에서 그녀가 '붉은 장미'를 "핑크 컷 핑크, 붕괴 그리고 팔린 구멍, 약간 뜨거운a pink cut pink, a collapse and a sold hole, a little less hot"이라고 정의할 때, 그녀는 자기가 쓰는 단어 중 어떤 것도 실제의 사물을 가리키지 않는다는 것을 안다. 분홍 빛깔은 잘릴 수 없으며, 구멍들은 팔리지 않는다. 단추들은 결코 부드럽지 않다.

부조리와 희롱하면서, 스타인은 우리로 하여금 스키너가 몰랐던 것을 인정하지 않을 수 없게 한다. 즉 언어의 선천적 구조 말이다. 행동주의자들은 우리의 문법이 부모의 훈련과 교사의 훈련을 통해 배운 사소한 규칙들로 이루어진다고 믿지만, 스타인은 우리의 마음은 그렇게 제한되지 않았다고 생각한다. 우리로 하여금 장미를 붉다고 하고 '핑크 컷 핑크'라고 쓰지 않게 하는 어떤 문법적 규칙도 없다. 요컨대 그녀는 단어들을 전혀 예기치 않은 방식으로 배합하는 데서 의의를 찾았다. 아무도 그녀에게 글 쓰는 법을 가르치지 않았다. 새로움의 충격, 스타인이 독창적이고 우스꽝스러운 문장들을 만들어내는 무궁무진한 능력은 행동주의자들이 설명할 수 없는 무엇이었다.

그러나 이 새로움은 어디서 오는가? 언어의 구조는 어떻게 그처럼 무한히 가능한 표현들을 생성하는가? 스타인의 놀라운 통찰은 우리의 언어 구조가 **추상적**이라는 것이었다. 스키너는 우리의 문법이 특수한 맥락에서 특수한 단어들을 요구한다고 주장했지만, 스타인은 그가 틀렸음을 알고 있었다. 그녀의 글쓰기에서, 그녀는 우리에게 우리의 문법은 단지 어떤 **종류**의 단어들을 어떤 **종류**의 문맥들에서 사용할 것을 요구할 뿐임을 보여준다. 『부드러운 단추』에서 스타인이 '빨간 모자'를 "짙은 회색, 아주 짙은 회색"이라고 묘사할 때, 그녀는 이런 인지 본능을 보여주려는 것이다. 우리는 빨강이 회색이라고 말하는 일은 거의 없지만, 그런 문장을 금지하는 정신적 법칙도 없다. 명사와 동사와 형용사가 옳은 구문적 순서에 따라 배열되기만 한다면, 어떤 명사, 동사, 형용사도 들어갈 수 있다. 우리는 빨간 모자를 우리가 원하는 어떤 방식으로든 묘사할 수 있다. 동일한 언어적 형식이 무한한 수의 문장들을 지지한다. 설령 그 문장 중 다수가 무의미하다 하더라도.

이것은 언어를 상상하는 아주 이상한 방식이다. 요컨대 언어의 목적은 소통이니 말이다. 그렇다면 왜 그 구조(구문)가 의미와 무관하게 작용해야 하는가? 구조와 기능은 서로 얽힌 것이 아닌가? 그러나 스타인의 다다이즘 예술은 그렇지 않다고 선언한다. 그녀는 언어를 그 표현적 내용에서가 아니라—그녀의 글은 거의 아무것도 의미하지 않는다—숨은 구조에 따라 정의한다. 의미를 떼어내면, 구조만이 남는다.

노엄 촘스키

1956년 9월 11일, 매사추세츠 공과대학 라디오 엔지니어 연구소의 한 모임에서, 세 가지 새로운 생각이 과학적 정설에 포함되었다. 이 생각들은 각기 새로운 분야의 시발점이 되었고, 우리가 어떻게 사고하는가에 대해 사고하는 방식을 돌이킬 수 없이 바꿔놓게 되었다.

첫 번째 생각은 앨런 뉴월과 허버트 사이먼에 의해 제출되었다. 짤막한 발표를 통해, 그들은 어려운 논리적 문제를 풀 수 있는 기계의 발명을 보고했다. 요컨대 그들의 프로그램 언어는 철학적 논리 언어를 컴퓨터 언어로 전환하여, 삼단논법이나 '만일-그렇다면' 같은 조건문의 논리에 대한 공학적 등가물을 만들어낸 것이었다. 실제로 그들의 기계는 화이트헤드와 버트런드 러셀의『수학의 원리』의 52가지 증명 중 38가지를 해결할 정도로 효과적이었다. 그 기계는 러셀의 문제 중 한 가지에 대해서는 훨씬 더 우아한 증명을 발견하기까지 했다.[25] 이른바 인공지능이 태어난 것이다. 인간의 지성도 인위적으로 만들어질 수 있는 시대가 되었다.

심리학자 조지 밀러는 두 번째 생각을 발표했다. 그것은 '마법의 수 7, 플러스 마이너스 2'[26]라는 재치 있는 제목으로 요약되었다. 밀러의 생각은 간단했다. 즉 마음에도 한계가 있다는 것이다. 밀러에 따르면, 우리의 단기 기억은 망각이 침투하기 전에 무작위로 약 7자리 정도만을 간직할 수 있다고 한다.❋ 그래서 전화번호에서 자동차 번호판에 이르기까지 일상생활의 웬만한 번호들은 모두 7자리 수(플러스 마이너스 2)로 되어 있는 것이다.

❋ 대개 그렇듯이 이런 생각을 처음 한 것도 윌리엄 제임스였다. 이미 60년 전에 제임스는 한 줌의 구슬을 써서 마음이 정보를 처리하는 데는 한계가 있음을 보여준 바 있다. 그의 실험은 간단한 것이었다. 즉 구슬을 세지 않은 채 집어서 상자에 던져 넣는다. 구슬이 아직 공중에 있는 동안 그는 자기가 몇 개의 구슬을 던졌는지 어림잡아 본다. 그렇게 해서 그는 자기가 던진 구슬의 수가 다섯이나 여섯을 넘지 않는 한 의식적으로 세지 않고도 그 수를 알 수 있다는 사실을 발견했다.

그러나 밀러는 거기서 그치지 않았다. 왜냐하면 그는 마음은 사실상 자릿수를 다루지 않는다는 것을 알고 있었기 때문이다. 우리는 무작위성 가운데 패턴을 발견함으로써 우리의 감각을 끊임없이 재再코드화하기 때문이다. 그것이 우리가 현실을 보는 방식이다. 즉 자릿수가 아니라 덩어리로 파악하는 것이다. 밀러가 자기 논문 말미에서 뒤늦게야 떠오른 생각처럼 언급했던 대로, "전통적인 실험 심리학자는 이 재코드화에 대해 거의 전혀 기여하지 못했다". 과학은 마음이 실제로 움직이는 방식, 우리가 현실의 다양한 부분을 덩어리로 간직하는 방식을 간과해왔다. 밀러의 대수롭지 않은 지적으로부터 인지심리학이 태어났다.

그날 운 좋은 라디오 공학자들에게 제출된 세 번째 생각은 노엄 촘스키의 것이었다. 그는 스물일곱 살 난 언어학자로 혁신적인 발상을 하는 경향이 있었다. 촘스키의 논문 제목은 「언어를 묘사하는 세 가지 모델」이라는 것이었지만, 실제로는 그중 한 가지—행동주의에서 나온 '유한상태finite-state' 접근 방식—가 얼마나 잘못되었는가에 관한 것이었다. 이 언어 이론은 문법을 조합적 통계 법칙으로 환원하며, 그에 따르면 한 문장 안의 각 단어는 이전 단어로부터 발생하는 것이다. 명사는 동사를 유발하며 동사는 또 다른 명사를 유발한다.(거기에 구미대로 형용사가 더해진다.) 이 특수한 단어 선택은 확률 법칙에 지배된다. 그러므로 "핑크 컷 핑크"보다는 "장미가 붉다"는 말이 좀 더 개연성이 높은 어구이다.(이 이론에 따르면 거트루드 스타인은 역사상 가장 개연성이 적은 문장들을 써낸 셈이다.)

촘스키는 기술적인 강연을 통해 언어라는 것이 왜 단순히 통계적으로 조합된 단어들의 목록이 아닌가를 설명했다. 그의 논증은 두 가지 별개의 예를 위주로 전개되는데, 그 두 가지 예가 모두 스타인의 문장과 상당히 비슷하다.

촘스키의 첫 번째 예는 "빛깔 없는 녹색 생각들이 사납게 잔다 Colorless green ideas sleep furiously"라는 것이었다. 언어의 통계적 모델에 따르면, 이런 문장은 기술적으로 불가능하다. 어떤 유한상태적 장치로도 이런 문장은 만들어낼 수 없다. 생각들은 잠을 자지 않으며, '빛깔 없는'이라는 말 뒤에 곧바로 '녹색'이라는 형용사가 이어질 가능성은 전무하다. 그럼에도 불구하고 촘스키는 이 우스꽝스러운 문장이 문법적으로는 만들어질 수 있음을 입증했다. 『부드러운 단추』의 스타인처럼, 촘스키도 단어들을 지배하는 구조들은 단어들 자체와 독립적으로 존재한다는 것을 증명하기 위해 의미가 있을 것도 같은 무의미 문장을 사용하고 있다. 이런 구조들은 우리 마음으로부터 나온다.

촘스키의 두 번째 주장은 한층 더 황당한 것이었다. 그는 통계학—본래적인 문법 구조들이 아니라—에 의거한 어떤 언어학도 한 가지 치명적인 오류를 범할 수밖에 없음을 깨달았다. 그 오류란 그런 언어학은 기억이 없다는 것이다. 유한상태적 장치는 한 번에 한 단어씩 추가하여 문장을 만들므로, 문장에서 바로 이전 단어만을 기억하며 그 이전의 모든 것을 잊어버린다. 그러나 촘스키의 통찰은 어떤 문장들은 '장거리 의존'을 포함한다는 것이었다. 그런 문장 안에서는 어떤 단어의 위치는 문장에서 훨씬 앞에 위치한 단어들로부터 도출된다. 촘스키는 '~이거나 ~(either ~ or ~)' '만일 ~라면 ~(if ~ then ~)' 같은 예를 들어 자신의 주장을 입증했다. 가령 "만일 언어가 참이라면, 정태적 모델은 거짓이다"라는 문장은 왼쪽에서부터 오른쪽으로 단어 하나하나씩 이어져서는 생겨날 수 없는 문법 구조를 포함한다. '만일'이라는 단어를 만나면 우리는 의당 '이러이러하다'는 결과문이 나중에 나올 것을 기대하게 되는 것이다. 유한상태적 접근에는 불행하게도, 그들의 통계적 기계는 '이러이러하다'에 이를 때쯤에는 '만일'에 대해서는 잊어버린 상태일 것이다. 비록 그의 논증이 언어학적 전문용어로 점철되어 있기는 하나, 촘스키는 자신이 주장하는 바를 명백히 했다. "이런 초보적 언어 모델[유한상태적 모델]이 다룰 수 없는 언어 형성의 과정들이 있다."[27] 이것은 모든 문장이 단순히 단어들의 총화가 아니기 때문이다. 촘스키의 언어학에서, 우리의 단어들은 구문적 상호관계들에 둘러싸여 있으며, 이것을 그는 후에 '언어의 심층 구조'라 부르게 되었다.

거트루드 스타인의 예술은 촘스키의 논증을 예견하는 문장들로 넘쳐난다. 예컨대 스타인의 지루한 반복 중 하나—나는 "단조로운 어구를 되풀이하기를 좋아한다"고 그녀는 말했다—는 실제로 우리 문장들의 '심층 구조'를, 즉 우리의 단어들이 서로 얽히는 방식을 드러낸 것이었다. 『부드러운 단추』에서 '채소'라는 말을 정의하려 애쓰면서, 그녀는 이렇게 묻는다. "무엇이 잘렸는가. 무엇이 그것에 의해 잘렸는가. 무엇 안에서 그것에 의해 잘렸는가.What is cut. What is cut by it. What is cut by it in." 이런 문장들의 의미는 동일한 단어들의 나열이 다른 많은 것을 의미할 수 있다는 것이다. "무엇이 잘렸는가What is cut"라는 질문에서 **무엇**은 잘린 사물을 가리킨다. 그러나 스타인이 "무엇 안에서 그것에 의해 잘렸는가"라고 할 때, 그녀가 **무엇**이라고 하는 것은 사물이 잘린 **장소**를 가리킨다. 그녀는 여기서 in이 what의 의미를 다르게 만들듯이, 멀리 있는 단어가 앞에 나온 단어를 다르게 만들 수 있음을 보여주는 것이다. 물론 왼쪽에서 오른쪽이라는 한 가지 방향으로만 의미를 쌓아가는 유한상태적 장치로는 이 문장을 이해할 수 없다. 촘스키의 '만일-그렇다면' 문장처럼, 스타인은 전언이 전적으로 숨은 구문에, 단어들을 이어주는 '장거리 의존성'에 의존해 있는 문장을 발견했다. 진짜 마음만이 스타인을 읽을 수 있다.

촘스키의 패러다임 전환은 그날 시작되었지만, 그것은 시작일 뿐이었다. 패러다임 전환은 시간이 걸리며, 특히 언어학의 험난한 전문 용어들로 씌어졌을 때는 더욱 그러하다. 촘스키도 자신의 말이 받아들여지려면 다른 모든 사람이 틀렸음을 입증해야 하리라는 것을 알고 있었다. 그의 다음 공격 대상은 거트루드 스타인이 20년 전에 공박했던 동일 인물, 즉 B. F. 스키너였다. 1959년, 그의 서사시적이지만 기술적인 『구문구조론』를 발표한 지 2년 후에, 촘스키는 스키너의 『언어적 행동』에 대한 리뷰를 32페이지짜리 선언문으로 만들었다. 촘스키의 분석은 명백하고 대담하게 씌어졌고, 그의 대중적 지식인으로서의 경력의 출발점이 되었다.

이 리뷰에서 촘스키는 단어와 규칙에 대한 행동주의적 설명의 오점을 지적했다. 촘스키에 따르면, 언어란 **무한한** 것이다. 우리는 무한한 길이의 새로운 문장들을 만들 수 있으며, 어떤 두뇌에 의해서도 상상된 적이 없는 표현들을 만들 수 있다. 이런 무제한의 창조성―이는 스타인의 비순응적인 산문에서 가장 잘 드러나는데―이야말로 인간의 언어를 다른 모든 동물의 의사소통 수단과 구별해주는 점이다.[28] 우리가 머릿속에 무한한 반응 기제를 가지고 있지 않다면, 행동주의는 가능한 문장들의 무한 수를 설명할 수 없다.

그렇다면 언어를 이해하는 적절한 방식은 무엇인가? 스타인처럼, 촘스키도 언어학은 단순히 개별 단어와 음성적 특징들이 아니라 언어의 **구조**에 초점을 맞춘다고 강조했다. 촘스키 이전의 언어학자들이 분류와 관찰로 만족했던 반면―그들은 자신을 언어의 식물학자쯤으로 여겼다―촘스키는 그들의 모든 자료가 요점을 놓치고 있음을 입증했다. 촘스키가 보고자 했던 것을 보기 위해서는 시야를 확대해야 한다. 고도의 구조주의적 시각에서 보면, 모든 언어―영어에서 광동어에 이르기까지―는 사실상 똑같다는 사실이 문득 명백해진다. 단어들은 임의적으로 다를 수 있지만, 동일한 심층 형태를 공유하고 있는 것이다. 그러므로 촘스키는 두뇌 속에 내장되어 있는 '보편 문법'의 존재를 가정했다.(신약성서의 말을 빌리자면 "말씀이 육신이 되어" 있는 셈이다.) 우리가 단어들을 배열하여 미묘하고도 불가피한 구문 안에 짜 넣을 수 있는 것은 그런 선천적 언어 장치 덕분이다.

촘스키 언어학의 몇몇 세부는 여전히 논란거리로 남아 있지만, 언어의 심층 구조가 선험적 본능이라는 것은 이제 명백하다. 보편 문법의 가장 좋은 증거는 니카라과의 농아들에 대한 연구에서 나왔다.[29] 1980년대까지 니카라과의 농아 아동들은 비극적으로 고립되어 있었다. 이 나라에는 표지 언어가 없었고, 농아 아동들은 과밀한 고아원에 수용되었다. 그러나 1981년 최초의 농아 학교가 설립되자 상황은 즉각 달라지기 시작했다. 아이들은 표지 언어를 배운 적이 없었지만 (가르칠 교사도 없었다), 손짓으로 말하기 시작했던 것이다. 임시변통 어휘들이 저절로 발달했다.

그러나 진정한 변화가 일어난 것은 어린 농아 학생들이 이 새롭게 발명된 표지 언어에 소개되었을 때였다. 좀 더 고학년 학생들은 비교적 부정확한 용어로 대화해야 했지만, 이 차세대 화자들은 언어에 구조를 부여하기 시작했다. 아무도 그들에게 문법을 가르치지 않았지만, 그들은 배울 필요조차 없었다. 촘스키의 이론이 예견했듯이, 어린이들은 늘어나는 어휘에 자신의 선천적 앎을 부여했다. 동사들은 활용되었고, 형용사들은 명사들과 구분되었다. 상급반 화자들이 하나의 표지를 사용해 나타내던 개념들이, 이제 여러 표지를 담은 한 문장으로 나타내졌다. 이 니카라과 어린이들은 언어를 배운 적이 없었지만, 자기들만의 언어를 발명했다.[30] 그 문법은 다른 어떤 인간의 문법과도 비슷했다. 스타인이 옳았다. "단 하나의 언어가 있을 뿐이다."◈

◈ 언어가 선천적으로 타고나는 것임을 보여주는 또 다른 예는 성인 노동자들이 여러 언어를 뒤죽박죽으로 섞어서 쓰는 것이 서로 공통된 의사소통 체계로 발전한 노예 및 하인 플

스타인은 촘스키보다 50년 전에 언어의 구조가 불가피하다(두뇌에 내장되어 있다)는 사실을 깨닫자, 그 구조를 명백히 드러내는 일에 착수했다. 스타인이 촘스키 언어학의 핵심을 예견하여 말한 대로, "모든 사람은 같은 것을 반복적으로 말했다. 무한한 다양성을 가지고 그러나 반복적으로".[31] 스타인이 원했던 일은 이 동일성의 근원을 파악하는 것, 우리의 단어들을 쪼개어 그 구조가 드러나게 하는 것이었다.

물론 언어적 구조들의 존재는 드러내기 어렵다. 그것들은 우리 문장을 보이지 않게 떠받치고 있는 틀로 고안되었기 때문이다. 스타인의 통찰은 독자가 문법을 의식하는 것은 문법이 **전복**되었을 때뿐이라는 점을 깨달은 데 있다. 스트라빈스키가 음악의 관습을 포기함으로써 음악의 관습을 노출시켰듯이, 스타인도 문법을 포기함으로써 문법의 힘을 보여주려는 것이었다. 그녀는 종종 자신이 나쁜 구문과 형태론과 의미론의 외피를 얼마나 멀리까지 밀고 나갈 수 있는가를 보여주고자 했다. 만일 그녀가 자신의 글을 단어의 의미가 아니라 소리에 기초하고자 한다면 어떤 일이 일어날 것인가? 그녀는 "가장 긴 문단만큼이나 긴 문장들로만" 이루어진 소설을 쓸 수 있을 것인가?[32] 또는 구두점이 전혀 없는 문장은 어떤가? 우리는 왜 이렇게 쓰고 저렇게는 쓰지 않는가?

랜테이션에 관한 연구에서 볼 수 있다. 처음에 이런 노동자들은 문법을 무시한 초보적인 언어인 '피진'으로 말하지만, 이런 플랜테이션에서 태어난 어린이들은 금방 피진의 한계를 넘어서서 다양한 '크레올' 언어들을 발전시킨다. 이런 크레올 언어는 이미 확립된 인간 언어들의 모든 문법적 양상들을 지니고 있다는 점에서 피진 언어와는 근본적으로 다르다.

스타인이 발견한 것은 문법적 오류를 자축하는 글쓰기 문제였다. 자신의 가장 급진적인 산문에서, 그녀는 우리로 하여금 보통은 무의식적으로 수행되는 모든 언어적 작업을 의식하게 만든다. 우리는 동사들이(심지어 불규칙동사들도) 즉각적으로 활용되는 방식, 명사들이 자연스럽게 복수가 되고 관사들이 명사에 맞도록 고쳐지는 방식에 주목하게 된다. 스타인은 자기 글을 읽는 유일한 방식은 교정을 보면서, 자신이 위반하는 모든 규칙에 주의를 기울이는 것이라고 말했다.[33] 그녀의 오류들은 "우리의 내면이 외면이 되듯이" 우리가 볼 수 없는 구문 구조들을 추적한다.❋ 스타인은 우리가 언어에 투입하는 것을 생략함으로써 보여준다.

무의미의 의미

어려운 산문이 갖는 문제는 그 어려움이다. T. S. 엘리엇은 시인들

❋ 이것은 겉보기만큼 이상한 방법이 아니다. 루드비히 비트겐슈타인도 스타인의 글쓰기처럼 다른 모든 것을 거의 배제하고 언어의 사용에만 관심을 갖는 철학을 위해 비슷한 방법을 사용했다. 비트겐슈타인은 자신이 "모든 [철학적] 오류의 인상학을 추적함"으로써 작업한다고 말한 적도 있다. 우리의 실수를 꼼꼼히 점검함으로써 그는 전진할 최선의 방법을 찾을 수 있었다. 새뮤얼 베케트도 스타인의 문학적 접근 방식에 동조했다. 베케트는 이렇게 썼다. "언어가 오용되는 곳에서 가장 효과적으로 사용되는 때가 언젠가는 올 것이다. 하나하나 구멍을 내서 그 뒤에 숨어 있는 것이―그 무엇이든 아무것도 아니든 간에―새어나오게 하는 것. 나는 오늘날 작가의 그 이상 더 고상한 목표를 상상할 수 없다."

은 어려워야 한다고 말함으로써 어려움이라는 것을 멋진 무엇으로 만들었지만, 그런 말을 할 때 스타인의 『미국인 만들기』를 염두에 두고 있지는 않았던 것 같다. 이 작품은 천 페이지 이상의 반복적인 비非서술문이다. 스타인의 문장들이 (향유되기는커녕) 이해되기 위해서는 독자 편의 집요한 끈기가 요구된다. 그것들은 점점 더 많은 시간을 요하고, 그런 다음에도 문단 전체가 여전히 불가해한 채로 남으려 한다. 스타인은 종종 재미있지만, 거의 재미없다. 때로 자신의 천재성에 대한 그녀의 자신감은 뻔뻔하게 느껴진다.

그럼에도 불구하고 스타인의 프랙탈fractal 산문은 덜 어려운 전위예술의 무대가 되었다. 『앨리스 B. 토클라스의 자서전』에서 그녀는 고백한다. "처음으로 뭔가를 만들 때면, 너무나 복잡해서 추해 보이지만, 그 다음에 그 일을 하는 이들은 만드는 자체를 걱정할 필요가 없으므로 예쁘게 만들 수 있다. 그래서 다른 사람들이 만든 것을 더 좋아하게 되는 것이다."[34]

문학사는 스타인의 미학 이론을 입증했다. 애초에 그녀의 추한 실험이 없었다면, 어니스트 헤밍웨이의 간결한 아름다움을 상상하기 힘들 것이다. 그가 파리 주재 기자로 일하던 시절에, 스타인은 헤밍웨이에게 기자 직업을 버리고 소설을 쓰라고 권했다. "신문 일을 계속 하다보면 사물을 볼 수 없게 돼요. 단어들만을 볼 뿐이지."[35] 훗날 스타인은 헤밍웨이가 그녀의 초고들을 수정하면서 글쓰기를 배웠다고 자랑하곤 했다.[36] 헤밍웨이의 짧고 수식 없는 간결한(길고 비문법적일 때를 빼고) 문장들은 스타인의 더 혹독한 실험을 반영하는 것이다. 헤밍웨이는 언젠가 셔우드 앤더슨에게 농담을 했다고 한다. "거트루드 스타인과 나는 꼭 형제 같다네."

스타인 자신의 문학적 유산은 그녀의 난해함에 의해 형성되었다. 헤밍웨이의 소설은 할리우드 영화와 무수한 모방자들을 낳았지만, 스타인의 예술은 학자들 덕분에 명맥을 유지한다. 그녀가 오늘날 대학 캠퍼스나 큐비즘 역사 밖에서 기억된다면, 잊을 수 없는 단 한마디 상투어구 덕분이다. "장미는 장미, 는 장미, 는 장미, 는 장미이다 A rose is a rose is a rose is a rose."❀ 스타인은 이 경구를 만찬용 접시의 장식으로 썼지만, 그것은 이제 그녀가 쓴 모든 것을 대표하는 말이 되었다. 이것이 플롯을 회피하는 일의 위험이다.

스타인은 자신이 영향력을 미치지 못한 데 실망할 것이다. 엄청난 야심을 가진 여성이었던 그녀는 자신의 문학이 영어를 구제하기를 희망했다. "단어들은 19세기에 그 가치를 상실했다. 그것들은 다양성을 크게 상실했고, 나는 개별 단어의 가치를 재포착해야 한다고 계속 떠들 수만 없다고 느꼈다." 그녀의 계획은 단순했다. 우선 그녀는 우리에게 우리의 단어들은 아무런 내재적 의미를 갖지 않음을 보여줄 것이다. 예컨대 그녀가 "장미는 장미는 장미"라고 쓸 때, 그녀가 정말

❀ 에머슨도 이렇게 말한 바 있다. "내 창문 아래 있는 장미들은 이전의 장미들이나 더 아름다운 장미들을 참조하지 않는다. 그것들은 있는 그대로의 장미일 뿐이다." 그는 아마도 셰익스피어에게서 그런 생각을 얻었을 것이다. 셰익스피어 역시 일찍이 줄리엣으로 하여금 단어의 의미를 이렇게 숙고하게 만든 바 있다. "이름에 들어 있는 게 뭐지? 우리가 장미를 다른 어떤 이름으로 부르든 여전히 달콤한 향내가 나지 않겠어?"

로 보여주려는 것은 '장미'는 장미가 **아니라는** 사실이다. 명사를 반복함으로써 스타인은 기표記表를 기의記意와 분리하고 우리에게 각 단어는 임의적 소리를 가진 음절임을 보여주고자 했다.(테니슨이 지적했듯이, 우리는 자기 이름을 몇 번 빨리 반복하기만 해도 그것이 낯설어지는 것을 알게 된다.) 스타인의 계획에 따르면, 이런 해체 행위는 우리에게 언어를 재건하게, 클리셰에 빠지지 않고 글을 쓸 수 있게 해줄 것이다. 그녀는 '장미' 문장을 그런 과정이 어떻게 작용하는가의 본보기로 사용했다. "자 들어봐요. 난 바보가 아니라오." 그녀는 1936년 손턴 와일더에게 말했다. "나는 일상생활에서 우리가 '장미는 장미는 장미……'라고 말할 수 없다는 걸 알아요. 하지만 나는 그 문장의 장미야말로 영시가 씌어진 수백 년 동안 처음으로 붉어졌다고 생각해요."[37]

그러나 스타인의 위대한 계획은 심각한 문제에 부닥쳤다. 아무리 애를 써도—스타인은 정말로 애썼다—그녀의 단어들은 무의미해지지를 않는 것이었다. '장미'는 결코 그 김빠진 함의를 포기하지 않았다. 『부드러운 단추』는 '부드러운'과 '단추'의 정의를 지워버리지 못했다. 영어 단어들은 스타인의 모더니스트 학살에도 불구하고 살아남았다. 몇 년 후 그녀의 혁명은 점차 소멸했고, 작가들은 구식 스토리텔링으로 돌아갔다.(물론 그녀의 책이 파리의 좌안 너머로 결코 유통되지 않았다는 사실도 도움이 되지는 않았다.)

스타인은 왜 사전을 재발명할 수 없었을까? 아무것도 아닌 것을 말한다는 것이 왜 그토록 어려웠던가? 그 대답은 그녀가 이전에 발견했던 것, 즉 언어의 구조라는 것으로 우리를 돌아가게 한다. 우리의 단어들은 항상 구문에 의해 상호 연관되어 있으므로, 결코 아무것도 아닌 것을 말할 수가 없다. 의미는 맥락적이고 전체적이며 어떤 단어도 홀로 존재하지 않는다. 그 때문에 스타인의 가장 어리석은 문장도 온갖 진지한 해석들을 불러일으키는 것이다.(윌리엄 제임스가 그의 『심리학의 원리』에서 지적한 대로, "단어들의 어떤 조합으로도 의미를 만들 수 있다. 꿈속의 가장 말 안 되는 단어들이라도. 그것들이 서로 속해 있음을 의심하지만 않는다면.") 세상을 떠나기 몇 달 전인 1946년의 인터뷰에서, 스타인은 마침내 패배를 시인했다. 그녀는 언어를 허물어뜨림으로써 언어를 구제할 수 없으리라는 것이었다. 왜냐하면 언어는 허물 수 없는 것이니까. "나는 단어들을 의미 없이 결합시킨다는 것이 불가능하다는 것을 알았어요. 의미 없이는 결합시킬 수가 없어요. 나는 단어들을 의미 없이 쓰려고 무수히 노력했지만, 불가능한 것을 알았답니다. 단어들을 쓰는 어떤 인간도 의미를 만들어낼 수밖에 없어요."[38]

아이러니컬하게도, 완전히 무의미한 문장을 쓰려는 스타인의 실험이 실패한 것이야말로 그녀의 가장 위대한 업적이라 할 수 있다. 그녀는 무의미성을 목표로 했지만, 그녀의 예술은 여전히 울림을 갖는다. 왜인가? 왜냐하면 언어의 구조—그녀의 단어들의 노출시키는 구조—는 이미 뇌 속에 들어 있기 때문이다. 스타인이 자신의 글을 아무리 추상적으로 만들어도, 그녀는 여전히 우리의 언어 게임 안에서, 보편적인 만큼 심층적인 본능에 의해 제어되는 게임 안에서 글을 쓰

는 것이다. 촘스키가 훗날 발견하게 될 내재적 문법이야말로 스타인
이 그것 없이는 글을 쓸 수 없었던 본능이었다. "어떻게 문법이 존재
할 수 있는가" 하고 그녀는 『어떻게 쓸 것인가』(1931)에서 자문한다.
"그럼에도 불구하고"라는 것이 그녀의 답변이었다.

08

버지니아 울프 : 자아의 창발

🌾 **버지니아 울프** Virginia Woolf, 1882~1941___영국의 여성 소설가이자 비평가. 철학자이자
『영국 인명사전』의 초대 편집자였던 L. 스티븐의 차녀로 태어나 빅토리아왕조 최고의 지성들이 모이
는 환경 속에서 자랐다. 일찍 어머니를 여읜 후 발병한 신경증이 아버지 사망 후 악화되어 한동안 정
신병원을 드나들어야 했다. 동생 에이드리언을 중심으로 케임브리지 대학 출신의 학자, 문인, 비평가
등이 그녀의 집에 모여 이른바 '블룸즈버리 그룹'이라는 지적 집단을 형성했고, 그녀는 그중 한 사람
인 토머스 울프와 결혼했다. 1915년에 처녀작 『출항』을, 1919년에는 『밤과 낮』을 출판했다. 이들 작
품은 모두 전통적 소설기법을 따랐으나, 1922년에 출간한 『제이콥의 방』에서는 의식의 흐름을 바탕
으로 하는 새로운 소설 형식을 시도했다. 이것을 보다 더 완숙시킨 작품이 『댈러웨이 부인』(1925)이
다. 1927년에는 유년시절의 원초적 체험을 서정적으로 승화시킨 『등대로』를 발표하여, 인간 심리의
가장 깊은 내면을 추구하고, 시간 및 사실과 진실에 대한 새로운 관념을 제시했다. 『자기만의 방』
(1929) 『3기니』(1938) 등의 에세이는 페미니즘의 선구적인 담론으로 평가된다. 1941년 3월 우즈 강
에서 투신자살했는데, 역시 신경증의 악화 때문인 것으로 알려져 있다.

모든 것을 설명하는 심리학은
아무것도 설명하지 못한다.
―매리언 무어

1920년, 전통적인 빅토리아 시대풍 화자(전지전능한 신과도 같이 모든 것을 위에서 내려다보는 화자)가 등장하는 두 편의 소설을 쓴 후, 버지니아 울프는 자신의 일기에서 이렇게 공언했다. "나는 마침내 새로운 소설의 새로운 형식에 대한 생각에 도달했다."[1] 그녀의 새로운 형식은 우리 의식의 흐름을 따라가면서, 시간 속에 펼쳐지는 '마음의 비상'을 추적하게 될 것이었다. "단지 생각과 느낌만 있는 거야" 하고 울프는 캐서린 맨스필드에게 보내는 편지에 썼다. "컵이니 테이블 따위는 없고."[2]

이런 모더니즘 소설의 방식은 시각의 근본적인 전환이었다. 자기 시대의 저명한 소설가들―"웰스 씨, 버넷 씨, 골즈워디 씨"―은 마음의 내부를 모른다는 것이었다. 울프는 이렇게 썼다. "그들은 공장들을, 유토피아들을, 심지어 마차의 장식과 좌석에 씌운 천까지 들여다보지만, 결코 인생이나 **인간의 본성은 들여다보지 않습니다**."[3] 울프는 이런 상황을 뒤엎고자 했다. "여느 때 여느 마음을 잠깐이라도 살펴보세요"라고 그녀는 「현대소설론」에 썼다. "그 가변적이고 알 수 없는, 한계가 지어져 있지 않은 영혼을, 비록 그것이 다소 상궤에서 벗어나고 복잡하더라도, 가능한 한 외적이고 무관한 것과 뒤섞이지 않게끔 전달하는 것이 소설가의 임무가 아닐까요?"[4]

그러나 마음이란 표현하기 쉬운 것이 아니다. 울프가 자신의 내면을 들여다보았을 때 발견한 것은 결코 가만히 있지 않는 의식이었다. 그녀의 생각들은 소란스러운 흐름을 이루며 흘러갔고, 모든 순간이 새로운 감각의 파도를 불러들였다. '구식 소설가들'은 우리 존재를 정태적인 것으로 취급하지만, 울프의 마음은 결코 견고하지도 확실하지도 않았다. 그러기는커녕 "아주 변덕스럽고 아주 믿을 수 없으며 어떤 때는 먼지투성이 길에서 발견되는가 하면 또 어떤 때는 길거리의 신문 조각에서, 또 어떤 때는 양지 바른 곳에 핀 수선화에서 발견된다".[5] 어떤 순간에도 그녀는 무수히 작은 조각들로 흩어지는 것만 같았다. 그녀의 두뇌는 거의 한데 묶여 있는 것 같지 않았다.

그래도 그것은 한데 묶여 있기는 **했다**. 그녀의 마음은 조각들로 이루어져 있지만, 결코 풀어져 흩어지지는 않았다. 그녀는 우리가 해체되지 않도록 적어도 대부분의 시간 동안은 붙들어주는 뭔가가 있다는 것을 알고 있었다. "나는 내 중심을 향해 밀고 나아간다"고 그녀는 일기에 썼다. "거기에 무엇인가가 있다."[6]

울프의 예술은 우리를 한데 묶어주는 것에 대한 탐구였다. 그녀가 발견한 것, '근본적인 것'은 자아였다. 비록 뇌는 전기적 뉴런들의 조직일 뿐이지만, 울프는 우리를 하나의 전체로 만들어주는 것은 자아임을 깨달았다. 그것이 우리 정체성의 연약한 원천이요 우리 의식을 만들어내는 장본인이다. 만일 자아가 존재하지 않는다면 우리도 존재하지 않을 것이다. "사람은 자기 마음속에 하나의 전체성을 가져야 한다"고 울프는 말한다. "부분들은 지속되지 못한다."[7]

그러나 우리의 마음이 그토록 덧없는 것이라면, 어떻게 자아가 성립될 수 있는가? 왜 우리는 무관한 생각들의 집합 이상이라고 느껴지는가? 울프가 발견한 사실은, 우리는 세상에 대한 우리 자신의 스쳐가는 해석들로부터 창발한다(떠오른다)는 것이었다. 우리가 무엇인가를 감각할 때마다 우리는 우리 감각의 주체를 발명해내게 마련이다. 자아란 바로 이 주체이며, 우리가 자신의 경험에 대해 자신에게 들려주는 이야기이다. 울프가 미완성 회고록에 썼듯이, "우리는 언어이다. 우리는 음악이다. 우리는 사물 그 자체이다".[8]

당시에 이런 생각은 초현실적이었다. 과학자들은 물리주의의 힘을 받아들이느라 바빴다. 해부학은 모든 것을 설명할 것만 같았다. 제임스 조이스가 지적하듯이, "현대 정신은 생체해부적이다". 자아조차도 물질의 트릭이며, 시간이 지나고 실험을 하다보면 그 트릭도 발견될 듯이 여겨졌다. 그러나 울프는 우리의 자아는 그런 식으로 발견되기에는 너무 심오하다는 것을 알고 있었다. 모더니즘 소설들을 통해 그녀는 우리가 말로 해명되는 존재가 아님을 제시하고, 우리는 "철제 볼트로 한데 조여져 있는…… 나비 날개와도 같다"는 것을 보여주려 했다. 만일 마음이 기계라면 자아는 우리의 유령일 것이다. 눈에 보

버지니아 울프의 초상 사진, 조지 찰스 베레스퍼드, 1902년.

이지 않는 것은 바로 그것, 자아이다.

거의 한 세기 후에도 자아는 여전히 포착되지 못한 채이다. 신경과학은 뇌를 샅샅이 뒤지고 대뇌피질을 해부했지만, 우리의 근원은 발견하지 못했다. 실험들은 울프의 놀라운 통찰들 중 다수를 확인했지만—마음은 부분들로 이루어져 있고, 이 부분들이 존재로 엮어진다는 것—우리의 신비는 여전히 남아 있다. 우리의 자아를 이해하고자 할 때, 울프의 예술은 매우 의미 있는 통찰력을 제공해준다.

모더니즘의 분열된 마음들

울프의 글쓰기 방식은 뇌에 대한 그녀 자신의 경험에 깊이 뿌리박고 있다. 그녀는 정신병을 앓았다. 평생 그녀는 주기적인 신경쇠약에 시달렸으며, 우울증으로 질식할 지경이 되는 무서운 순간들을 겪었다. 그 결과 울프는 자기 자신의 마음을 두려워하며 살았고, 그 열띤 '진동'에 극히 예민해졌다. 내적 성찰만이 그녀의 유일한 치료제였다. "나 자신의 심리가 내게 흥미롭다"고 그녀는 일기에 고백했다. "나는 나 자신을 위해 오르락내리락하는 기분을 충실히 기록하고자 한다. 그렇게 객관화되고 보면 고통이나 수치도 훨씬 줄어든다."[9] 다른 모든 것이 실패했을 때도, 그녀는 고통을 둔화시키기 위해 자조적인 유머를 사용하곤 했다. "나는 내 두뇌가 마치 배(梨)처럼 느껴져서 그것이 익었는지 볼 수 있을 것만 같다. 9월이 되면 아주 맛이 좋을 것이다."[10] E. M. 포스터나 다른 사람들에게 자기 의사들과 그들의 시럽 약에 대해서나 강제로 잠자리에 들어야 하는 고통과 마비상태에 대해 불평할 때도, 그녀는 자기 병의 기묘한 효용 또한 인정했다. 그녀의 고칠 수 없는 광기—이 "머릿속에서 윙윙대는 날개들"—은 어떤 식으로는 이상하게 초월적이었다. "내가 광기나 그 밖의 것으로부터 뭔가 소득을 얻지 못했다는 말이 아니다. 실로 나는 그것들이

종교를 대신하지 않았나 하고 생각한다."❖

　울프는 결코 완전히 치유되지 못했다. 지속적인 내적 성찰 상태와
심각한 우울증이 재발할지도 모른다는 긴장감은 그녀의 글쓰기에도
지울 수 없는 흔적을 남겼다. **신경**nerves이라는 것은 그녀가 즐겨 쓰는
단어 중 하나였다. 그 다양한 의학 용어들—신경질환, 신경쇠약, 신
경파탄 등—이 그녀의 글에 끊임없이 끼어들며, 그 날카롭고 과학적
인 고통은 등장인물의 내적 독백의 유연함과 모순된다. 울프의 일기
에서, 형식에 대한 노트들은 항상 두통에 대한 언급과 뒤섞여 있다.

　그러나 그녀의 병은 또한 그녀의 실험 소설에 목적을 부여했으니,
그녀에게 소설은 "경험을 그에 걸맞은 형태로 표현하는"11) 방식이었
다. 매번 우울증 발작을 일으킨 후에는, 활발한 창작기를 체험하곤
했으므로, 그녀의 일기에는 자신의 "까다로운 신경 체계"12)의 작동
에 대한 신선한 통찰들이 담겨 있다. 의사들이 강제로 자러 가게 하
면, 그녀는 천장을 바라보거나 자기 자신의 두뇌에 대해 곰곰이 생각
하며 시간을 보냈다. 그녀는 자신이 "단 한 가지 상태"가 아니라는 결
론을 내렸다. "아플 때 사람이 어떻게 여러 다른 인물로 쪼개지는가
는 신기한 일이다"13) 하고 그녀는 관찰했다. 어떤 순간에든, 그녀는
미쳐 있으면서도 명석하고, 창의력이 있으면서도 정신이상이었다.

　울프가 자신의 병 덕분에 마음에 대해 알게 된 것—그 변덕스러움

❖ 이것은 병을 미화하는 것이 아니다. 그녀는 실제로 정신이상이었다. 1941년 3월 28일,
울프는 코트 주머니에 돌멩이들을 넣고 강물로 들어가 자살했다.

과 다중성, 그것이 어떻게 "서로 어울리지 않는 것들의 야릇한 조합"인가 하는 것—을 그녀는 문학적 기법으로 변형시켰다. 그녀의 소설들은 사람들을 알고 "그들이 이렇다 혹은 저렇다"고 말하는 것의 어려움에 관해 이야기한다. "사람들을 요약하려 드는 것은 소용없는 일"[14]이라고 그녀는 『제이콥의 방』에서 썼다. 우리의 자아가 확실해 보인다 해도, 울프의 글은 우리가 실제로는 항시 변하는 인상들로 이루어져 있으며, 그 인상들은 우리의 정체성이라는 얇은 겉껍질 덕분에 한데 엮어져 있다는 사실을 드러낸다. 『댈러웨이 부인』에서 자살하는 예언자적 광인인 셉티머스처럼, 우리도 분열될 위험 속에서 살고 있다. 우리가 왜 **항상** 분열되지 않는가 하는 수수께끼야말로 그녀의 예술에 활기와 긴장을 부여해준다.

"마흔 살의 나이에" 하고 울프는 1922년의 일기에 썼다. "나는 비로소 나 자신의 머리가 어떻게 돌아가는가 하는 것을 알기 시작했다."[15] 바로 그해에 울프는 『율리시즈』에 대한 자신의 문학적 대답인 『댈러웨이 부인』을 쓰기 시작했다. 조이스처럼 그녀도 북적거리는 도시의 어느 하루를 자기 소설의 배경으로 삼았다. 주인공 클라리사 댈러웨이는 영웅적이지도 비극적이지도 않으며, 단지 "기록되어야 할 무한히 미미한 인생들"[16] 중 하나일 뿐이다. 울프가 자신에게 즐겨 상기시키곤 했듯이, "인생이 흔히 작다고 여겨지는 것보다 흔히 크다고 여겨지는 것 속에 더 많이 존재한다는 것을 당연한 사실인양 생각하지 맙시다".[17]

댈러웨이 부인이 꽃은 자기가 사오겠노라고 하는 소설의 첫머리는 유명하다. 그 유월의 하루는 대부분 그런 자질구레한 일들로 이루어지겠지만, 울프는 항상 그렇듯이 일상적인 것들 속에서 심오한 것을 드러내는 데 성공한다. 이것이 실제로 살아지는 대로의 삶이다,라고 그녀는 말한다. 깨달음의 순간은 허드렛일과, 시는 일상생활의 산문과 뒤섞여 있다. 단 하루의 삶도 충실히 이야기되기만 한다면 인간의 심리를 생생히 보여주는 창문이 될 수 있다.

울프는 『댈러웨이 부인』을 통해 마음의 연약함을 보여주려 한다. 그녀는 클라리사의 파티와 세계대전의 참전용사이며 폭탄 후유증을 앓고 있는 시인인 셉티머스 스미스의 자살을 한데 엮는다.[*] 셉티머스의 "어딘가 사악한" 의사 브래드쇼 경은 "균형감각"을 부과함으로써 그의 광기를 고치려 하지만, 의학은 사태를 악화시킬 뿐이다. 셉티머스의 병이 "순전히 신체적인" 것이라는 브래드쇼의 주장은 시인을 자살로 몰아넣는다. 그의 자아는 산산이 부서졌고, 도로 합쳐질 수가 없다.

---

[*] 울프가 이 소설을 쓰기 시작한 1922년 가을은 '폭탄 후유증'이 진짜 정신질환으로 인식되기 시작하던 무렵이었다. 일레인 쇼월터는 의사들이 이 새로운 질환을 치료하기 위해 울프와 같은 여성들에게 20년 넘게 사용해오던 것과 같은 무딘 도구들에 의존했음을 지적했다. 이런 '치료'에는 브로마이드 제제 투약, 침대에 뉘어두기, 억지로 우유 먹이기, 이 뽑기(이는 정신질환자들의 지나치게 높은 체온을 낮춰준다고 믿어졌다) 등이 포함되었다. 불운한 환자들은 '열 치료'라는 것을 받기도 했는데, 이는 정신병을 말라리아, 결핵, 장티푸스 등의 주사로 치료하는 것이었다. 이런 가학적 치료에 대해 1927년에는 노벨상이 수여되었다.

클라리사는 자기가 연 파티에서 셉티머스의 자살 소식을 듣고 충격을 받는다. 셉티머스를 만난 적은 없지만, "자신이 그와 아주 비슷하다고"[18] 느낀다. 셉티머스처럼 그녀도 자기 자신의 자아가 겁날 만큼 불확실하고 "무엇인가 중심에서부터 번져나가는 것"[19]을 결여하고 있다는 것을 안다. 닥터 브래드쇼가 파티에 나타났을 때부터 그녀는 그가 "무엇인가 말로 할 수 없는 모욕을" 범하고 있다고 의심한다. "영혼을 강압하는 일, 바로 그거였다."[20]

그러나 비교는 거기서 그친다. 셉티머스와는 달리 클라리사는 자신의 단편적인 존재를 보완한다. 비록 불멸의 영혼은 믿지 않지만 클라리사는 회의적인 무신론자이다 그녀는 "우리의 보이지 않는 부분"에 대해 "초절주의적인 이론"[21]을 개진한다. 브래드쇼 같은 의사들은 우리의 자아를 부정하지만, 클라리사는 그러지 않는다. 그녀는 자신의 마음이 "보이지 않는 중심"을 지니고 있음을 안다. 소설이 펼쳐지면서, 이 중심은 떠오르기 시작한다. "그것이 그녀의 자아였다"고 클라리사는 거울 속을 들여다보며 생각한다. "예리하고, 화살 같고, 분명한, 그것이 그녀 자신이었다. 본연의 자기 자신이 되고자 하는 어떤 부름, 어떤 노력이 부분들을—그것들이 얼마나 다양하고 양립할 수 없는 것들인지는 그녀만이 알고 있었다—한데 끌어 모을 때의 그녀 자신이었다. 그렇게 해서 세상 사람들에게 하나의 중심, 하나의 다이아몬드, 응접실에 앉아 사교의 중심이 되는 한 여인의 얼굴을 내보이는 것이다."[22] 중요한 것은 댈러웨이 부인이 자신을 한데 **모은다**는 것이다. 그녀는 "어디에 있게 되든지 자기만의 세계를 만들어냄으

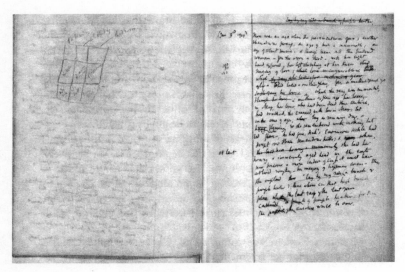

『댈러웨이 부인』을 위한 노트, 1925년.

로써"[23] 자기 자신을 현실적으로 만든다. 이것은 우리 모두가 날마다 하는 일이다. 우리는 우리의 분산된 생각들과 일정하지 않은 감각들을 가지고 무엇인가 견고한 것으로 엮는다. 자아는 그 자신을 발명한다. 소설의 마지막 줄은 댈러웨이 부인의 희박하지만 엄연한 존재를 확인한다. "거기 그녀가 있었다."[24]

울프의 다음 소설인 『등대로』는 혼란스러운 마음속으로 한층 더 깊이 파고 들어간다. 이 작품을 쓰는 것은 정신분석을 받는 것에 가장 가까운 경험이었다고 그녀는 말했다. 긴 여름 동안 앓고 난 후, 산문은 마치 고백처럼 그녀에게서 쏟아져 나왔다. 소설 그 자체는 거의 플롯이라 할 만한 것이 없다. 등대로 가는 여행이 취소되고, 저녁식사, 그러고는 세월이 흐른 다음 비로소 등대로 가는 여행이 이루어지며, 화가 릴리는 그림을 마친다. 그러나 사건다운 사건이 없는데도, 소설은 세월을 가로질러 흘러가는 마음들의 과정으로 열띠고 빽빽하게 느껴진다. 서술체는 생각으로, 생각에 대한 생각으로, 현실에 대한 생각으로, 거듭거듭 중지된다. 하나의 사실이 누군가에 의해 이야기되면(속으로 혹은 소리 내어), 곧이어 그에 어긋나는 이야기가 이어진다. 때로는 같은 머릿속에서 앞뒤가 안 맞는 생각들이 이어지기도 한다.

울프에 따르면, 이런 정신적 무질서는 우리 정신의 실제 상황을 정확히 묘사한 것이다. 자아는 이처럼 혼란스러운 의식으로부터 떠오른다. "떨리는 단편들로 이루어진 전체"[25]와도 같이. 그녀가 모더니즘의 지향점을 가장 강력히 묘사한 글인 에세이 「현대소설론」에서 울프는 자신의 새로운 문학적 스타일을 심리적인 용어로 정의한다. "마음은 갖가지 인상들을 받아들입니다. (……) 사방에서 그런 인상들은 마치 무수한 원자들의 그치지 않는 소나기처럼 밀어닥치고, 그런 소나기가 월요일 또는 화요일의 삶을 이루는 것입니다. (……) 이 원자들이 마음에 떨어지는 순서대로 기록해봅시다. 그 패턴을 추적해봅시다. 비록 겉보기에는 무관하고 일관되지 못하더라도. 모든 광경이나 사건이 의식에 새기는 문양을."[26]

『등대로』는 그처럼 떨어져 내리는 생각들로 가득하다. 인물들은 영속적이지 않은 인상들과 뒤죽박죽의 느낌들로 넘친다. 아마도 소설의 중심에 있는 어머니 램지 부인이야말로 가장 그러할 것이다. 철학자인 남편, 철학 백과사전을 쓰면서 Q 항목에서 고전하고 있는 남편을 생각하면서, 그녀의 마음은 여러 갈래로 흩어진다. 램지 씨는 "기온이 떨어지고 서풍이 불어올 것이므로" 아들 제임스가 등대로 가는 것을 방금 금지한 터이다. 램지 부인은 남편이 부당하다고 생각한다. "다른 사람들의 느낌에 대한 배려를 그처럼 놀랍게 결여하고서 진리를 추구한다는 것, 문명의 그 얇은 베일을 그처럼 제멋대로 찢는다는 것은 그녀에게는 인간의 위엄에 대한 너무나 무서운 모욕이었다." 그러나 한 문장을 건너 램지 부인은 자기 생각이 완전히 뒤집히는 것을 경험한다. "그녀는 그만큼 존경해본 사람이 없었다…… 그녀는 인간적인 감정들로 그득한 젖은 스펀지에 지나지 않았다. 그녀는 그의 신발 끈이 되기에도 부족했다."[27]

울프에게 있어, 램지 부인의 일관되지 못한 느낌들은 현실을 정직하게 옮겨 적은 본보기들이다. 그녀는 우리를 등장인물들의 마음속으로 데려감으로써 우리 자신의 연약함을 드러내준다. 자아는 단일한 무엇이 아니며 우리 의식의 흐름은 그저 흘러간다. 어떤 순간에든 우리는 이해하지 못한 느낌들과 통제할 수 없는 감각들의 변덕에 휘둘린다. 램지 씨가 "생각은 피아노의 건반과도 같다…… 모두 가지런히……"[28]라고 믿을 때도, 램지 부인은 마음은 항상 "섞여들고 흐르고 창조한다"는 것을 안다. 헤브리데스의 날씨와도 같이, 변화만이 유일한 상수이다.

울프의 글쓰기는 우리 존재의 불확실함을 결코 잊게 하지 않는다. "마음의 단일성이라는 것은 무슨 의미인가" 하고 울프는 『자기만의 방』에서 묻는다. "그것[마음]은 어떤 단일한 상태를 갖고 있지 않은 것 같다."[29] 그녀는 독자들이 "마음속의 단절들과 대립들을", 의식이 "갑자기 쪼개지는"[30] 방식을 알게 되기를 바란다. 적어도 울프는 "인간이 처한 위치의 무한한 기묘함"을 항상 인정해야 한다고 쓴다. 우리의 자아는 영속적인 것처럼 보이지만 단지 한순간 지속될 뿐이다. 우리는 "파도 위의 구름처럼"[31] 지나간다.

변덕스러운 마음, 이반되는 자아에 대한 이런 시각은 모더니즘의 중심 주제들 중 하나였다. 최초로 그렇게 말한 이는 니체였다. "내 가정은 다중성으로서의 주체이다"[32]라고 그는 자기 철학의 간결한 요약에서 말했다. "나는 타자이다"라고 랭보는 곧이어 썼다. 윌리엄 제임스는『심리학의 원리』에서 자아에 관한 장의 큰 부분을 "자아의 변이", 즉 우리가 우리의 "동시적으로 존재하는 다른 의식"[33]에 대해 알게 되는 순간들에 할애했다. 프로이트도 동의했고, 마음을 갈등하는 욕구들 사이의 네트워크 속에 부셔 넣었다. T. S. 엘리엇은 이 생각을 문학 이론으로 바꾸어, "영혼의 실질적인 단일성에 관한 형이상학적 이론"을 부인했다. 그는 모더니즘 시인은 "단일화된 영혼"이라는 관념 자체를 버려야 한다고 믿었다. 왜냐하면 우리는 그런 것을 갖고 있지 않으니까. "시인은, 표현해야 할 '개성'이라는 것을 갖고 있지 않다"고 엘리엇은 썼다. "그보다는 특수한 매체를 가지고 있는데, 이는 단지 매체일 뿐 개성이 아니다."[34] 많은 모더니스트들처럼, 엘리엇도 우리의 환상들을 꿰뚫어보고 우리가 원하는 대로의 모습이 아니라 실제의 우리를 드러내고자 했다. 존재의 파편들, 마구 그러모은 감각의 조각들. 울프는 엘리엇에게 반항하듯 자기 일기에 우리는 "부스러기이며 조각들이며, 이전과 같이 흠 없고 한 덩어리의 일관된 전체가 아니다"[35]라고 썼다.

비록 초현실적으로 보이기는 하지만, 모더니스트들은 우리의 두뇌를 제대로 이해했다. 연이은 실험들은 어떤 경험도 단기 기억 속에서는 10초 가량밖에 지속되지 못함을 보여준다.[36] 그 후에는 우리의 두뇌가 현재 시제의 용량을 초과하므로, 우리 의식은 새로이, 새로운 흐름으로 시작되어야 한다. 모더니스트들이 내다보았듯이, 영속적으로 보이는 자아란 사실상 단절된 순간들의 끝없는 연속일 뿐이다.

한층 더 당황스러운 것은 두뇌 속에 그런 단절된 순간들이 합쳐지는 어떤 정해진 장소—말하자면 데카르트적 극장※—도 없다는 것이다.(거트루드 스타인이 오클랜드에 대해 말한 것은 대뇌피질에 대해서도 사실이다. "그곳에는 그곳이 없다.") 그 대신, 우리 머리에는 어떤 감각과 느낌들이 의식**되어야** 하는가를 끝없이 논쟁하는 세포들의 소란한 집회가 있다. 이 뉴런들이 두뇌 전체에 분포해 있고, 그것들의 점화※※가 연이어 일어난다. 이것은 마음이 공간적인 장소가 아니라

※ 대니얼 데닛에 따르면, 데카르트 전통에서 의식 세계는 객석 한가운데 앉아 있는 난쟁이 앞에서 의식 상태가 연기를 하는 무대와도 같다고 하며, 그는 이를 '데카르트적 극장' 이라 불렀다.(옮긴이)

※※ firing은 점화, 발화, 발사, 활성화 등 용어가 통일되어 있지 않으나, '점화' 로 옮기기로 한다.(옮긴이)

과정임을 의미한다. 영향력 있는 철학자 대니얼 데닛은 우리 마음이 "병존하는 혼돈pandemonium들 가운데서 전문적인 회로들이 다양한 일들을 수행하고자 하며, 그러면서 복수 초안Multiple Drafts을 만들어 내는 다중적 채널들"[37]로 이루어져 있다고 썼다. 우리가 현실이라 부르는 것은 단지 그 최종안final draft일 뿐이다.(물론 그 바로 다음 순간 은 또 완전히 새로운 원고를 요구하지만.)

우리가 이처럼 산만한 존재라는 가장 직접적인 증거는 뇌의 모양 그 자체에서 온다. 대뇌피질은 하나의 두개골 속에 들어 있기는 하지만, 실제로는 두 개의 덩어리(좌반구와 우반구)로 나뉘어져 있으며, 이것들 은 서로 일치하지 않도록 고안되었다. 『등대로』의 주인공인 화가 릴리 는 정확한 해부학적 통찰력을 가지고 있다. "사물은 워낙 복잡해 서…… 두 가지 상반된 것을 동시에 느끼게 한다. 이것이 네 느낌이야, 하는 것이 하나이고, 이것이 내 느낌이야, 하는 것이 다른 하나이며, 그 것들은 그녀의 마음속에서 서로 다투었다."[38] 릴리가 지적하는 대로, 모든 두뇌에는 적어도 두 가지 상반된 마음들이 북적이고 있다.

신경과학자 로저 스페리와 마이클 가차니가가 1962년에 이런 생 각을 처음으로 발표했을 때, 반응은 회의와 경멸이었다.* 뇌를 다친

---

* 그래서는 안 될 일이었다. 1908년에 독일 신경학자 쿠르트 골트슈타인은 다중 발작을 앓는 환자를 묘사한 바 있는데, 사후 해부 결과 그녀는 뇌량에도 손상을 입었음이 밝혀졌 다. 골트슈타인은 그녀의 이상한 행동을 이렇게 관찰했다. "한번은 손으로 자기 목을 움켜 쥐고 조르려 했으며 강제로 간신히 떼어놓을 수 있었다. 마찬가지로 환자 자신의 의지와는 반대로 침대 커버를 찢어버리기도 했다……"

환자들에 대한 연구는 뇌의 좌반구는 의식적인 활동을 위한 것이라는 결론을 내리게 해주었다. 그것은 우리 영혼의 거처, 모든 것이 함께 만나는 자리였다. 우리 뇌의 다른 부분—우반구—은 단지 부수적인 것으로 생각되었다. 그러나 스페리는 1981년 노벨상 수상 연설에서, 자신이 우반구를 연구하기 시작했을 때 지배적이었던 견해를 이렇게 요약해 말한다. "우반구는 단지 말이 없고 형태가 없을 뿐 아니라 독서장애, 어롱증語聾症, 운동장애 등 고차원적인 인지 기능을 결여하고 있다."[39]

스페리와 가차니가는 뇌량, 즉 뇌의 좌우반구를 연결해주는 가느다란 줄이 끊어져 뇌의 좌반구와 우반구가 분할된 환자들을 연구한 결과, 그런 견해에 이의를 제기했다. 신경학자들은 전에도 이런 환자들을 연구했었고, 그들이 대체로 정상적이라고 생각했다.(그 결과 뇌의 양반구를 나누는 것이 심각한 간질에 대한 통상적인 치료법이 되었다.) 이것은 의식에 필요한 것은 좌반구뿐이 아닌가 하는 의심을 확인해주었다.

그러나 스페리와 가차니가는 좀 더 자세히 연구해보기로 했다. 뇌가 분할된 환자들을 연구하면서 그들이 가장 먼저 시도한 것은 우반구가 고립되었을 때의 기능을 검사하는 것이었다. 놀랍게도 우반구는 말이 없지도 않았고 어리석지도 않았다. 그러기는커녕 그것은 "추상화, 일반화 및 연상 작업"에 근본적인 역할을 하는 것이 드러났다. 당시의 통념과는 달리, 우리 뇌의 양반구는 어느 한쪽이 다른 한쪽을 지배하는 것이 **아니었다**. 사실상 이 환자들은 그 반대가 사실임을 입증해주었다. 즉 우리 뇌엽들은 각기 독특한, 나름대로의 욕망과 재능과 감각을 지닌 자아를 지니고 있다는 것이다. 스페리가 썼듯이 "우리가 지금까지 보아온 모든 것은 외과술이 이들에게 두 개의 별도의 마음을, 즉 두 개의 별도의 의식 영역을 갖게 만들었음을 나타낸다."[40]

양반구 사이를 잇는 뇌량 덕분에 우리는 우리 자신의 단일성을 믿고 있지만, 모든 '나'는 사실상 다중적이다. 뇌가 분할된 환자들은 우리의 다중적인 마음의 살아 있는 증거이다. 뇌량이 잘리면, 우리의 다중적 자아들은 갑자기 자기 자신이 될 자유를 갖게 된다. 뇌는 그 내적 모순을 억압하기를 그친다. 한 환자는 좌반구로 책을 읽다가, 문맹인 우반구가 페이지의 글자들을 지겨워하는 것을 알았다. 우반구는 왼손에게 책을 던져버리라고 명령했다. 또 다른 환자는 왼손으로 옷을 입는데 오른손이 연신 옷을 벗기기도 했다. 또 다른 이의 왼손은 아내를 거칠게 대했다. 단지 그들의 오른손(과 좌뇌)만이 사랑하고 있었다.

그러나 정상적인 상태에서 우리는 이런 대뇌피질의 갈등을 겪지 않는다. 왜 그럴까? 왜 우리의 자아는 사실상 분열되어 있는데도 온전한 것처럼 느낄까? 이 질문에 대답하기 위해, 스페리와 가차니가는 뇌가 분할된 환자들의 양쪽 눈에 각기 다른 그림들을 잠깐씩 보여주었다. 가령 오른쪽 눈에는 닭발 그림을, 왼쪽 눈에는 눈 내린 도로 그림을 언뜻언뜻 보여주는 것이다. 그러면서 환자에게 다양한 그림을 보여준 다음, 자기가 본 것과 가장 긴밀히 연관되는 이미지를 고르라고 한다. 이 희비극적인 실험에서, 두뇌가 분할된 환자의 양손은 각기 다른 물체를 가리켰다. 즉 오른손은 닭을(이것은 좌뇌가 본 닭발과 연관된다), 왼손은 삽을(우뇌는 눈을 치우고 싶어 한다) 가리켰다. 환자에게 이런 모순된 반응을 설명해보라고 하자, 그는 즉시 그럴싸한 이야기를 지어냈다. "아, 그건 아주 간단해요. 닭발은 닭과 어울리고, 닭장을 치우려면 삽이 필요하지요."[41] 자신의 뇌가 혼란에 빠져 있다고 인정하는 대신, 그는 자신의 혼돈을 깔끔한 이야기 속에 짜 넣었던 것이다.

스퍼리와 가차니가의 발견과 우리가 우리의 분할을 본능적으로 설명해내는 방식은 신경과학에 심오한 영향을 미쳤다. 처음으로 과학은 우리의 의식이 무수한 부분 중 하나가 아니라 뇌 **전체**의 두런거림으로부터 솟아난다는 생각을 마주해야 했다. 스퍼리에 따르면, 우리의 단일감은 '정신적 담소'에서 비롯된다. 즉 우리는 자신의 내적 모순을 무시하기 위해 자아를 발명하는 것이다. 울프가 에세이 「길거리 쏘다니기」에서 의아해했던 대로, "나는 여기 있나? 저기 있나? 아니면 진정한 자아는 이것이나 저것이 아니라 너무나 다양하고 방황하는 것이라 우리가 그 소망들을 마음껏 달려 나가게 해둘 때에만 진실로 우리 자신이 되는 것이 아닐까?"[42]

창발

울프의 소설 밑바닥에 있는 통렬한 아이러니는 그녀가 자아를 해체하여 우리는 그저 일시적인 '어둠의 쐐기wedge of darkness'에 지나지 않음을 입증하고자 했으면서도, 사실상 자아의 끈질긴 실재를 발견했다는 것이다. 사실상 그녀가 우리의 실제적 경험을 탐구하면 할수록 그녀에게는 자아가 한층 더 필요해졌다. 만일 우리가 다른 아무것도 모른다면, 그 이유는 우리가 여기서 이것을 체험하고 있기 때문이다. 시간이 지나가고 감각들도 지나간다. 그러나 우리는 남는다.

울프의 등장인물들은 자아에 대한 그녀의 미약한 믿음을 반영한다. 그녀의 소설들에서는 모든 것이 개인의 주관적 프리즘을 통해 보인다. 램지 씨는 램지 부인과 다르다. 그가 구름 낀 하늘을 내다보며 비가 오겠구나 생각할 때, 그녀는 풍향이 바뀌지 않으려나 하고 막연한 기대를 갖는다. 댈러웨이 부인은, 셉티머스와의 기이한 일치에도 불구하고 셉티머스가 **아니다**. 그녀는 창문 밖으로 뛰어내리지 않는다. 그녀는 파티를 연다. 울프의 산문이 아무리 모더니스트적이라 해도, 환상적인 자아—우리를 다른 누군가가 아니라 우리 자신이게끔 하는, 설명할 수 없는 본질—는 사라지기를 거부한다. "나는 애초에 영혼을 추방하지 않았던가?" 울프는 일기에서 자문하고 있다. "그런데 실제로는 흔히 그렇듯이 인생이 뚫고 들어온다."[43]

예술에서 울프는 인생이 뚫고 들어오는 것을 허용했다. 그녀는 우리에게 우리의 스쳐 지나가는 부분들을 보여주지만, 동시에 우리의 부분들이 어떻게 합쳐지는가도 보여준다. 그 비밀은 자아가 그 원천으로부터 **창발한다**는 것임을 울프는 깨달았다. **창발한다**는 것이 중요한 말이다. 그녀의 등장인물들은 처음에는 뇌의 전기적 막에 반향되는 두서없는 감각 다발들처럼 보이지만, 곧 다른 무엇인가로 부풀어 오른다. 그 때문에 에리히 아우얼바흐가 『미메시스』에서 지적하듯이, 울프의 모더니즘 산문은 (조이스의 『율리시즈』에서처럼) 인물의 자의식을 지속적으로 옮겨 쓴 것도 아니고, (전형적인 19세기 소설에서처럼) 사건과 지각의 객관적 묘사도 아니다. 울프가 새로이 발견한 방식은 이 두 가지 극단을 합치는 것이었다. 이 기법 덕분에 그녀는 의식을 하나의 **과정**으로 기록하고 우리에게 우리 사고의 궤적 전체를 보여줄 수 있었다. 비개성적 감각은 항상 주관적 경험으로 무르익으며, 그 경험은 항상 다음 경험으로 흘러 들어간다. 이 끊임없는 변화로부터 등장인물이 창발한다(떠오른다). 울프는 우리가 우리 존재의 양면을 볼 수 있기를 원한다. 우리가 어떻게 "숨결만으로도 물살을 일으킬 수 있는 것인 동시에, 말을 쌍으로 매어 끌어도 움직일 수 없는 것인지"[44]를 보여주려 한다. 그녀의 소설에서 자아는 강요되지도 부인되지도 않는다. 그것은 흐름에서 흘긋 내비치는 비전처럼, 그저 솟아오른다.

그러나 자아는 대체 **어떻게** 솟아오르는가? 어떻게 우리는 우리의 감각들로부터, 우리 마음을 구성하는 "자투리와 조각들"[45]로부터 끊임없이 떠오르는가?
울프는 자아가 **주의 행동**act of attention◈을 통해 떠오르는 것을 깨달

◈ attention은 '주의'로 옮겨졌지만, 간혹 '주의'만으로 의미가 분명하지 않은 경우에는 '주의력' 또는 '주의집중'이라 옮기기로 한다.(옮긴이)

았다. 우리는 우리의 감각적 부분들을 특정한 시각에서 경험함으로써 한데 엮는다. 이 과정 동안 어떤 감각들은 무시되고 어떤 감각들은 강조된다. 외부세계는 철저히 해석된다. "얼마나 장엄한 생명력으로 내 주의의 원자들은 분산되어, 더 풍부하고 더 강하고 더 복잡한 세계를, 그 안에서 내가 내 역할을 하도록 부름받는 세계를 창조하는지."[46]

울프가 주의집중의 과정을 가장 섬세하게 묘사한 것은 『등대로』의 저녁식사 때 '뵈프 앙 도브' 요리가 나온 다음의 장면에서이다. 램지 부인은 만족한 안주인답게 몽상에 빠져들며, 그녀의 마음은 "사물의 중심에 있는 고요한 공간"에 자리 잡는다. 그녀는 식탁의 대화를 더 이상 듣고 있지 않으며(그들은 그저 "세제곱근이니 제곱근이니" 하는 얘기를 하고 있었다) 식탁 중앙에 놓인 과일 그릇을 응시하고 있다. "돌연한 기쁨"을 느끼며 그녀의 마음은 "물밑을 스치는 빛과도 같이" "흐르는 것, 지나가는 것, 유령 같은 것"[47]을 뚫고 나아간다. 램지 부인은 이제 주의를 기울이고 있으며, 그녀의 감각의 지류들은 연속적인 의식의 흐름 속에서 밝게 빛난다.

울프의 산문은 이 짧은 순간의 두뇌 활동을 한층 더 확대된 독백으로 발전시켜, 램지 부인의 마음의 내밀한 흐름을 관찰한다. 우리는 그녀의 눈이 과일 그릇으로 쏠리는 것을 보고, 이어 그녀의 시선이 보라색 포도와 노랗게 잘 익은 배 위에 머무는 것을 따라간다. 무의식적인 행동으로 시작된 것이—램지 부인은 "왠지 모르게" 과일에 눈이 끌렸다—이제 의식적인 생각이 된다. "아니" 하고 램지 부인은

생각했다. "배는 먹고 싶지 않아."⁴⁸⁾

이처럼 주의를 기울이는 순간, 램지 부인의 마음은 세계를 재구성한다. 그녀의 자아는 현실에 작용하여 의식적인 경험을 만들어내는 것이다. "그 아래는 온통 어둡다"고 램지 부인은 생각한다. "하지만 종종 우리는 표면으로 올라오고, 그러면 보게 되지……"⁴⁹⁾ 종종, 주의력은 우리의 부분들을 한데 엮어주며, 자아는 덧없는 감각들을 "존재의 순간"으로 변형시킨다. 이것이 램지 부인의 마음속에서 펼쳐지는 과정이다. 모든 것은 덧없지만, 독자에게 램지 부인은 항상 실재하는 것처럼 보인다. 그녀는 결코 흔들리지 않는다. 우리는 그녀의 근원의 비영속성을 볼 때에도 그녀의 존재를 의심하지 않는다. "그런 순간들로, 지속되는 사물들은 만들어져 있어"⁵⁰⁾ 하고 램지 부인은 생각한다.

하지만 우리는 어떻게 지속되는가? 주의를 기울이는 순간들의 나뉘어 있음을 자아는 어떻게 초월하는가? 어떻게 과정이 우리 자신이 되는가? 울프의 대답은 간단하다. **"자아란 환영이다."** 이것이 자아에 대한 그녀의 최종적인 견해이다. 그녀는 의식을 '가구'처럼 다루는 19세기 식의 답답한 개념을 와해시키는 데서부터 시작했지만, 마침내 자아란 실제로 존재하는 것임을─설령 마음의 환영으로만 존재한다 하더라도─깨닫게 된다. 소설가가 서술체를 창작하듯이, 우리는 존재감을 창조한다. 자아란 우리가 만들어내는 예술작품이며, 두뇌가 그 자신의 비非단일성을 이해하기 위해 창조하는 허구일 뿐이다. 단편들로 이루어진 세계에서, 자아는 우리의 유일하게 "반복되고 반쯤 기억되고 반쯤 예견되는 주제"[51]이다. 만일 그것이 존재하지 않는다면 아무것도 존재하지 않을 것이다. 우리는 작가를 찾는 등장인물들로 가득한 두뇌가 될 것이다.

현대 신경과학은 이제 울프가 믿었던 자아를 확증하는 중이다. 우리는 우리 자신의 감각들로부터 우리 자신을 발명해낸다. 울프가 내다보았듯이, 이 과정은 주의 행동을 통해 조절되고, 이 행동은 우리의 감각적 부분들을 의식의 집중된 순간으로 바꾼다. 우리의 허구적 자아—아무도 발견할 수 없는 불명료한 전체—가 이 별개의 순간들을 한데 엮어주는 것이다.

과일 그릇을 바라본다는 행동을 예로 들어보자. 우리가 특정한 자극—식탁 위의 배라든가—에 주의를 기울일 때마다, 우리는 우리 뉴런들의 감수성을 증가시킨다. 이 세포들은 그렇지 않았더라면 무시했을 것을 이제 볼 수 있다.[52] 보이지 않던 감각들이 갑자기 보이게 된다. 말하자면 주의의 등대에서 나오는 빛이 조명하는 뉴런들의 점화율을 선별적으로 증가시키는 것이다. 이 뉴런들만이 자극되고, 그것들은 일시적인 연합 상태로 한데 엮어져 의식의 흐름 속에 들어간다. 이 데이터에 대해 주목할 점은 주의력이 하향식으로(신경과학에서 '실행 통제executive control'라 부르는 것) 작용하는 것처럼 보인다는 것이다. 가공적인 자아는 뉴런 점화에 아주 실제적인 변화들을 일으킨다.[53] 마치 유령이 기계를 조작하는 것과도 같다.

한편 만일 자아가 주의를 기울이지 **않는다면**, 지각은 결코 의식적이 되지 못한다. 뉴런들은 점화를 그치고, 그것들이 나타내는 현실의 갈래들은 존재하기를 그친다. 램지 부인이 저녁 식탁에서의 대화에 더 이상 귀 기울이지 않고 과일에 주의를 기울일 때, 그녀는 문자 그대로 자신의 세포들을 바꾸고 있는 것이다. 사실상 우리의 의식은 그처럼 분별하는 자아를 요구하는 것으로 보인다. 우리는 우리의 감각이 선별된 **후에야** 그것을 의식하게 된다. 울프의 표현대로, 자아는 "우리의 감지력 한복판에 있는 굴oyster이다".[54]

의식적인 자아의 힘에 대한 가장 놀라운 증거는 주의를 기울이는 것이 불가능한 환자들에게서 발견된다. 이런 통찰은 전혀 뜻밖의 방면에서, 즉 맹인에 대한 연구에서 얻어졌다. 로렌스 바이스크란츠가 1970년대 초에 연구를 시작하기 전에는, 1차 시야(V1)가 손상된 맹인들은 치유될 수 없다는 것이 과학의 정설이었다. 그러나 그것은 틀린 생각이었다.

1차 시야의 손상은 단지 의식적인 눈멀음을 초래할 뿐이며, 이런 현상을 바이스크란츠는 '맹시盲視'라 불렀다. 이런 환자들은 자기 눈이 보이지 않는다고 생각하지만, 사실상은 무의식적으로나마 볼 수 있다. 그들에게 결여된 것은 자각이다. 그들의 눈은 여전히 시각적 정보들을 받아들이며 그들 뇌의 손상되지 않는 부분들은 여전히 그 정보를 처리하지만, 맹시 환자들은 그들의 뇌가 아는 것에 의식적으로 접근할 수가 없는 것이다. 그 결과 그들이 보는 것은 어둠뿐이다.

그렇다면 맹시 환자와 완전한 맹인을 어떻게 구별할 수 있는가? 맹시 환자들은 놀라운 재능을 보인다. 다양한 시각적 과제들에 대해 그들은 완전한 맹인들로서는 불가능한 적성을 보인다. 가령 그들은 눈앞에 제시된 것이 사각형인지 원인지, 빛이 비쳤는지 등을 놀라울 만큼 정확하게 알아맞히는 것이다. 빛에 대해 전혀 자각하지 못할 때도, 자신이 무엇에 반응하는지조차 모르면서도 반응을 보인다.[55] 뇌를 스캔해보면 그들의 이상한 주장이 확증된다. 자각과 연관된 영역은 전혀 활동하지 않는 반면, 시각과 연관된 부분은 비교적 정상적인 활동을 보이는 것이다.[56]

맹시 환자들의 사례가 흥미로운 것은 그 때문이다. 그들의 의식은 감각과 분리되어 있다. 그들의 뇌는 여전히 보지만 마음은 이 시각적 입력 정보에 주의를 기울이지 못한다. 그들은 대뇌피질에 들어오는 정보를 주관적으로 해석할 수가 없다. 맹시 환자들은 우리가 우리의 감각을 느낄 수 있으려면 자아에 의해 조정되는바, 주의를 기울이는 순간을 통해 그것을 변형시켜야만 한다는 슬픈 증거이다.✸ 자아로부터 분리된 감각은 전혀 감각이 아니다.

물론 신경과학이 **발견할 수 없는** 한 가지는 자아를 창조하는 세포들의 조직이다.[57] 만일 신경과학이 뭔가를 안다고 한다면, 기계 속에는 유령이 없다는 것이다. 단지 기계의 진동이 있을 뿐. 당신의 머리에

✸ 한쪽 뇌에만 손상을 입은 이들의 경우도 이 발견을 확증해준다. 이런 환자들은 시공간적 무시visuospatial neglect 증후군이라고 불리는 장애를 겪는다. 증상이 심하면 자기 시야의 절반에는 전혀 주의를 기울일 수 없게 되므로, 책의 왼쪽 페이지만을 읽을 수 있다거나 립스틱을 오른쪽에만 바를 수 있다거나 하는 경우도 생긴다. 그러나 이런 환자들은 무시되는 반응 영역의 자극에 대해, 그런 자극이 존재한다는 것은 인정할 수 없더라도, 행동적으로는 여전히 반응할 수 있다.

는 1천억 개의 전기적 세포들이 들어 있지만, 그중 단 하나도 당신이거나 당신을 알거나 당신에 대해 신경 쓰지 않는다. 사실상 당신은 존재하지도 않는다. 뇌는 냉정한 물리학 법칙으로 환원 가능한, 물질의 무한한 역행일 뿐이다.

이것은 모두 의심할 바 없이 진실이다. 하지만 만일 기계적인 마음에 자아라는 환상이 없다면, 만일 기계에 유령이 없다면, 모든 것이 해체된다. 감각들은 서로 합쳐지지 못한다. 현실은 사라진다. 『파도』에서 울프는 묻는다. "자아가 없이는, 보이는 세상을 어떻게 묘사할 것인가?" "그렇다면 언어도 없다"[58]고 그녀는 답하며, 그녀가 옳다. 허구적인 자아 없이는, 모든 것이 캄캄하다. 우리는 우리가 눈멀었다고 생각한다.

릴리

인간의 뇌에 있어 가장 신기한 점은, 우리가 뇌에 대해 알면 알수록 우리 존재의 신비는 깊어진다는 사실이다. 자아란 단일한 사물이 아니지만, 그래도 우리 주의력의 단일성을 통제한다. 우리의 정체성은 우리가 체험하는 가장 내밀한 것이지만, 그것은 세포적 전기의 떨림에서 솟아난다. 나아가 울프의 독특한 질문—왜 자아는 실재가 아닌데도 그렇게 느낄까—은 여전히 답을 찾지 못한 채이다. 우리의 현실은 기적에 의거해 있는 것만 같다.

그러나 특유의 고집스런 방식으로, 신경과학은 신비를 곧장 파고 들었으며, 이해할 수 없는 것을 검사 가능한 것의 용어로 재정의하고 자 했다. 결국 정신적 환원주의의 약속은 고차원적인 기능(유령이니 영혼이니 자아니 하는 것들)에 대한 어떤 언급도 필요치 않다는 것이 다. 뉴런이, 원자와도 같이, 모든 것을 설명해주며, 자각은 바닥에서 부터 끓어올라야 한다.

의식의 문제에 대한 가장 손쉬운 과학적 접근이 그 물리적 기층에 대한 탐구라는 것은 놀라운 일이 아니다. 신경과학은 열심히 들여다 보기만 하면 자아의 은밀한 근원을, 어디에 주의를 기울일지를 결정 하는 뇌의 특정한 지점을 발견할 수 있다고 믿는다. 이 장소를 기술 적 용어로는 '의식의 신경 상관물NCC'이라 한다.

캘리포니아 공과대학의 신경과학자인 크리스토프 코흐가 이 연구 팀을 이끌고 있다. 코흐는 NCC를 "의식적 지각의 특수한 양상을 일 으키는 신경 사건의 최소 단위"로 정의한다. 가령 램지 부인이 식탁 중앙의 과일 그릇을 바라볼 때, 그녀의 NCC(적어도 코흐가 정의한 대로의)는 배에 대한 그녀의 의식을 창조하는 세포들의 네트워크이 다. 그는 만일 과학이 NCC를 발견할 수 있다면, 자아가 감각으로부 터 떠오르는 방식을 정확히 알 수 있다고 생각한다. 그렇게 되면 우 리의 근원도 드러날 것이다.

이론적으로는 상당히 쉬워 보인다(과학은 물질적 인과성을 밝히는 데는 탁월하다). 그러나 실제에 있어 NCC는 도무지 파악되지 않는 다. 코흐의 첫 번째 문제는 우리 의식의 단일성이 일시적으로 깨지는, 그리하여 환원적 탐구에 취약해지는 실험적 순간을 찾아내는 것이었다. 그는 양안兩眼 경쟁이라 알려진 착시를 주된 실험의 패러다임으로 삼았다. 이론적으로, 양안 경쟁은 단순한 현상이다. 우리는 두 개의 안구를 갖고 있다. 따라서 언제나 세상에 대한 두 개의 약간 별도의 시각에 직면하는 셈이다. 뇌는, 약간의 무의식적인 삼각법을 사용하여, 이 오차를 교묘히 지워버림으로써 우리의 이중적 시각을 단일한 것으로 융합시킨다.(뇌가 분할된 환자들의 예에서 보았듯이, 우리는 우리 자신의 비일관성을 무시하게끔 지어져 있다.)

그러나 코흐는 이런 시각적 과정을 다소 비틀어보기로 했다. "왼쪽 눈과 오른쪽 눈의 상응하는 부분들이 두 개의 판이한 이미지들을 본다면—이런 상황은 "코앞에 거울들과 파티션을 사용하여 쉽게 만들 수 있는데—어떤 일이 일어나는가?"[59] 보통의 상황에서 우리는 두 개의 눈으로부터 받아들인 두 개의 이미지를 중첩시킨다. 가령 만일 왼쪽 눈이 수평 줄무늬를 보고 오른쪽 눈이 수직 줄무늬를 본다면, 우리의 의식은 격자무늬를 지각하게 된다. 그러나 때로는, 자아가 혼돈을 겪으며 둘 중 한쪽 눈에만 주의를 기울이기로 결정할 수도 있다. 몇 초 후, 우리는 실수를 깨닫고 **다른 쪽** 눈에도 주의를 기울이기 시작한다. 코흐가 지적하듯이 "두 가지 지각은 이런 식으로 무한정 교대될 수 있다".[60]

이렇듯 실험적으로 유도된 혼동의 최종적 결과는 주체가 다만 한 순간이라도 지각의 근저에 있는 인위성을 의식하게 된다는 것이다. 즉 우리는 두 개의 눈을 가지고서 두 가지 별도의 사물을 본다는 사실을 깨닫게 된다. 코흐는 뇌의 어디에서 시각적 지배가 일어나는가를 알고자 한다. 어떤 뉴런들이 어느 쪽 눈에 주의를 기울일지를 결정하는가? 어떤 세포들이 우리의 감각적 혼잡에 단일성을 부여하는가? 코흐는 만일 뇌 속의 이 위치를 알아낼 수만 있다면 우리 의식의 신경 상관물을 발견한 셈이 되리라고 믿는다. 그는 자아가 숨어 있는 곳을 발견한 셈이 될 것이다.

이런 실험적 접근은 개념적으로는 깔끔하지만, 몇 가지 심각한 문제점을 안고 있다. 첫 번째 문제는 방법론적인 것이다. 뇌는 우주의 가장 큰 매듭이다. 우리 뉴런 하나하나는 1천 개의 다른 뉴런들과 연결되어 있다. 의식은 이런 재귀적인 연결성으로부터 힘을 끌어낸다. 결국 자아는 어떤 신중한 데카르트적 무대가 아니라 뇌 **전체의** 상관작용에서 창발하는 것이다. 울프는 이렇게 썼다. "생명이란 좌우대칭으로 정연하게 늘어서 있는 등불들이 아니라, 빛나는 후광이며 의식의 시작부터 마지막까지 우리를 감싸고 있는 반투명의 막과도 같은 것이지요."[61] 의식을 단일한 신경 상관물로—좌우대칭의 등불들로—환원하려는 시도는 정의상 추상적이다. NCC는 어떤 지각 경험이 어디에서 일어나는가를 묘사할 수 있을지는 모르지만, 주의력의 원천을 밝히거나 자아를 해결하지는 못할 것이다. 왜냐하면 이런 것들은 단일한 원천을 가진 속성들이 아니기 때문이다. 울프가 묘사한 측량할 수 없는 신비는 그대로 남을 것이다. 신경과학은 그 실험이 설명할 수 있는 현실적 한계를 인정해야 한다.

의식에 대한 NCC 접근 방법의 또 다른 큰 결함은 유치할 만큼 간단하며 마음에 대한 **모든** 환원론적 접근에도 해당된다. 자아의식이란, 적어도 내부로부터 느껴질 때는, 그 세포들의 총화 이상으로 느껴진다. 우리 경험을 순전히 뉴런에만 의거하여 설명하는 것은 결코 우리의 경험을 설명해주지 못할 것이다. 왜냐하면 우리는 우리의 뉴런들을 경험하는 것이 아니기 때문이다. 울프는 이 점을 알고 있었다. 그녀는 마음을 순전히 물리적인 용어로 묘사하는 것—과학사는 그렇듯 실패한 이론들 투성이이다—은 결국 불완전할 수밖에 없다고 믿었다. 그런 환원론적 심리학은 "복잡화하기보다 단순화하며, 풍부하게 하기보다 빈약하게 한다"고 그녀는 썼다. 그런 심리학은 우리의 본질적인 개인성을 부인하고, "우리의 성격 모두를 사례들로"[62] 바꾸어버린다. 마음은 모든 마음을 동일하게 만들어서는 해결될 수 없는 것이다. 의식을 순전히 전두엽 대뇌피질 속의 진동으로 정의하는 것은 우리의 주체적 현실을 놓치는 것이다. 자아는 전체를 느끼지만, 모든 과학은 우리의 부분을 볼 뿐이다.

여기에 예술의 자리가 있다. 노엄 촘스키가 말했듯이 "우리가 과학적 심리학보다 소설로부터 인간의 삶과 인성에 대해 더 많이 배울 수 있다는 것은 가능하고, 압도적으로 그럴 만한 일임을 짐작할 수 있다".[63] 과학이 우리를 해체한다면, 예술은 우리를 다시 통합시켜준다. 『등대로』에서 릴리는 자신의 예술적 포부를 이렇게 묘사한다. "그녀가 원하는 것은 지식이 아니라 합일이었다. 서판에 새겨진 글도 아니고, 인간에게 알려진 어떤 언어로 씌어질 수 있는 것도 아니라, 단지 내밀성 그 자체였다. 그것이 앎이었다."[64] 울프처럼, 릴리도 우리의 경험을 표현하기를 원한다. 그녀는 이것이 우리가 표현할 수 있는 전부임을 안다. 우리가 내밀하게 경험할 수 있는 것은 우리 자신뿐이다.

예술가는 과학자가 묘사할 수 없는 것을 묘사한다. 우리는 깜빡이는 화학적 요소들이요 덧없는 전압들일 뿐이지만, 우리의 자아는 실재로 느껴진다. 이 불가능한 역설 앞에서, 울프는 과학이 절대적 지식에 도달할 수 있다는 주장을 버려야 한다고 믿었다. 경험은 실험을 능가한다. 울프가 쓴 모더니즘 소설들 이래로, 아무것도 근본적으로 달라지지 않았다. 새로운 심리학들이 나타났다가 사라졌지만, 우리의 자기인식은 여전히 과학을 사로잡고 있으며, 너무나 리얼한 리얼리티a reality too real라 측량되지 않는다. 울프가 이해했듯이, 자아는 객관적 사실로 취급될 수 없는 허구이다. 게다가 우리의 자아를 허구의 작업으로 이해한다는 것은 우리의 자아를 가능한 한 온전하게 이해하는 것이다. 시인 월리스 스티븐스는 이렇게 말한 적이 있다. "최종적인 믿음은 허구에 대한 믿음이다. 우리가 아는 것은 허구요, 그것밖에 없다."[65]

신경과학이 인간의 의식에 대한 완전한 이론을 구축하려면 멀었지만, 그래도 울프의 예술에 대한 생각을 확증해주기는 했다. 즉 의식이란 과정이지 장소가 아니라는 것이다. 우리는 주의를 기울이는 순간 떠오른다. 가상의 자아가 없다면, 우리는 전혀 앞을 보지 못하는 장님들이다.

우리의 본질이 손에 잡히지 않는다는 바로 그 이유 때문에 우리가 그것을 이해하려는 모든 시도를 버려야 한다는 것은 아니다. 『등대로』는 앎의 어려움에 관한 소설이지만, 발견으로 끝난다. 마지막 장면에서, 울프는 릴리라는 인물을 통해 우리에게 우리의 역설적인 원천에도 불구하고 우리 자신에 대한 진실들을 알 수 있음을 보여준다.

소설 첫머리에서 릴리는 그림을 그리기 시작하면서, 자기 감각의 객관적 사실들을 묘사하고자 한다. "릴리가 포착하고자 하는 것은 신경에 와 닿는 물병 그 자체, 그것이 다른 어떤 것도 되기 전의 그 자체였다. 그것을 포착하고 다시 시작하자고 그녀는 필사적으로 말하며 이젤을 단호히 마주했다."[66] 그러나 자아 없이 바라본 세계라는 그 실재는 바로 우리가 볼 수 없는 것이다. 예술적 과정의 투쟁을 통해 릴리는 그 점을 알게 된다. "그녀는 아이러니컬하게 미소 지었다. 그림을 시작하면서, 그녀는 자기가 문제를 풀었다고 생각하지 않았던가?"[67]

소설이 끝날 무렵, 릴리는 자기 문제에 해답이 없음을 알게 된다. 자아는 피할 수가 없으며, 현실은 낱낱이 까발릴 수가 없다. "그 대신 작은 나날의 기적들이 있을 뿐이다. 어둠 속에서 뜻밖에 켜지는 성냥불처럼." 그녀의 그림은 서로 어울리지 않는 붓놀림으로 가득하지만 대단한 주장을 하지는 않는다. 그녀는 그것이 단지 다락방에 들어갈 그림일 뿐임을 안다. 그것은 아무것도 해결해주지 않겠지만, 아무것도 정말로 해결되는 않는다. 진짜 미스터리는 여전히 남으며 "위대한 계시란 결코 오지 않는다".[68] 릴리가 원하는 모든 것은 "자기 그림이 보통의 경험과 같은 수준이 되는 것, 저것은 의자이고 저것은 탁자임을 느끼는 것, 그러면서 그것이 기적이고 황홀경임을"[69] 느끼는

324_

것이다.

그 순간 용감하게 그림 한복판에서 아래쪽으로 붓을 내리그으며, 릴리는 자신이 표현하고 싶은 것을 본다. 단 한순간이나마. 그녀는 우리를 어떤 형태로 강제함으로써가 아니라 우리 경험의 취약한 현실을 받아들임으로써 그렇게 한다. 그녀의 예술은 우리를 있는 그대로 묘사한다. "꿈과 현실의 기묘한 조합, 화강암과 무지개의 끊임없는 결혼"[70]으로. 우리의 비밀은, 릴리도 알듯이, 우리가 답을 가지고 있지 않다는 것이다. 그녀가 하는 일은 질문을 제기하는 것이다. 소설은 창조에 관한 이런 힘찬 지적으로 끝맺는다.

갑작스러운 강도로, 마치 한순간 그것이 분명히 보이는 것처럼, 그녀는 거기 한복판에 선을 내리그었다. 됐다. 끝났다. 그래, 하고 극도로 지쳐서 붓을 내려놓으며 그녀는 생각했다. 나는 그걸 보았어.[71]

결론

1959년에 C. P. 스노는 그의 유명한 책『두 문화』에서 예술과 과학이라는 두 문화가 '상호 몰이해'를 겪고 있다고 선언했다. 그 결과 우리의 지식은 각기 나름대로의 습관과 어휘들을 지닌, 외로운 영지들의 집합이 되었다는 것이다. '문학적 지식인들'은 T. S. 엘리엇과 『햄릿』을 분석하는 반면, 과학자들은 우주의 소립자들을 연구한다. "그들의 태도는 너무나 달라서, 공통된 기반을 거의 찾을 수가 없다"고 스노는 썼다.

이런 분열에 대한 스노의 해결책은 '제3의 문화'를 조성하는 것이었다. 그는 이 새로운 문화가 과학자들과 예술가들 사이에 개재하는 '의사소통의 균열'을 메워주기를 희망했다. 시인들이 아인슈타인의 이론을 음미하고 물리학자들이 콜리지를 읽게 되면, 각기 상대를 이해하는 데서 이익을 얻을 것이다. 우리의 허구와 사실은 서로에게 자양이 될 것이다. 나아가 이 제3의 문화는 두 문화가 극단으로 치닫는 것을 견제해주기도 할 것이다.

스노의 예상은 적어도 부분적으로 옳았다. 제3의 문화는 이제 진지한 문화 운동이 되었다. 그러나 이 새로운 문화는 스노에게서 그 이름을 빌려오기는 했지만, 그의 기안에서 상당히 벗어나고 있다. 예술가들과 과학자들 간의 대화—말하자면 문화 공간의 공유—대신에, 오늘날 제3의 문화는 일반 대중과 직접 의사소통하는 과학자들을 가리키게 되었다. 그들은 자신들이 발견한 진리를 대중이 이해하기 쉬운 말로 풀어주는 것이다.

한편으로 이것은 중요하고도 필요한 현상이다. 오늘날 제3의 문화를 구성하는 많은 과학자들은 첨단 과학에 대한 대중의 이해를 제고하는 데 크게 기여했다. 리처드 도킨스에서 브라이언 그린에 이르기까지, 스티븐 핑커에서 E.O. 윌슨에 이르기까지, 이 과학자들은 중요한 과학적 연구를 하며 우아한 산문으로 글을 쓰고 있다. 그들의 저작 덕분에, 블랙홀이며 밈meme(문화유전자), 이기적 유전자 등이 우리 문화적 어휘의 일부가 되었다.

그러나 좀 더 깊이 들여다보면 이런 식의 제3의 문화에는 심각한 한계가 있음을 알 수 있다. 우선 그것은 기존의 두 문화 사이의 균열을 메우는 데 실패하고 있다. 여전히 대등한 대화가 이루어지지 않는 것이다. 과학자들과 예술가들은 제각기 불충분한 언어로 세계를 묘사하기를 계속하고 있다.

더구나 이런 과학적 사상가들이 선포하는 견해들은 종종 과학적 사업 및 인문학과의 관계에 대해 일차원적 시각을 취한다. E.O. 윌슨은 『통섭』—제3의 문화 운동을 위한 선언서로 간주되는 책—에서 인문학들이 '합리화'되어야 하며, 그들의 '경험주의 결여'가 환원주의적 과학에 의해 수정되어야 한다고 주장한다. 윌슨에 따르면, "통섭 세계관의 중심 사상은, 별들의 탄생에서 사회 제도의 작용에 이르기까지 모든 유형의 현상들이 아무리 길고 우회적인 과정을 거치더라도 궁극적으로는 물리학 법칙들로 환원 가능한 물질적 과정들에 기초해 있다는 것이다".[2]

윌슨의 이데올로기는 기술적으로는 진실이지만, 결국은 별 의미가 없다. 진지한 사람이라면 아무도 중력의 실재나 환원주의의 성취를 부인하지 않을 것이다. 윌슨이 망각하는 것은, 모든 문제에 대한 최선의 답이 양자역학에 있지는 않다는 사실이다. 어떤 것은 굳이 깨뜨려 열면, 단지 깨뜨려질 뿐이다. 이 책의 예술가들이 보여주는 것은 현실을 묘사하는 여러 가지 다른 방식이 있으며, 그 각각이 진리를 산출할 수 있다는 것이다. 물리학은 쿼크와 은하들을 묘사하는 데 유용하며, 신경과학은 뇌를 묘사하는 데 유용하고, 예술은 우리의 실제 경험을 묘사하는 데 유용하다. 이 여러 차원들은 명백히 상호 연관되어 있으면서도 자율적이다. 예술은 물리학으로 환원되지 않는다. 로버트 프로스트의 말대로 "시란 번역을 하면 상실되는 무엇이다". 우리의 제3의 문화는 바로 이런 점을 다루는 것**이라야** 한다. 그것은 다중적인 차원들의 공존을 기꺼이 받아들이는 것이라야 한다.

불행히도 오늘날 제3의 문화의 선각자들 다수는 과학적이 아닌 모든 것에 대해 극히 적대적이다. 그들은 예술이란 생물학의 징후일 뿐이며, 경험적이 아닌 모든 것은 오락일 뿐이라고 주장한다. 한층 더 나쁜 것은, 이 제3의 문화가 예술을 제대로 이해하지도 못한 채 그런 태도를 취할 때도 있다는 것이다. 스티븐 핑커의 최근 저서『빈 서판』 (2002)은 그런 습관의 완벽한 예이다.

핑커는 세 가지 그릇된 개념에 대한 낡은 '지적' 믿음들을 '철거'하고자 한다. 즉 '빈 서판'(마음은 본래 환경에 의해 형성된다는 믿음), '고귀한 야만인'(사람들은 본래 선한데 사회에 의해 타락했다는 믿음), '기계 속의 유령'(의식의 기저에는 비생물학적인 실체가 존재한다는 믿음)이 그것들이다. 이런 낭만적 신화들을 유포시킨 예술가들과 인문주의자들은 물론 핑커가 옹호하는 합리적 진화심리학자와 신경과학자의 숙적들이다.

"그 단적인 증거는 버지니아 울프의 유명한 말에서 발견된다"고 핑커는 썼다. "1910년 12월, 또는 그즈음에 인간 본성이 변했다"고 한 울프의 말은 "20세기 대부분의 시간 동안 엘리트 예술과 비평을 지배하게 될 모더니즘 철학을 구현하고 있으며, 모더니즘이 그처럼 인간 본성을 부인한 것이 포스트모더니즘에까지 이어졌다"[3]는 것이다. 핑커는 울프가 틀렸다고 지적한다. 왜냐하면 "인간 본성은 1910년에도, 그 후 어느 해에도 변하지 않았기 때문"이다.

핑커는 울프를 제대로 이해하지 못했다. 그녀는 짐짓 아이러니컬한 어조로 그렇게 말한 것이다. 그 말은 「소설의 인물」이라는 에세이에 나오는 것인데, 이 에세이에서 그녀는 이전의 소설가들이 마음의 내적인 작용을 무시한 것을 비판하고 있다. 그들과는 달리, 울프는 인간 본성을 반영하는 소설들을 쓰고자 한다는 것이다. 핑커 못지않게 그녀도 의식의 특정한 요소들은 항구적이며 보편적이라는 것을 이해하고 있었다. 마음은 단편적이지만, 자아는 바로 그런 단편들로부터 창발한다. 울프가 새로운 문학적 형식으로 옮기고자 한 것은 바로 이런 심리적 과정이었다.

그러나 핑커가 생각 없이 버지니아 울프를 공격한 것은 잘못이지만(아군을 적군으로 착각했으니), 그가 '포스트모더니즘의 사제들'이라 일컬은 대상에게 한 설교는 옳다. 포스트모더니즘은 모든 주의ism 가운데서도 가장 설명하기 어려운 것으로, 너무나 자주 과학과 과학적 방법에 대한 값싼 부정에 탐닉한다. 포스트모더니스트들은 진리란 없다고, 단지 서로 다른 묘사들이 있을 뿐이며 그 모두는 똑같이 타당성이 없다고 말한다. 이런 생각은 의당 오래가지 못한다. 어떤 진리도 완벽하지는 않지만, 그렇다고 해서 모든 진리가 똑같이 **불완전**하다는 뜻은 아니다. 우리는 온갖 주장들 가운데에서 옳고 그름을 가려나갈 방법을 필요로 한다.

그러므로 오늘날 우리 문화 속에서 우리는 서로 공격하는 두 가지 인식론적 극단을 만나게 된다. 포스트모더니스트들은 과학을 그저 또 다른 텍스트 정도로 무시해버리며, 많은 과학자들은 인문학을 가망 없는 오류로 치부한다. 유용한 대화를 구축하는 대신, 제3의 문화는 이런 서글픈 현상을 부채질할 따름이다.

버지니아 울프는 『댈러웨이 부인』을 시작하기에 앞서, 자신의 새

소설에서는 "심리학이 아주 현실적으로 수행될 것"이라고 썼다. 그녀는 이 책이 마음의 실제 상태를 포착하기를, 우리 삶의 핵심에서 일어나는 요동 많은 과정을 표현하기를 원했다. 너무나 오랫동안 허구는 의식에 대해 단순화된 시각에 탐닉해왔다고 그녀는 믿었다. 그녀는 사물을 현실만큼이나 복잡하게 만들 작정이었다.

마음에 대한 예술적 탐구는 버지니아 울프에게서 끝나지 않았다. 2005년, 영국 소설가 이언 매큐언은 『댈러웨이 부인』을 과학적으로 업데이트한 작품을 내놓았다. 그의 『토요일』은 상류층 런던 주민의 하루 동안의 삶을 이야기한다는 울프의 서술구조를 본뜨되(울프는 『율리시즈』의 서술구조를 본뜬 것인데), 이번에는 신경외과의사의 시각을 취하고 있다. 그 결과 심리학이 **아주** 사실적으로 수행된다. 『댈러웨이 부인』과 마찬가지로 『토요일』도 전쟁과 광기로 그늘져 있으며, 비행중인 비행기들과 수상首相에 대한 언급을 담고 있다. 삶의 일상적 순간들―장보기에서 스쿼시 게임에 이르기까지―이 삶의 **모든 것**을 담고 있는 것으로 묘사된다.

『토요일』은 새벽 전에 시작한다. 주인공 헨리 퍼로운 박사는 잠이 깬 자신을 발견한다. 비록 "그가 정확히 언제 정신이 들었는지는 분명치 않았고, 그 점이 그리 중요하게도 보이지 않았지만",[4] 그가 아는 것은 자기 눈이 뜨여 있고, 자기가 비록 비물질적이라 하더라도 촉지되는 무엇으로 **존재한다**는 것이다. "마치 어둠 속에 서서, 무로부터 물질화되어 나온 것만 같았다."[5]

물론 신경외과의사인 만큼, 헨리는 그보다는 더 잘 안다. 그는 우리의 대뇌피질과 친숙한 사이이다. 그것은 그에게 '일종의 고향'과도 같다. 그는 마음이란 뇌이며 뇌란 균열과 주름의 수초髓鞘화한 덩어리라고 믿는다. 매큐언은 책을 쓰는 동안 2년 이상 신경외과의사를 따라다니면서 인체의 해부학적 구조의 신기한 조화에 기뻐했다. 그는 우리에게 우리 원천의 순전한 낯설음을 보여주겠다고 강조한다.

그러나 동시에 매큐언은 자신의 주인공이 살고 있는 물질주의적 세계를 복잡하게 만든다. 헨리는 철학을 경멸하며 허구를 지겨워하지만, 그러면서도 줄곧 형이상학적인 몽상에 빠져 있다. 저녁식사로 쓸 생선을 고르면서, 헨리는 "이 특정한 생선이, 저 물고기 떼로부터 이 신문지에, 아니 바로 이 〈데일리 미러〉 신문지에 싸이게 될 확률이 얼마나 될까? 하나에서 무한이 모자라는 무엇이다. 마찬가지로 해안의 모래알들도 바로 그렇게 배열된 것이다. 세계의 무작위적 배열, 어떤 특정한 조건에 맞서는 상상할 수 없는 반대 확률."[6] 그런데도 그 모든 반대 확률을 무릅쓰고, 우리의 현실은 굳건히 견지된다. 생선은 거기에, 신문지에 싸여 비닐봉지 속에 들어 있다. 존재는 기적이다.

그것은 또한 덧없는 기적이기도 하다. 울프는 셉티머스라는 인물을 통해 그 점을 보여주었다. 그의 광기는 정상성의 연약함을 강조하는 역할을 한다. 매큐언은 헌팅턴 병을 앓는 백스터라는 인물을 택해 비슷한 효과를 산출한다. 신경외과의사는 백스터의 병이 "가장 순수한 형태의 생물학적 결정주의이다. 불행은 단 하나의 유전자에, 단 하나의 시퀀스의 과도한 반복에 있다"[7]고 본다. 이 사소한 오류에서 달아날 길은 없다.

그러나 매큐언은 그런 결정론적 관계가 인생 전반에 대해서도 참이라고 믿는 논리적 오류는 범하지 않는다. 헨리는 우리를 구성하는 물질의 진정한 선물은 우리가 단순한 물질 **이상**의 무엇이 되게 해준다는 점임을 안다. 노출된 뇌를 수술하면서, 헨리는 의식의 신비에 대해 반추한다. 그는 비록 과학이 뇌를 '해명'하기는 하지만 "경이는 남을 것"임을 안다. "이 축축한 질료가 내적인 영화관을, 생각과 시야와 소리와 감촉이 즉각적 현재의 생생한 환상으로 짜여지는 이 환한 영화관을 만들 수 있다. 그 중심에는 자아라는 또 다른 환하게 짜여진 환상이 유령처럼 떠돌고 있다. 물질이 어떻게 의식이 되는지, 한 번이라도 제대로 설명된 적이 있었던가?"[8]

『토요일』은 이 질문에 대답하지 않는다. 대신에 소설은 그 질문에는 답이 없음을 거듭 우리에게 상기시킨다. 우리는 마음이 세포라는 물을 어떻게 의식이라는 포도주로 바꾸는지 결코 알지 못할 것이다. 비극적인 유전적 결함으로 정의되는 인물인 백스터조차도 결국에는 한 편의 시 때문에 변한다. 헨리의 딸이 매슈 아놀드의 「도버 해안」을, 물질주의의 우울함에 대한 시를 암송하기 시작하자, 백스터는 놀라서 몸이 굳어진다. 그 말들은 "그가 거의 정의할 수 없는 동경을 촉발했다".[9] 『토요일』의 플롯은 이 우연한 사건을, 기껏해야 한 편의 시를 이루는 단어들에 감동하는 마음을 축으로 회전한다. 시는 물질을 뒤흔든다. 그 이상 황당한 일이 있을까?

매큐언은 『토요일』을 시작했던 것과 같은 방식으로 끝맺는다. 어둠 속에서, 현재형으로, 헨리는 자리에 누워 있다. 긴 하루였다. 헨리가 잠 속으로 끌려갈 때, 그의 마지막 생각은 뇌나 외과수술이나 물질주의에 관한 것이 아니다. 그 모든 것은 아득히 멀어진다. 대신에 헨리의 생각은 우리가 일찍이 알 수 있는 유일한 현실인 우리의 **경험**을 향해 돌아선다. 의식의 느낌. 느낌의 느낌. "항상 이것이 있으며, 그의 남은 생각들 중 하나이다. 그러고는, 이것이 있을 뿐이다."[10]

매큐언의 작품은 현기증 나는 과학적 세부의 시대에도 예술가는 여전히 필요한 목소리라는 강력한 논증이다. 허구라는 수단을 통해, 매큐언은 과학의 한계를 탐사하고, 그 유용성과 웅변에 정당한 평가를 내리고자 한다. 그는 비록 우리의 삶에 물질의 속성이 있다는 것을 결코 의심해본 적이 없지만—그 때문에 외과의사는 우리의 상처를 낫게 할 수 있다—그와 동시에 자신을 의식하는 마음이라는 역설을 포착한다. 우리가 뇌인 한, 우리는 그 자신의 시작을 응시하는 뇌이다.

『토요일』은 드문 문화 상품이며, 그것은 매큐언의 거장적 솜씨 때문만은 아니다. 그것은 아마도 새로운 제4의 문화의 탄생을 상징하는지도 모른다. 인문학과 과학 **사이**의 관계를 발견하려 하는 문화 말이다. 이 제4의 문화는, 그 개념에 있어 스노의 독창적인 정의와 훨씬 더 가까우며, 임의적인 지적 경계선을 무시하고, 구분하는 선들을 흐려놓으려 할 것이다. 그것은 과학과 인문학 사이에 자유로이 지식을 이식하며, 환원적 사실들을 우리의 실제 경험과 연관시키는 데 초점을 맞출 것이다. 그것은 진리에 대한 실용주의적 시각을 취할 것이고, 진리를 그 기원이 아니라 유용성의 기준에서 판단할 것이다. 이 소설 또는 실험 또는 시 또는 단백질이 우리에게 우리 자신에 대해 가르쳐주는 것은 대체 무엇인가? 그것은 우리가 누구인가를 아는 데 얼마나 도움이 되는가? 어떤 해묵은 문제를 해결했는가?

만일 우리가 이런 질문들에 대해 열린 마음으로 대답한다면, 우리는 시가 과학의 약어들만큼이나 진실하고 유용할 수 있음을 발견할 것이다. 과학은 우주를 탐구하는 주된 방법이 되고자 하지만, 과학이 그 자체로서 모든 것을 해결할 수 있다고, 혹은 모든 것이 해결될 수 있다고 생각하는 것은 순진한 일이다. 현대 과학의 아이러니 중 하나는 그 가장 심오한 발견 중 몇몇—하이젠베르크의 불확실성 원리⁂나 의식의 창발적 본질 등—이 사실 과학의 한계에 관한 것이라는 점이다. 소설가이자 나비 연구가였던 블라디미르 나보코프가 언젠가 말했듯이, "과학이 위대할수록, 신비감은 더욱 깊어진다".[11]

우리는 이제 우리가 결코 모든 것을 알 수 없으리라는 사실을 알 만큼 안다. 그 때문에 우리는 예술을 필요로 한다. 예술은 우리에게 어떻게 신비를 지니고 살 것인가를 가르쳐준다. 예술가만이 우리에게 해답을 제공하지 않으면서도 말할 수 없는 것을 탐구할 수 있다. 때로는 도대체 답이 없을 때도 있으니 말이다. 존 키츠는 이런 낭만

⁂ 양자역학의 이 원리에 따르면, 입자의 위치 모멘텀(질량 시간 속도) 중 한 가지는 알 수 있지만, 두 가지 변수를 동시에 알 수는 없다고 한다. 다시 말해 어떤 일에 대해 모든 것을 알 수는 없다는 것이다.

적 충동을 '부정적 능력'이라 불렀다. 그는 셰익스피어를 위시한 몇몇 시인들이 "사실과 이성에 초조하게 손 뻗치지 않고 불확실성과 신비와 의심 속에 남는 능력"[12]을 가졌다고 말했다. 키츠는 어떤 것이 해결될 수 없다거나 물리학 법칙으로 환원될 수 없다고 해서 실재가 아니라고 할 수 없음을 깨달았다. 우리가 지식의 변경을 넘어 나아갈 때, 우리가 가진 것은 예술뿐이다.

그러나 우리가 제4의 문화를 얻을 수 있기 전에 기존의 두 문화는 각기 습관을 바꾸어야 한다. 우선 인문학은 과학에 대한 진지한 관심을 가져야 한다. 헨리 제임스는 작가란 아무것도 놓치지 않는 사람이라고 정의했다. 예술가들은 과학의 부름에 귀 기울이고, 과학의 현실 묘사를 무시하지 말아야 한다. 모든 인문주의자가 '자연'을 읽을 줄 알아야 한다.

동시에 과학은 자신의 진리가 유일한 진리가 아님을 인정해야 한다. 어떤 지식도 앎에 대한 독점권을 갖지 않는다. 그 단순한 생각이야말로 어떤 제4의 문화에도 출발 전제가 될 것이다. 과학의 저명한 옹호자인 칼 포퍼는 이렇게 썼다. "우리는 지식의 궁극적 근원이라는 생각을 버리고, 모든 지식이 인간적임을, 지식은 우리의 오류, 선입견, 꿈, 희망들과 뒤섞여 있음을, 우리가 할 수 있는 것은 설령 우리 손이 닿지 않는 곳에 있더라도 진리를 찾아 나아가는 것뿐임을 인정할 필요가 있다. 비판적 이성이 도달할 수 있는 한계 너머에는 권위가 따로 없다."[13]

나는 이 책이 예술과 과학이 어떻게 통합되어 비판적 이성의 범위를 확장해갈 수 있는지 보여주었기를 바란다. 예술과 과학 모두가 유용할 수 있으며 진실일 수 있다. 우리 시대에 예술은 과학적 환원주의의 지나친 우위에 꼭 필요한 평형추일 수 있으며, 특히 과학이 인간 경험의 영역에 적용될 때는 그러하다. 이것이 예술가의 목표이다. 우리의 진실을, 그 모든 연약함과 물음표에도 불구하고 현안으로 간직하는 것이다. 휘트먼이 한때 말했듯이, 세상은 넓다. 세상은 다중성을 포함한다.

| 감사의 말 |

무슨 말부터 해야 할까? 이 책을 쓰게 된 경위부터 이야기해야 할 것 같다. 내 에이전트 엠마 패리가 『시드Seed』지에 실린 내 짧은 기사를 읽고서 내게 연락을 했다. 그리고 놀라운 인내심으로 내 길잡이가 되어주었다. 초고들은 뒤죽박죽이었지만, 그녀는 내가 프루스트와 신경과학에 관해 가지고 있던 무질서한 생각들을 일관성 있는 책으로 다듬어나가도록 도와주었다.

내 연구의 대부분은 옥스퍼드 대학에서 한 것이다. 온종일 도서관에서 공부할 수 있는 사치를 허락해준 데 대해 로즈 장학재단에 감사드린다.

처음에 이 책을 구상한 것은 에릭 캔들 박사의 신경과학 실험실에서 일하던 무렵이었다. 그 일을 시작했을 때는 나도 과학자가 되려는 꿈을 가지고 있었지만, 그의 박사후연수생들이며 대학원생들과 몇 년을 보내면서 차츰 내 자질 부족을 깨닫게 되었다.(언젠가 W. H. 오든은 과학자들 가운데서 자신이 "마치 공작 나리들이 가득한 방에 잘못 들어온 추레한 보좌신부처럼 느껴졌다"고 말한 적이 있다. 나는 그게 어떤 느낌인지 너무나 잘 안다.) 나는 캔들 박사가 내게 과학 실험에 참가할 기회를 준 데 대해 언제까지나 감사할 것이다. 아울러 내가 이 책을 쓰는 동안 내 대화 상대가 되어준 모든 과학자들에게도 감사하고 싶다. 나는 박사후연수생들이야말로 21세기의 고뇌하는 예술가들이라고 믿는다.

캔들 박사의 실험실에서 나는 카우시크 사이 박사를 위해 일했다. 그보다 더 훌륭한 멘토는 만날 수 없었을 것이다. 그의 명철함과 친절함은 내게 언제나 새로운 영감을 불어넣어주었다. 나 때문에 그의 연구가 몇 년 늦어지긴 했겠지만—나는 실험에 실패하는 데 명수였다—문학과 과학에 대한 우리의 대화는 내 생각을 전개하는 데 없어서는 안 될 만큼 중요한 것이었다.

그리고 내 거친 초고를 읽고 개선 방안을 의논해준 참을성 많은 사람들이 있다. 자드 아붐라드, 스티븐 풀리무드, 폴 털리스, 사리 레러, 로버트 크룰위치 등의 도움이 아니었더라면 이 책은 이보다 못한 것이 되었을 터이다. 나는 호튼 미플린 출판사의 모든 분께도 감사드리고 싶다. 특히 책을 만드는 세세한 작업을 유능하게 이끌어준 윌 빈센트, 원고에서 오류를 찾아내고 바로잡는 데 탁월한 솜씨를 보여준 트레이시 로우에게 감사한다.

아만다 쿡은 정말이지 놀라운 편집자이다. 그녀에 대해서는 아무리 칭찬해도 모자랄 것이다. 그녀의 조언들이 없었더라면, 이 책은 지금보다 배는 더 길어졌을 것이고 읽기도 그만큼 더 힘들었을 것이다. 그녀는 내 글뿐 아니라 내 생각도 고쳐주었다. 아만다는 내가 아주 방대한 주제에 대한 책을 쓰도록 신용해주었고, 나는 그 점에 대해 언제나 감사할 것이다.

마지막으로, 나는 여자친구 세러 리보비츠와 어머니 아리엘라 레러에게 갚을 수 없는 빚을 졌다. 두 사람 모두 이 책을 수도 없이 다시 읽어주었다. 내가 쓴 글에 낙심해 있을 때면 용기를 주었고, 할 일을 제쳐놓고 있을 때면 나를 일깨워주었다. 한 문장 한 문장이 그들의 격려와 비판과 사랑 때문에 더 나은 것이 되었다. 그들이 없었더라면 불가능한 일이었다.

영국 낭만주의 시인 바이런 경의 딸 에이더 바이런 러블레이스는 '최초의 컴퓨터 프로그래머'로 알려져 있다. 탁월한 수학자였던 그녀는 컴퓨터의 선구자 찰스 배비지의 이론을 소개하는 논문을 번역하면서 원문의 세 배 길이에 달하는 긴 주석에서 사실상 컴퓨터 프로그래밍에 해당하는 작업을 했던 것이다. 흥미로운 것은 이 병약하고 아름다운 귀족 여성이 수학을 공부하게 된 동기이다. 그녀의 어머니는 딸이 시인 아버지로부터 물려받았을 무절제하고 부도덕한 '시인 기질'을 다스리기 위해 일찍부터 수학을 공부하게 했고, 당대 과학 및 기술의 첨단을 걷는 인사들과의 교제를 장려했다고 한다. 시의 분방함과 수학의 엄격함이라는 이분법을 보여주는 극단적인 예라 할 것이다. 그런 어머니에게 딸은 반문한다. "만일 시가 안 된다면 '시적인 과학'은 허락해주실 수 없나요?" 그녀는 수학이란 "사물들 사이의 보이지 않는 관계의 언어"이며 "상상력이야말로 보이지 않는 실재를 감지하고 발견하는 능력"이라 생각했고, "수학을 계속 공부하다보면 마침내는 시인이 될 것 같다"고까지 했다.

시와 수학, 문학과 과학, 예술과 기술, 이런 이분법은 그저 당연한 것으로 받아들여지곤 한다. 뿐만 아니라 '문과'와 '이과' 중 택일을 해야 하는 교육제도는 일찌감치 관심과 재능을 어느 한쪽에만 기울이게 하므로, 인문학과 자연과학은 제각기 발전할수록 점점 더 상호소통이 어려워져간다. 아예 별개의 '두 문화'가 존재한다고 할 정도의 세상이 된 지 오래다. 하지만 다시 생각해보면 근본적으로는 인문학도 자연과학도 인간과 세계에 대한 관심에서 출발하기는 마찬가지다. 단지 시각이 다를 뿐. 에이더의 말처럼, 수학도 시도 궁극적으로는 사물들 사이의 보이지 않는 관계, 보이지 않는 실재를 탐구하는 것이 아닌가? 그렇게 본다면, 문학이나 예술이 발견한 진실들이 과학적으로 확인되고 규명된다는 것은 얼마든지 있을 수 있는 일이다. 또는 과학의 발전으로 변모한 세계관이 문학이나 예술에 반영된다는 것도 극히 당연한 일이다.

조나 레러의 이 작은 책은 바로 그런 일치를 다루고 있다. 신경과학 실험실에서 프루스트를 읽기 시작했다는 이 남다른 취미의 소유자는 프루스트의 문학이 탐구한 바를 신경과학의 실험들에서 재확인하는 놀라운 경험을 하게 되었다고 한다. "이 소설가는 내 실험들을 이미 예고하고 있었다. 프루스트와 신경과학은 우리의 기억이 어떻게 작용하는가에 대한 시각을 공유하고 있었다. 만일 주의 깊게 귀를 기울이기만 한다면, 그 두 가지는 사실상 같은 내용을 말하는 것이었다." 그리하여 관심의 폭을 넓힌 그는 프루스트뿐 아니라 현대 문화의 형성에 기여한 여러 작가 및 예술가들이 이미 인간의 마음에 대한 통찰에서 신경과학을 훨씬 앞지르고 있었음을 발견하게 된다. 그 대표적인 예가 그가 이 책에 제시한 '여덟 명의 작가와 화가, 작곡가, 요리사가 발견한 인간 두뇌의 비밀'이다. 즉 월트 휘트먼, 조지 엘리엇, 마르셀 프루스트, 거트루드 스타인, 버지니아 울프 등의 문학이, 폴 세잔의 회화와 이고르 스트라빈스키의 음악이, 그리고 심지어 에스코피에의 요리법이, 첨단 신경과학의 발견들을 예고하고 있다는 것이다. 뿐만 아니라 저자는 단순히 그런 일치점들을 지적하는 데 그치지 않고 문제된 작가나 예술가들이 살았던 시대적 배경까지 훌륭히 그려내 문화사로 읽기에도 흥미로운 책을 쓰고 있다.

의당 그러하리라고 막연히 생각하는 것과는 달리, 그가 구체적으로 펼쳐 보이는 일치점들은 일견 너무 놀라워서 저자의 특출한 총기만이 찾아낼 수 있었던 예외적인 사례들이 아닐까 하는 생각이 들 정도이다. 문학과 과학 사이의 우연한 일치점, 기껏해야 작품세계의 일각에 해당하는 접점만을 모아놓은 것이 아닌가 하는 의구심이 들기도 한다. 하지만 곰곰이 읽어보면, 그는 각 작가 및 예술가의 작업에서 그 근본적인 신조信條와 기도企圖를 짚어내고 있음을 알 수 있다. 그는 몸과 마음이 하나라는 월트 휘트먼의 신조를, 인간은 어떤 결정론에도 구속되지 않는 자유로운 존재라는 조지 엘리엇의 믿음을 신경과학의 발견들로 설명하는 것이다. 마르셀 프루스트에게서는 잃어버린 시간을 되찾기 위한 기나긴 반추反芻가, 버지니아 울프에게서는 덧없이 스러지는 인상들 가운데서 자기정체성을 구축하려는 필사적인 노력이 역시 신경과학에 의해 재검증된다. 그런가 하면 세잔이나 스트라빈스키의 작업이 갖는 의의는 시각 및 청각의 작용을 과학적으로 이해할 때 한결 더 분명해진다. 이쯤 되면 예술과 과학이 인간과 세계를 이해한다는 목표를 공유하고 있다는 데 새삼 고개를 끄덕이게 된다.

결론적으로 저자는 이러한 일치점들에서 한 걸음 더 나아가 '두 문화' 간 대화의 양태에 이의를 제기한다. 그에 따르면, 오늘날 '두 문화'의 간극을 극복하기 위해 나타난 이른바 '제3의 문화'라는 것이 대개는 과학을 일반대중에게 소개하는 차원에 그치고 있어, 진정한 의미에서의 대화는 되지 못한다는 것이다. 그가 생각하기에 정말로 필요한 것은 과학과 인문학 사이의 상호적인 소통과 교류이다. "인문학이 과학에 대한 진지한 관심을 가져야" 하는 만큼이나 "과학은 자신의 진리가 유일한 진리가 아님을 인정"하고 인문학이 발견한 진실들에도 눈을 떠야 한다는 것이다. 다시 에이더 바이런의 말을 빌리자면, 그렇듯 '시적인 과학' 내지 '과학적인 시'라는 통합이 이루어질 때 비로소 인간의 잠재력은 온전히 실현될 것이다. 현대 신경과학이 속속 밝혀내고 있는 대로, 인간의 마음이란 정말이지 무한히 창조적인 것이니 말이다!

문학을 전공한 역자가 이 책을 번역하게 된 것은 지호출판사와의 약속 때문이다. 평소 과학사에 관심이 있어 연금술과 화학에 관한 책을 한 권 번역해놓고는 마땅히 책을 낼 데를 찾지 못하고 있을 때 지호에서 선뜻 출간을 맡아주신 것이 감사하여 "그 대신 언젠가 지호에서 내려는 책을 번역해드리겠다"고 약속했던 것이다. 그 후 상당한 시간이 지나도록 아무 소식이 없어 약속한 일을 차츰 잊어가고 있었는데, 어느 날 정말로 연락이 왔다! 그런데 신경과학이라니! 과학사에 대한 호기심이 있다고는 해도 주로 세계상像과 관계된 분야에 그칠 뿐, 첨단과학에는 문외한인 역자로서는 난감하기만 했다. 문학과 예술에 관한 내용이 반 이상이라고는 하나, 그래도 모르는 내용이 또 반이 아닌가! 다행히도 과학서의 베테랑 편집자인 김철식 편집장께서 얼마든지 도움을 주겠다고 하고, 또 과학을 전공한 번역가 안시열 씨가 공역을 맡아주어 마음을 놓았다. 이런 분들의 도움이 없었더라면 엄두도 내지 못했을 일이고, 이보다 훨씬 못한 번역이 되었을 터이다. 하지만 그렇다 하더라도 최종적인 책임은 역자에게 있으니, 행여 잘못된 번역이 있다면 바로잡아주시기 바란다.

2007년 11월

최애리

1. 월트 휘트먼 : 감정의 질료

1) "Was somebody asking to see the soul?/See, your own shape and countenance/Behold, the body includes and is the meaning, the main;/Concern, and includes and is the soul" Walt Whitman, *Leaves of Grass: The "Death-Bed" Edition* (New York: Random House, 1993), p. 27.

2) Ibid., p. 702.

3) As cited in Paul Berman, "Walt Whitman's Ghost," *The New Yorker* (June 12, 1995), p. 98~104.

4) Antonio Damasio, *Descartes' Error* (London: Quill, 1995), p. 118.

5) Brian Burrell, *Postcards from the Brain Museum* (New York: Broadway Books, 2004), p. 211.

6) Jerome Loving, *Walt Whitman* (Berkeley: University of California Press, 1999), p. 104.

7) Horace Traubel, *Intimate with Walt: Selections from Whitman's Conversations with Horace Traubel, 1882~1892* (Des Moines: University of Iowa Press, 2001).

8) Loving, *Walt Whitman*, p. 168.

9) Ralph Waldo Emerson, *Nature, Addresses, and Lectures* (Boston: Houghton Mifflin, 1890), p. 272.

10) Loving, *Walt Whitman*, p. 224.

11) Ibid., p. 150.

12) Donald D. Kummings and J. R. LeMaster, eds., *Walt Whitman: An Encyclopedia* (New York: Garland, 1998), p. 206.

13) Emerson, *Nature*, p. 455.

14) Ralph Waldo Emerson, *Selected Essays, Lectures and Poems* (New York: Bantam, 1990), p. 223.

15) "I am the poet of the body / And I am the poet of the soul / I go with the salves of the earth equally with the masters / And I will stand between the masters and slaves, / Entering into both so that both shall understand me alike." Ed Folsom and Kenneth M. Price, "Biography," Walt Whitman Archive, http://www. whitmanarchive.org/biography (accessed January 7, 2005).

16) Loving, *Walt Whitman*, p. 189.

17) Ibid. p. 241.

18) Ibid.

19) Whitman, *Leaves of Grass: The "Death-Bed" Edition*, p. 699.

20) "O my body! I dare not desert the likes of you in other men / and women, nor the likes of the parts of you, / I believe the like of you are to stand or fall with the likes / of the soul, (and that they are the soul,) / I believe the likes of you shall stand or fall with my / Poems, and that they are my poems." Ibid., p. 128.

21) Ibid., p. 387.

22) Loving, *Walt Whitman*, p. 1.

23) Edwin Haviland Miller, ed., *Walt Whitman: The Correspondence* (New York: New York University Press, 1961~1977), p. 59.

24) Ibid. p. 77.

25) Loving, *Walt Whitman*, p. 1.

26) "From the stump of the arm, the amputated hand / I undo the clotted lint, remove the slough, wash off the matter and blood, / Back on his pillow the soldier bends with curv'd neck and side-falling head, / His eyes are closed, his face pale, he dares not look on the bloody stump." Whitman, *Leaves of Grass: The "Death-Bed" Edition*, p. 388.

27) Ibid. p. 91.

28) Silas Weir Mitchell, *Injuries of Nerves, and Their Consequences* (Philadelphia, Lippincott, 1872).

29) Herman Melville, *Redburn, White-Jacket, Moby Dick* (New York: Library of America, 1983), p. 1294~1298.

30) Laura Otis, ed., *Literature and Science in the Nineteenth Century* (Oxford: Oxford University Press, 2002), p. 358~363.

31) William James, "The Consciousness of Lost Limbs," *Proceedings of the American Society for Psychical Research 1*(1887).

32) Wiliam James, *Writings: 1878~1899* (New York: Library of America, 1987), p. 851.

33) Bruce Wilshire, ed., *William James: The Essential Writings* (Albany: State University of New York, 1984), p. 333.

34) Ibid., p. 337.

35) Louis Menand, *The Metaphysical Club* (New York: Farrar, Straus, Giroux, 2001), p. 324.

36) James, *Writings: 1878~1899*, p. 996.

37) Whitman, *Leaves of Grass: The "Death-Bed" Edition*, p. 26.

38) William James, "What is an Emotion," *Mind* 9 (1884), p. 188~205.

39) Antonio Damasio, *Descartes' Error* (London: Quill, 1995), p. 226.

40) Ibid., p. 212~217.

41) Friedrich Nietzsche, *The Portable Nietzsche* (Viking: New York, 1977), p. 146.

42) Whitman, *Leaves of Grass: The "Death-Bed" Edition*, p. 130.

43) Walt Whitman, *Leaves of Grass* (Oxford: Oxford University Press, 1998), p. 456.

44) Ibid., p. 20.

45) Whitman, *Leaves of Grass: The "Death-Bed" Edition*, p. 64.

46) Ralph Waldo Emerson, *Selected Essays, Lectures and Poems* (New York: Bantam, 1990), p. 291.

47) Whitman, *Leaves of Grass: The "Death-Bed" Edition*, p. 36.

48) Randall Jarrell, *No Other Book* (New York, HarperCollins, 1999), p. 118.

49) Whitman, *Leaves of Grass: The "Death-Bed" Edition*, p. 77.

50) "Come, said my soul, / Such verses for my Body let us write, (for we are one)."

2. 조지 엘리엇 : 자유의 생물학

1) Jane Austen, *Emma* (New York: Modern Library, 1999), p. 314.

2) Gordon Haight, ed., *George Eliot's Letters* (New Haven: Yale University Press, 1954 1978), vol. VI, p. 216~217.

3) David Caroll, ed., *George Eliot: The Critical Heritage* (London: Routledge and Kegan Paul, 1971), p. 427.

4) Michael Kaplan and Ellen Kaplan, *Chances Are…* (New York: Viking, 2006), p. 42.

5) Louis Menand, *The Metaphysical Club* (New York: Farrar, Straus and Giroux, 2002), p. 195.

6) Haight, ed., *George Eliot's Letters*, vol. VIII, pp. 56~57.

7) Ibid., VIII, p. 43.

8) George Eliot, *Middlemarch* (London: Norton, 2000), p. 305.

9) Valeris A. Dodd, *George Eliot: An Intellectual Life* (London: Macmillan, 1990), p. 227.

10) George Levine, ed., *Cambridge Companion to George Eliot* (Cambridge: Cambridge University Press, 2001), p. 107.

11) George Lewes, *Comte's Philosophy of the Sciences* (London: 1853), p. 92.

12) Haight, ed., *George Eliot's Letters*, vol. IV, p. 166.

13) Eliot, *Daniel Deronda* (New York: Penguin Classics, 1996), p. 1.

14) Haight, ed., *George Eliot's Letters*, vol. III, p. 214.

15) Eliot, *Daniel Deronda*, p. 1.

16) Eliot, *Middlemarch*, p. 124.

17) Rosemary Ashton, *George Eliot: A Life* (New York: Allen Lane, 1996), p. 145.

18) Eliot, *Middlemarch*, p. 126.

19) Eliot, *Daniel Deronda*, p. 380.

20) Eliot, *Middlemarch*, p. 514.

21) Eliot, *Middlemarch*, p. 512.

22) Ashton, *George Eliot: A Life*, p. 305.

23) Eliot, *Middlemarch*, p. 734.

24) Thomas Huxley, "On the Hypothesis That Animals Are Automata, and Its History," *Fortnightly Review* (1874), pp. 575~577.

25) J. Altman, "Are New Neurons Formed in the Brains of Adult Mammals?," *Science* 135 (1962), pp. 1127~1128.

26) M. S. Kaplan, "Neurogenesis in the 3 Month Old Rat Visual Cortex," *Journal of Comparative Neurology* 195 (1981), pp. 323~338.

27) Personal interview at Rockefeller Field Research Center, July 25, 2006.

28) Michael Specter, "Rethinking the Brain," *The New Yorker*, July 23, 2001.

29) Thomas Kuhn, *The Structure of Scientific Revolutions*, 3rd ed. (Chicago: University of Chicago Press, 1996), p. 53.

30) C. L. Coe et al., "Prenatal Stress Diminishes Neurogenesis in the Dentate Gyrus of Juvenile Rhesus Monkeys," *Biology Psychiatry* 10 (2003), pp. 1025~1034.

31) F. H. Gage et al., "Survival and Differentiation of Adult Neural Progenitor Cells Transplanted to the Adult Brain," *Proceedings of the National Academy of Sciences* 92 (1995).

32) Greg Miller, "New Neurons Strive to Fit In," *Science* 311 (2006), pp. 938~940.

33) Luca Santarelli et al., "Requirement of Hippocampal Neurogenesis for the Behavioral Effects of Antidepressants," *Science* 301 (2003), pp. 805~808.

34) Robert Olby, *The Path to the Double Helix* (London: Macmillan, 1974), p. 432.

35) Richard Dawkins, *The Selfish Gene* (Oxford: Oxford University Press, 1976), p. ix.

36) Richard Lewontin, *Biology as Ideology* (New York: Harpert, 1991), p. 67.

37) J. Sharma, A. Angelucci, and M. Sur, "Induction of Visual Orientation Modules in Auditory Cortex," *Nature* 404 (2000), pp. 841~847.

38) Sandra Blakeslee, "Rewired Ferrets Overturn Theories of Brain Growth," *The New York Times*, April 25, 2000, sec. F1.

39) A. R. Muotri, et al., "Somatic Mosaicism in Neuronal Precursor Cells Mediated by L1 Retrotransposition," *Nature* 435, pp. 903~910.

40) Charles Darwin, *On the Origin of Species by Means of Natural Selection, or the Preservation of Favored Races in the Struggle for Life* (London: John Murray, 1859), p. 112.

41) Karl Popper, *Objective Knowledge* (Oxford: Oxford University Press, 1972), ch. 6.

42) George Eliot, "The Natural History of German Life," *The Westminster Review*, July 1856.

43) Haight, ed., *George Eliot's Letters*, vol. VI, pp. 216~217.

44) Ibid. p. 166.

3. 오귀스트 에스코피에 : 맛의 정수

1) Auguste Escoffier, *The Escoffier Cookbook: A Guide to the Fine Art of Cookery for Connoisseurs, Chefs, Epicures* (New York: Clarkson Potter, 1941), p. 1.

2) Auguste Escoffier, *Escoffier: The Complete Guide to the Art of Modern Cookery* (New York: Wiley, 1983), p. xi.

3) Amy Trubek, *Haute Cuisine: How the French Invented the Culinary Profession* (Philadelphia: University of Pennsylvania Press, 2001), p. 126.

4) Escoffier, *The Escoffier Cookbook*, p. 224.

5) Jean Anthelme Brillat-Savarin, trans. M.F.K. Fisher, *The Physiology of Taste* (New York: Counterpoint Press, 2000), p. 4.

6) Alex Renton, "Fancy a Chinese?," *The Observer Food Magazine*, July 2005, pp. 27~32.

7) Ibid.

8) K. Ikeda, "New Seasonings," *Journal of Chemical Society of Tokyo* 30 (1909), pp. 820~836.

9) J. I. Beare, ed., *Greek Theories of Elementary Cognition from Alcmaeon to Aristotle* (Oxford: Clarendon Press, 1906), p. 164.

10) Stanley Finger, *Origins of Neuroscience* (Oxford: Oxford University Press, 1994), p. 165.

11) For a delightful tour of the culinary uses of umami see Jeffrey Steingarten, *It Must've Been Something I Ate* (New York: Vintage, 2003), pp. 85~99.

12) N. Chaudhari et al., "A Novel Metabotropic Receptor Functions as a Taste Receptor," *Nature Neuroscience 3* (2000), pp. 113~119.

13) G. Nelson et al, "An Amino-Acid Taste Receptor," *Nature* 416 (2002), pp. 119~202.

14) M. Schoenfeld et al., "Functional MRI Tomography Correlates of Taste Perception in the Human Primary Taste Cortex," *Neuroscience* 127 (2004), pp. 347~353.

15) Stephen Pincock, "All in Good Taste," *FT Magazine*, June 25, 2005, p. 13.

16) Kenneth James, *Escoffier: The King of Chefs* (London: Hambledon & London, 2002), p. 109.

17) Escoffier, *The Complete Guide*, p. 67.

18) Richard Axel, lecture, December 1, 2005: MIT, Picower Institute.

19) Rachel Herz, "The Effect of Verbal Context on Olfactory Perception," *Journal of Experimental Psychology*: General 132 (2003), pp. 595~606.

20) Eric Kandel, James Schwartz, and Thomas Jessell, *Principles of Neural Science*, 4th ed. (New York: McGraw Hill, 2000), p. 632.

21) I. E. de Araujo, et.al., "Cognitive Modulation of Olfactory Processing," *Neuron* 46 (2005), pp. 671~679.

22) James, *Escoffier: The King of Chefs*, p. 47.

23) Daniel Zwerdling, "Shattered Myths," *Gourmet* (August 2004), p. 72~74.

24) Donald Davidson, *Inquiries into Truth and Interpretation* (Oxford: Oxford University Press, 2001), p. 189.

25) O. Beluzzi et al, "Becoming a New Neuron in the Adult Olfactory Bulb" *Nature Neuroscience* 6 (2003), pp. 507~518.

26) J. D. Mainland et al., "One Nostril Knows What the Other Learns," *Nature* 419 (2002), p. 802.

27) C. J. Wysocki, "Ability to Perceive Androstenone Can Be Acquired by Ostensibly Anosmic People" *Proceedings of the National Academy of Sciences* 86 (1989). and L. Wang et al. "Evidence for Peripheral Plasticity in Human Odour response," *Journal of Physiology* (January 2004), pp. 236~244.

28) James, *Escoffier: The King of Chefs*, p. 132.

29) Escoffier, *The Escoffier Cookbook*, p.1

30) Sam Sifton, "The Cheat," *The New York Times Magazine*, May 8, 2005.

4. 마르셀 프루스트 : 기억의 방법

1) Charles Baudelaire, *Baudelaire in English* (New York: Penguin, 1998), p. 91.

2) Marcel Proust, *Time Regained*, vol. IV (New York: Modern Library, 1999), p. 441.

3) Ibid., p. 322.

4) As Cited in Joshua Landry, *Philosophy as Fiction: Self, Deception and Knowledge in Proust* (Oxford: Oxford University Press, 2004), p. 163.

5) Proust, *Time Regained*, p. 284.

6) Ibid., p. 206.

7) Marcel Proust, *Swann's Way*, vol. I (New York: Modern Library, 1998), p. 60.

8) Ibid., p. 63.

9) Rachel Herz and J. Schooler, "A Naturalistic Study of Autobiographical Memories Evoked by Olfactory and Visual Cues: Testing the Proustian Hypothesis," *American Journal of Psychology* 115 (2002), pp. 21~32.

10) Proust, *Swann's Way*, p. 63.

11) Ibid., p. 64.

12) Ibid., p. 59.

13) As cited in Landry, *Philosophy as Fiction*, p. 4.

14) Stanley Finger, *Minds Behind the Brain* (Oxford, Oxford University Press, 2000), p. 214.

15) Karim Nader et al, "Fear Memories Require Protein Synthesis in the Amygdala for Reconsolidation after Retrieval," *Nature*, 406, pp. 686~687. see also J. Debiec, J. LeDoux, K. Nader, "Cellular and Systems Reconsolidation in the Hippocampus," *Neuron* 36 (2002); K. Nader et al., "Characterization of Fear Memory Reconsolidation," *Journal of Neuroscience* 24 (2004), pp. 9269~9275.

16) Proust, *Time Regained*, p. 225.

17) Proust, *Swann's Way*, p. 606.

18) K. Si, E. Kandel, and S. Lindquist, "A Neuronal Isoform of the Aplysia CPEB Has Prion-Like Properties," *Cell*, 115 (2003), pp. 879~891.

19) Kelsey Martin, et al., "Synapse-Specific, Long-Term Facilitation of Aplysia Sensory to Motor Synapses: A Function for Local Protein Synthesis in Memory Storage," *Cell* 91 (1997), pp. 927~938.

20) Joel Richter, "Think Globally, Translate Locally: What Mitotic Spindles and Neuronal Synapses Have in Common," *Proceeding of the National Academy of Science* 98 (2001), pp. 7069~7071.

21) L. Wu et el., "CPEB-Mediated Cytoplasmic Polyadenylation and the Regulation of Experience-Dependent Translation of Alpha-CaMKII mRNA at Synapses," *Neuron* 21 (1998), pp. 1129~1139.

22) A. Papassotiropoulos et al., "The Prion Gene Is Associated with Human Long-Term Memory," *Human Molecular Genetics* 14 (2005), pp. 2241~2246.

23) J. M. Alarcon et al., "Selective Modulation of Some Forms of Schaffer Collateral-CA1 Synaptic Plasticity in Mice with a Disruption of the CPEB-1 Gene," *Learning and Memory*, 11 (2004), pp. 318~327.

24) Proust, *Swann's Way*, p. 59.

5. 폴 세잔 : 세상을 보는 법

1) Virginia Woolf, *Collected Essays* (London : Hogarth Press, 1966~1967), vol I, p. 320.

2) Vassiliki Kolocotroni, Jane Goldman and Olga Taxidou ed., *Modernism: An Anthology of Sources and Documents* (Chicago : University of Chicago Press, 1998), pp. 189~192.

3) Christopher Butler, *Early Modernism* (Oxford : Oxford University Press, 1994), p. 216.

4) Ulrike Becks-Malorny, *Cézanne* (London : Tascen, 2001), p. 46.

5) Charles Baudelaire, *Charles Baudelaire: The Mirror of Art*, trans. Jonathan Mayne (London : Phaidon Press, 1955).

6) Charles Baudelaire, *Baudelaire: Selected Writings on Art and Artists*, trans. P. E. Charvet (Cambridge : Cambridge University Press, 1972).

7) John Rewald, *Cézanne* (New York, Harry Abrams, 1986), p. 159.

8) Peter Schjeldahl, "Two Views," *New Yorker*, July 11, 2005.

9) Becks-Malorny, *Cézanne*, p. 24

10) Michael Doran, ed. *Conversations With Cézanne* (Berkeley : University of California Press, 2001), p. 120.

11) As cited in Daniel Schwarz, *Reconfiguring Modernism* (New York : Palgrave Macmillan, 1997), p. 108.

12) M. Bar et al., "Top-down facilitation of visual recognition" *Proceeding of the National Academy of Science* 103 (2006), pp. 449~454.

13) Oliver Sacks, *The Man Who Mistook His Wife for a Hat* (London : Picador, 1985), p. 9.

14) Ibid., p. 10.

15) Becks-Malorny, *Cézanne*, p. 8.

16) Kolocotroni, *Modernism*, p. 170.

17) Emile Zola, trans. Thomas Walton, *The Masterpiece* (Oxford : Oxford University Press, 1999), p. X.

18) Ibid., p. 180.

19) Ibid.

20) Rachel Cohen, "Artist's Model," *The New Yorker*, November 7, 2005. p. 62~85.

21) Kolocotroni, *Modernism*, p. 173.

22) Rewald, *Cézanne* (New York, Harry Abrams, 1986), p. 182.

23) Immanuel Kant, *The Critique of Pure Reason*, trans. J.M.D. Meiklejohn (New York : Prometheus Books, 1990)

24) Mitchell G. Ash, *Gestalt Psychology in German Culture, 1890~1967: Holism and the Quest for Objectivity* (Cambridge : Cambridge University Press, 1998), p. 126

25) V5 영역은 종종 MT 영역이라고도 지칭된다. Richard Born and D. Bradley, "Structure and Function of Visual Area MT," *Annual Reviews of Neuroscience* 28 (2005), pp. 157~189.

26) R. Quiroga, et al., "Invariant Visual Representation by Single Neurons in the Human Brain," *Nature* 435 (2005), pp. 1102~1107.

27) William James, *Writings 1902~1910* (New York : Library of America, 1987), p. 594.

28) 비평가 클레멘트 그린버그는 그와 같은 칸트적 자기 비평이 모더니즘의 핵심을 대표한다고 주장했다. 그는 모더니즘 화가는 "한 학문 분야에 특징적인 방법들을 이용하여 그 학문 자체를 비평한다"고 말했다. Clement Greenberg, "Modernist Painting," *Art and Literature 4* (1965).

29) Rainer Maria Rilke, *Letters on Cézanne* (London : Vintage, 1985), p. 33.

6. 이고르 스트라빈스키 : 음악의 원천

1) Steven Walsh, *Igor Stravinsky: A Creative Spring* (Berkeley: University of California, 2002), p. 208.
2) Gertrude Stein, *The Autobiography of Alice B. Toklas* (London: Penguin Classics, 2001) . p. 150.
3) Igor Stravinsky and Robert Craft, *Conversation with Igor Stravinsky* (London: Faber, 1979), pp. 46~47.
4) Vera Stravinsky and Robert Craft, eds., *Stravinsky in Pictures and Documents* (New York: Simon and Schuster, 1978), pp. 524~526.
5) Igor Stravinsky and Robert Craft, *Memories and Commentaries* (London: Faber and Faber, 1960), p. 26.
6) Alex Ross, "Whistling in the Dark," *The New Yorker*, February 18, 2002.
7) As cited in Charles Rosen, *Arnold Schoenberg* (Chicago: University of Chicago Press, 1996), p. 33.
8) Walsh, *Igor Stravinsky*, p. 190.
9) As cited in Peter Conrad, *Modern Times, Modern Place* (New York: Knopf, 1999), p. 85.
10) Ross, "Whistling in the Dark."
11) Walsh, *Igor Stravinsky*, p. 397.
12) D. Bendor and Q. Wang, "The Neuronal Representation of Pitch in the Primate Auditory Cortex," *Nature* 436, (2005), pp. 1161~1165.
13) A. Patel and E. Balaban, "Temporal Patterns of Human Cortical Activity Reflect Tone Sequence Structure," *Nature* 404 (2002).
14) Leonard Meyer, *Emotion and Meaning in Music* (Chicago: University of Chicago Press, 1961) , pp. 145~160.
15) Ibid., p. 16.
16) Ibid., p. 151.
17) William Pater, *The Renaissance: Studies in Art and Poetry* (Oxford: Oxford University Press, 1998), p. 86.
18) Igor Stravinsky and Robert Craft, *Expositions and Development*, (London: Faber and Faber, 1962). p. 148.
19) Stravinsky, ed., *Stravinsky in Pictures*, pp. 524~526.
20) Peter Hill, *Stravinsky: The Rite of Spring* (Cambridge: Cambridge University Press, 2000), p. 53.
21) Alex Ross, "Prince Igor," *The New Yorker*, November 6, 2000.
22) Igor Stravinsky, *Chronicle of My Life* (Gollancz: London, 1936), p. 91.
23) Igor Stravinsky, *Poetics of Music* (New York: Vintage, 1947), p. 23.
24) Plato, *Timaeus*, trans. Donald Zeyl (New York: Hackett, 2000), p. 36.
25) Stravinsky and Craft, *Expositions and Development*, p. 138.
26) Walsh, *Igor Stravinsky*, p. 233.
27) N. Suga and E. Gao, "Experience-Dependent Plasticity in the Auditory Cortex and the Inferior Colliculus of Bats: Role of the Corticofugal System" *Proceedings of the National Academy of Sciences* 5 (2000), pp. 8081~8086.
28) S. A. Chowdury and N. Suga, "Reorganization of the Frequency Map of the Auditory Cortex Evoked by Cortical Electrical Stimulation in the Big Brown Bat," *Journal of Neurophysiology* 83, no. 4 (2000), pp. 1856~1863.
29) S. Bao, V. Chan and M. Merzenich, "Cortical Remodelling Induced by Activity of Ventral Tegmental Dopamine Neurons," *Nature* 412 (2001) . pp. 79~84.
30) D. Perez-Gonzalez et al., "Novelty Detector Neurons in the Mammalian Auditory Midbrain," *European Journal of Neuroscience* 11 (2005), pp. 2879~2885.

31) J .R. Hollerman and W. Schultz, "Dopamine Neurons Report an Error in the Temporal Prediction of Reward During Learning," *Nature Neuroscience* 1 (1998), p. 304~309.

32) S. Tanaka, "Dopaminergic Control of Working Memory and Its Relevance to Schizophrenia: a Circuit Dynamics Perspective," *Neuroscience* 139 (2005), pp. 153~171.

33) Thomas Kelly, *First Nights* (New Haven: Yale University Press, 2000), p. 277.

34) Kelly, *First Nights*, p. 281.

35) Friedrich Nietzsche, *The Genealogy of Morals trans. Walter Kaufmann* (New York: Vintage, 1989), p. 61.

7. 거트루드 스타인 : 언어의 구조

1) As cited in Steven Meyer, *Irresistible Dictation* (Stanford: Stanford University Press, 2001), p. 221.

2) Ibid, p. 228.

3) Gertrude Stein, *The Autobiography of Alice B. Toklas* (London: Penguin Classics, 2001), p. 86.[이 작품은 스타인이 동반자였던 토클라스의 자서전 형식을 취하여 쓴 자기 자신의 전기이다. 우리나라에는 『길 잃은 세대를 위하여』라는 제목으로 소개되었다(권경희 옮김, 오테르, 2006)-옮긴이.]

4) Gertrude Stein, *The Selected Writings of Gertrude Stein* (New York: Vintage, 1990), p. 461.

5) William James, *The Principles of Psychology* (New York: Dover, 1950), vol. 1, p. 262.

6) Gertrude Stein, *Lectures in America* (Boston: Beacon Press, 1985), p. 211.

7) Ibid.

8) Charles Darwin, *The Descent of Man and Selection in Relation to Sex* (New York: Hurst and Co., 1874), p. 101.

9) As cited in Meyer, *Irresistible Dictation*, p. 55.

10) Stein, *The Autobiography of Alice B. Toklas*, p. 81.

11) James Mellow, *Charmed Circle: Gertrude Stein & Company* (London: Phaidon, 1974), p. 45.

12) Gertrude Stein, *Picasso* (Boston, Beacon Press, 1959).

13) Judith Ryan, *The Vanishing Subject* (Chicago: University of Chicago Press, 1991), p. 92.

14) Stein, *The Autobiography of Alice B*. Toklas, p. 52~60.

15) Mellow, *Charmed Circle*, p. 430.

16) Robert Haas, ed., *A Primer for the Gradual Understanding of Gertrude Stein* (Los Angeles: Black Sparrow, 1971), p. 15.

17) Stein, *The Autobiography of Alice B*. Toklas, p. 87.

18) As quoted in Jacques Barzun, *A Stroll with William James* (Chicago: University of Chicago Press, 1983), p. 200.

19) James, *The Principles of Psychology*, p. 254.

20) Edward Reed, *From Soul to Mind* (New Haven, Conn.: Yale University Press, 1997), p. 208.

21) Richard Poirier, *Poetry and Pragmatism* (Cambridge Mass.: Harvard University Press, 1992), p. 92.

22) Haas, *A Primer*, p. 34.

23) Stein, *The Autobiography of Alice B. Toklas*, p. 89.

24) Mellow, *Charmed Circle*, p. 404.

25) Howard Gardner, *The Mind s New Science: A History of the Cognitive Revolution* (New York: Basic Books, 1987), p. 147~155.

26) George Miller, "The Magical Number Seven, Plus or Minus Two," *The Psychological Review* 63 (1956), pp. 81~97

27) 촘스키의 1956년도 논문은 다음에서 찾아볼 수 있다. http://web.mit.edu/afs/athena.mit.edu/course/6/6.441/www/reading/IT-V2-N3.pdf.

28) Marc Hauser, Noam Chomsky, Tecumseh Fitch, "The Faculty of language: What Is It, Who Has It, and How Did It Evolve," *Science* 298 (2002), pp. 1569~1579.

29) Michal Ben-Shachar, "Neural Correlates of Syntactic Movement: Converging Evidence from Two fMRI Experiments," *Neuroimage* 21 (2004), pp. 1320~1336.

30) Ann Senghas et al., "Children Creating Core Properties of Language: Evidence from an Emerging Sign Language in Nicaragua," *Science* 305, pp. 1779~1782.

31) Gertrude Stein, *Lectures in America*, p. 138.

32) Gertrude Stein, *Writings 1932~1946* (New York: Library of America, 1998), p. 326.

33) As cited Meyer, *Irresistible Dictation*, p. 138.

34) Stein, *The Autobiography of Alice B. Toklas*, p. 28.

35) Ibid., p. 230.

36) Ibid., p. 234.

37) As cited in Mellow, *Charmed Circle*, p. 404.

38) Haas, ed., *A Primer*, p. 18.

8. 버지니아 울프 : 자아의 창발

1) Virginia Woolf, *The Diary of Virginia Woolf*, ed. Anne Olivier Bell, 5 vols. (London: Hogarth, 1977~1980), vol. 2, p. 13.

2) Virginia Woolf, *Congenial Spirits: The Selected Letters of Virginia Woolf*, ed. Joanne Trautmann Banks (New York: Harvest, 1991), p. 128.

3) Virginia Woolf, *The Virginia Woolf Reader* (New York: Harcourt, 1984), p. 205.

4) Ibid., p. 287.

5) Virginia Woolf, *A Room of One's Own* (New York: Harvest, 1989), p. 110.

6) Woolf, *The Diary*, vol. 3, p. 275.

7) As Cited in Hermione Lee, *Virginia Woolf* (New York: Vintage, 1996), p. 407.

8) Virginia Woolf, *Moments of Being* (London: Pimlico, 2002), p. 85.

9) Woolf, *The Diary*, vol. 5, p. 64.

10) Lee, *Virginia Woolf*, p. 187.

11) Woolf, *The Diary*, vol. 4, p. 231.

12) Ibid., vol. 3, p. 39.

13) Nigel Nicolson and Joanne Trautmann, eds., *The Letters of Virginia Woolf* (New York: Hartcourt Brace Jovanovich, 1975~1980), vol. 3, p. 388.

14) Virginia Woolf, *Jacob's Room* (New York: Harvest, 1950), p. 154.

15) Woolf, *The Diary* vol. 2, p. 205~206.

16) Woolf, *A Room of One's Own*, p. 89.

17) Virginia Woolf, "Modern Novels," *Times Literary Supplement*, April 10, 1919.

18) Virginia Woolf, *Mrs. Dalloway* (New York: Harvest Books, 1990), p. 186.

19) Ibid., p. 31.

20) Ibid., p. 184.

21) Ibid., p. 151.

22) Ibid., p. 37.

23) Ibid., p. 76.

24) Ibid., p. 194.

25) Quentin Bell, *Virginia Woolf: A Biography* (New York: Harvest, 1974), p. 138.
26) Virginia Woolf, *The Common Reader: First Series* (New York: Harvest, 2002), p. 150.
27) Virginia Woolf, *To the Lighthouse* (New York: Harcourt, 1955), p. 32.
28) Ibid., p. 33.
29) Virginia Woolf, *A Room of One's Own* (New York: Harvest, 1989), p. 97.
30) Ibid.
31) Woolf, *The Diary*, vol. 3, p. 218.
32) Christopher Butler, *Early Modernism* (Oxford: Oxford University Press, 1994), p. 92.
33) William James, *The Principles of Psychology*, Volume 1 (New York: Dover, 1950), p. 399.
34) T. S. Eliot, *The Sacred Wood and Major Early Essays* (New York: Dover, 1998), p. 32.
34) Woolf, *The Diary*, vol. 2, p. 314.
36) Merlin Donald, *A Mind So Rare* (New York: Norton, 2001), pp. 13~25.
37) Daniel Dennett, *Consciousness Explained* (New York: Back Bay Books, 1991), pp. 253~254.
38) Woolf, *To the Lighthouse*, p. 102.
39) http://nobelprize.org/medicine/laureates/1981/sperry-lecture.html
40) Stanley Finger, *Minds Behind the Brain* (Oxford, Oxford Univ. Press, 2000), p. 281.
41) Michael Gazzaniga, *The Social Brain* (New York: Basic Books, 1985), p. 72.
42) Woolf, *The Virginia Woolf Reader*, p. 253.
43) Woolf, *The Diary*, vol. 2, p. 234.
44) Ibid., p. 171.
45) Virginia Woolf, *Between the Acts* (New York: Harvest Books, 1970), p. 189.
46) Virginia Woolf, *The Waves* (New York: Harvest Books, 1950), p. 261.
47) Woolf, *To the Lighthouse*, pp. 106~107.
48) Ibid., p. 108.
49) Ibid., p. 62.
50) Ibid., p. 105.
51) Virginia Woolf, *The Years* (New York: Harvest, 1969), p. 369.
52) C. J. McAdams, J.H.R. Maunsell, "Effects of Attention on Orientation-Tuning Functions of Single Neurons in Macaque Cortical Area V4," *Journal of Neuroscience* 19 (1999), pp. 431~441.
53) Steven Yantis, "How Visual Salience Wins the Battle for Awareness," *Nature Neuroscience* 8 (2005), pp. 975~976; John Reynolds et al., "Attentional Modulation of Visual Processing," *Annual Reviews of Neuroscience* 27, pp. 611~647.
54) Woolf, *The Virginia Woolf Reader*, p. 248.
55) Lawrence Weiskrantz, "Some Contributions of Neuropsychology of Vision and Memory to the Problem of Consciousness," in A. Marcel and E. Bisiach, eds., *Consciousness in Contemporary Science* (Oxford: Oxford Univ. Press, 1988).
56) A. Cowey and P. Stoerig, "The Neurobiology of Blindsight," *Trends in Neuroscience* 14 (1991), pp. 140~145.
57) Seth Gillihan and Martha Farah, "Is Self Special? A Critical Review of Evidence from Experimental Psychology and Cognitive Neuroscience," *Psychological Bulletin* 131 (2005), pp. 76~97.
58) Woolf, *The Waves*, p. 287.
59) Christof Koch, *The Quest for Consciousness* (Englewood, Colorado: Roberts and Company, 2004), p. 271.
60) Ibid.
61) Woolf, *The Virginia Woolf Reader*, p. 287.

62) Virginia Woolf, "Freudian Fiction," *Times Literary Supplement*, March 25, 1920.

63) Noam Chomsky, *Language and the Problems of Knowledge* (Cambridge: MIT Press, 1988), p. 159.

64) Woolf, *To the Lighthouse*, p. 51.

65) Wallace Stevens, "Adagia," *Opus Posthumous* (New York: Knopf, 1975), p. 163.

66) Woolf, *To the Lighthouse*, p. 193.

67) Ibid., p. 161.

68) Ibid.

69) Ibid., p. 202.

70) As Cited in Julia Briggs, *Virginia Woolf: An Inner Life* (New York: Harcourt, 2005), p. 210.

71) Woolf, *To the Lighthouse*, p. 208.

결론

1) Richard Rorty, *Contingency, Irony, and Solidarity* (Cambridge: Cambridge University Press, 1989), p. 8.

2) E. O. Wilson, *Consilience* (New York: Vintage, 1999), p. 291.

3) Steven Pinker, *The Blank Slate* (New York: Penguin, 2003), p. 404.

4) Ian McEwan, *Saturday* (London: Jonathan Cape, 2005), p. 3.

5) Ibid.

6) Ibid., p. 128.

7) Ibid., p. 92.

8) Ibid., p. 255.

9) Ibid., p. 279.

10) Ibid.

11) Vladimir Nabokov, *Strong Opinions* (New York: Vintage, 1990), p. 44.

12) John Keats, *Selected Letters* (Oxford: Oxford University Press, 2002), p. 41.

13) Karl Popper, *Conjectures and Refutations* (New York: Routledge, 2002), p. 39.

| 참고문헌 |

Abbott, Alison. "Music, Maestro, Please!" *Nature* 416 (2002): 12~14.

Ackerman, Diane. *A Natural History of the Senses*. New York: Vintage, 1990.

Acocella, Joan. *The Diary of Vaslav Nijinsky*. Translated by Kyril Fitzlyon. New York: Farrar, Straus and Giroux, 1999.

Alarcon, J. M., et al. "Selective Modulation of Some Forms of Schaffer Collateral-CA1 Synaptic Plasticity in Mice with a Disruption of the CPEB-1 Gene." *Learning and Memory* 11 (2004): 318~327.

Alberini, Chirstine. "Mechanisms of Memory Stabilization: Are consolidation and Reconsolidation Similar or Distinct Processes?" *Trends in Neuroscience* 28 (2005).

Altman, Joseph. "Are New Neurons Formed in the Brains of Adult Mammals?" *Science* 135 (1962): 1127~1128.

Aquirre, G. K. "The Variability of Human Bold Hemodynamic Responses." *Neuro-Image* 8 (1998): 360~369.

Ash, Mitchell G. *Gestalt Psychology in German Culture, 1890~1967: Holism and the Quest for Objectivity*. Cambridge: Cambridge University Press, 1998.

Ashton, Rosemary. *George Eliot: A Life*. New York: Allen Lane, 1996.

_____. *G. H. Lewes*. Oxford: Clarendon Press, 1991.

Auerbach, Erich. *Mimesis*. Princeton, N. J.: Princeton University Press, 1974.

Austen, Jane. *Emma*. New York: Modern Library, 1999.

Bailey, C., E. Kandel, and K. Si. "The Persistence of Long-Term Memory." *Neuron* 44 (2004): 49~57.

Balschun, D., et al. "Does cAMP Response Element-Binding Protein Have a Pivotal Role in Hippocampal Synaptic Plasticity and Hippocampus-Dependent Memory?" *Journal of Neurosience* 23 (2003): 6304~6314.

Banfield, Ann. *The Phantom Table*. Cambridge: Cambridge University Press, 2000.

Bao, S., V. Chan, and M. Merzenich. "Cortical Remodeling Induced by Activity of Ventral Tegmental Dopamine Neurons." *Nature* 412 (2001): 79~84.

Bar, M., et al. "Top-Down Facilitation of Visual Recognition." *Proceedings of the National Academy of Sciences* 103 (2006): 449~454.

Barlow, H. B., C. Blakemore, and J. D. Pettigrew. "The Neural Mechanism of Binocular Depth Discrimination." *Journal of Physiology* (London) 193 (1967): 327~342.

Barzun, Jacques. *A Stroll with William James*. Chicago: University of Chicago Press, 1983.

Baudelaire, Charles. *Baudelaire in English*. New York: Penguin, 1998.

_____. *Selected Writings on Art and Artists*. Translated by P. E. Charvet. Cambridge: Cambridge University Press, 1972.

_____. *Charles Baudelaire: The Mirror of Art*. Translated by Jonathan Mayne. London: Phaidon Press, 1955.

Beare, J. I., ed. *Greek Theories of Elementary Cognition from Alcmaeon to Aristotle*. Oxford: Clarendon Press, 1906.

Beckett, Samuel. *Three Novels*. New York: Grove Press, 1995.

Becks-Malorny, Ulrike. *Cézanne*. London: Taschen, 2001.

Beer, Gillian. *Darwin's Plots*. Cambridge: Cambridge University Press, 2000.

———. *Open Fields*. Oxford: Oxford University Press, 1996.

Bell, Quentin. *Virginia Woolf: A Biography*. New York: Harvest, 1974.

Beluzzi, O., et al. "Becoming a New Neuron in the Adult Olfactory Bulb." *Nature Neuroscience* 6 (2003): 507~518.

Bendor, D., and Q. Wang. "The Neuronal Representation of Pitch in the Primate Auditory Cortex." *Nature* 436 (2005): 1161~1165.

Bergson, Henri. *Creative Evolution*. New York: Dover, 1998.

———. *Laughter: An Essay in the Meaning of the Comic*. Los Angeles: Green Interger, 1999.

———. *Time and Free Will*. New York: Harper and Row, 1913.

Berlin, Isaiah. *Three Critics of the Enlightenment*. Princeton, N. J.: Princeton University Press, 2000.

Berman, Paul. "Walt Whitman's Ghost." *The New Yorker*, June 12, 1995, 98~104.

Blackburn, Simon, *Truth: A Guide*. Oxford: Oxford University Press, 2005.

Blakeslee, Sandra. "Cells That Read Minds." *New York Times*, January 10, 2005, sec. D4.

———. "Rewired Ferrets Overturn Theories of Brain Growth." *New York Times*, April 25, 2000, sec. F1.

Boas, Franz. *A Franz Boas Reader*. Chicago: University of Chicago Press, 1989.

Bohan, Ruth. "Isadora Duncan, Whitman, and the Dance." *The Cambridge Companion to Walt Whitman*. Edited by Ezra Greenspan. Cambridge: Cambridge University Press, 1995.

Borges, Jorge Luis. *Collected Ficciones*. New York: Penguin, 1999.

Born, R., and D. Bradley. "Structure and Function of Visul Area MT." *Annual Review of Neuroscience* 28 (2005): 157~159.

Briggs, Julia. *Virginia Woolf: An Inner Life*. New York: Harcourt, 2005.

Brillat-Savarin, Jean Anthelme. *The Physiology of Taste*. Translated by M. F. K. Fisher. New York: Counterpoint Press, 2000.

Browne, Janet. *Charles Darwin: Voyaging*. Princeton, N. J.: Princeton University Press, 1996.

Bucke, Richard Maurice, ed. *Notes and Fragments*. Folcroft, Penn.: Folcroft Library Editions, 1972.

Burrell, Brian. *Postcards from the Brain Museum*. New York: Broadway Books, 2004.

Burrow, J. W. *The Crisis of Reason*. New Haven, Conn.: Yale University Press, 2000.

Butler, Christopher. *Early Modernism*. Oxford: Oxford University Press, 1994.

Caramagno, Thomas. *The Flight of the Mind*. Berkeley: University of California Press, 1992.

Caroll, David, ed. *George Eliot: The Critical Heritage*. London: Routledge and Kegan Paul, 1971.

Carter, William. *Marcel Proust: A Life*. New Haven, Conn.: Yale University Press, 2002.

Cartwright, Nancy. "Do the Laws of Physics State the Facts?" *Pacific Philosophical Quarterly* 61 (1980): 75~84.

Chaudhari, N., et al. "A Novel Metabotropic Receptor Functions as a Taste Receptor." *Nature Neurosicience* 3 (2000): 113~119.

Chip, Herschel B., ed. *Theories of Modern Art: A Source Book by Artists and Critics*. Berkeley: University of California Press, 1984.

Chomsky, Noam. "Review of B. F. Skinner's 'Verbal Behavior.'" *Language* 35 (1959): 26~58.

———. *Aspects of the Theory of Syntax*. Cambridge: MIT Press, 1965.

———. *The Chomsky Reader*. New York: Pantheon, 1987.

———. *Language and Mind*. New York: Harcourt Brace Jovanovich, 1972.

———. *Language and the Problems of Knowledge*. Cambridge: MIT Press, 1988.

———. *Syntactic Structures*. The Hague: Mouton, 1957.

Chowdury, S. A., and N. Suga. "Reorganization of the Frequency Map of the Auditory Cortex Evoked by Cortical Electrical Stimulation in the Big Brown Bat." *Journal of Neurophysiology* 83 (2000): 1856~1863.

Churchland, P. M. "Reduction, Qualia, and the Direct Introspection of Brain States." *Journal of Philosophy* 82 (1985): 8~28.

Coe, C. L., et al. "Prenatal Stress Diminishes Neurogenesis in the Dentate Gyrus of Juvenile Rhesus Monkeys." *Biology of Psychiatry* 10 (2003): 1025~1034.

Cohen, Rachel. *A Chance Meeting.* New York: Random House, 2003.

_____. "Artist's Model." *The New Yorker*, November 7, 22005, 62~85.

Coleridge, Samuel Taylor. *The Major Works.* Oxford: Oxford University Press, 2000.

Conrad, Peter. *Modern Times, Modern Places.* New York: Knopf, 1999.

Cowey, A., and P. Stoerig. "The Neurobiology of Blindsight." *Trends in Neuroscience* 14 (1991): 140~145.

Craig, A. D. "How Do You Feel? Ineroception: The Sense of the Physiological Condition of the Body." *Nature Reviews Neuroscience* 3 (2002), 655~666.

Dalgeish, Tim. "The Emotional Brain." *Nature Reviews Neuroscience* 5 (2004): 582~589.

Damasio, Antonio. *Descartes' Error.* London: Quill, 1995.

_____. *The Feeling of What Happens.* New York: Harvest, 1999.

_____. *Looking for Spinoza.* London: Vintage, 2003.

Darwin, Charles. *The Autobiography of Charles Darwin.* New York: W. W. Norton, 1993.

_____. *The Descent of Man and Selection in Relation to Sex.* New York: Hurst and Co., 1874.

_____. *On the Origin of Species by Means of Natural Selection, or the Preservation of Favored Races in the Struggle for Life.* London: John Murray, 1859.

Davidson, Donald. *Essays on Actions and Events.* Oxford: Oxford University Press, 2001.

_____. *Inquiries into Truth and Interpretation.* Oxford: Oxford University Press, 2001.

_____. *Subjective, Intersubjective, Objective.* Oxford: Oxford University Press, 2001.

Davis, Ronald. "Olfactory Memory Formation in Drosophila: From Molecular to Systems Neuroscience." *Annual Review of Neuroscience* 28 (2005): 275~302.

Dawkins, Richard. *The Selfish Gene.* Oxford: Oxford University Press, 1990.

de Araujo, I. E., et al. "Cognitive Modulation of Olfactory Processing." *Neuron* 46 (2005): 671~679.

Debiec, J., J. LeDoux, and K. Nader. "Cellular and Systems Reconsolidation in the Hippocampus." *Neuron* 36 (2002): 527~538.

Dennett, Daniel. *Consciousness Explained.* New York: Back Bay Books, 1991.

_____. *Darwin's Dangerous Idea.* London: Allen Lane, 1995.

_____. *Freedom Evolves.* New York: Viking, 2003.

Descartes, René. *Discourse on Method and Meditations of First Philosophy.* Cambridge: Hackett, 1998.

Dewey, John. *Art as Experience.* New York: Perigee, 1934.

_____. *Experience and Nature.* New York: Dover, 1958.

_____. "Theory of Emotion." *Psychological Review* 1 (1894): 553~569.

Dickinson, Emily. *The Complete Poems of Emily Dickinson.* Boston: Back Bay, 1976.

Dickstein, Morris. *The Revival of Pragmatism.* Chapel Hill, N.C.: Duke University, 1998.

Diggins, John Patrick. *The Promise of Pragmatism.* Chicago: University of Chicago Press, 1994.

Dodd, J. V., et al. "Perceptually Bistable Three-Dimensional Figures Evoke High Choice Probabilities in Cortical Area MT." *Journal of Neuroscience* 21 (2001): 4809~4821.

Dodd, Valerie A. *George Eliot: An Intellectual Life*. London: Macmillan, 1990.

Doetsch, Valerie, and Rene Hen. "Young and Excitable: The Function of New Neurons in the Adult Mammalian Brain." *Current Opinion Neurobiology* 15 (2005): 121～128.

Donald, Merlin, *A Mind So Rare*. New York: Norton, 2001.

Doran, Michael, ed. *Conversations with Cézanne*. Berkeley: University of California Press, 2001.

Eco, Umberto. *The Open Work*. London: Hutchinson Radius, 1989.

Edel, Leon. *Henry James: A Life*. London: Flamingo, 1985.

Eliot, George. *Adam Bede*. New York: Penguin Classics, 1980.

_____. *Daniel Deronda*. Oxford: Clarendon Press, 1984.

_____. *The Lifted Veil: Brother Jacob*. Oxford: Oxford University Press, 1999.

_____. *Middlemarch*. London: Norton, 2000.

_____. *The Mill on the Floss*. Oxford: Oxfford University Press, 1998.

_____. "The Natural History of German Life." *The Westminster Review*, July 1856, 28～44.

Eliot, T. S. *The Complete Poems and Plays*. London: Faber and Faber, 1969.

_____. *The Sacred Wood and Major Early Essays*. New York: Dover, 1998.

Ellmann, Richard. *James Joyce*. Oxford: Oxford University Press, 1983.

Emerson, Ralph Waldo. *Nature, Addresses, and Lectures*. Boston: Houghton Mifflin, 1890.

_____. *Selected Essays, Lectures and Poems*. New York: Bantam, 1990.

Escoffier, Auguste. *Escoffier: The Complete Guide to the Art of Modern Cookery*. New York: Wiley, 1983.

_____. *The Escoffier Cookbook: A Guide to the Fine Art of Cookery for Connoisseurs, Chefs, Epicures*. New York: Clarkson Potter, 1941.

Finger, Stanley. *Minds Behind the Brain*. Oxford: Oxford University Press, 2000.

_____. *Origins of Neuroscience*. Oxford: Oxford University Press, 1994.

Fish, Stanley. *Is There a Text in This Class?* Cambridge, Mass: Harvard University Press, 1980.

_____. "Professor Sokal's Bad Joke." *New York Times*, May 21, 1996.

Fishman, Y., et al. "Consonance and Dissonance of Musical Chords: Neural Correlates in Auditory Cortex of Monkeys and Humans." *Journal of Neurophysiology* 86 (2001): 2761～2788.

Folsom, Ed, and Kenneth M. Price. "Biography." Walt Whitman Archive. http: //www. whitmanarchive. org/biography.

Foucault, Michel. *The Order of Things*. New York: Vintage, 1994.

Freud, Sigmund. *On Aphasia*. Translated by E. Stengel. New York: International Universities Press, 1953.

Fry, Roger. *Cézanne: A Study of His Development*. New York: Kessinger, 2004.

Gage, F. H., et al. "Survival and Differentiation of Adult Neural Progenitor Cells Transplanted to the Adult Brain." *Proceedings of the National Academy of Sciences* 92 (1995): 11879～11883.

Galison, Peter. *Einstein's Clocks, Poincaré's Maps*. London: Sceptre, 2003.

Galton, Francis. *Hereditary Genius*. London: Macmillan, 1869.

Garafola, Lynn. *Diaghilev's Ballet Russes*. new York: Da Capo, 1989.

Gardner, Howard. *The Mind's New Science: A History of the Cognitive Revolution*. New York: Basic Books, 1987.

Gasquet, Joachim. *Cézanne*. Translated by C. Pemberton. London: Thames and Hudson, 1927.

Gass, William H. *The World Within the Word*. New York: Alfred A. Knopf, 1978.

Gay, Peter. *Freud*. New York: W. W. Norton, 1998.

Gazzaniga, Michael, ed. *The New Cognitive Neurosciences*. 3rd ed. Cambridge: MIT University Press, 2000.

Gazzaniga, Michael, et al. "Some Functional Effects of Sectioning the Cerebral Commissures in Man." *Proceedings of the National Academy of Sciences* 48 (1962): 1765~1769.

Geertz, Clifford. "Thick Description: Towards an Interpretative Theory of Culture." In *The Interpretation of Cultures*. Edited by C. Geertz. New York: Basic Books, 1973.

Gillihan, Seth, and Martha Farah. "Is Self Special? A Critical Review of Evidence from Experimental Psychology and Cognitive Neuroscience." *Psychological Bulletin* 131 (2005): 76~97.

Goldberg, Elkhonon. *The Executive Brain*. Oxford: Oxford University Press, 2001.

Gopnik, Adam. *Paris to the Moon*. London: Vintage, 2001.

Gould, Elizabeth, et al. "Learning Enhances Adult Neurogenesis in the Hippocampal Formation." *Nature Neuroscience* 2 (1999): 260~265.

Gould, Stephen Jay. "Evolutionary Psychology: An Exchange." *The New York Review of Books* 44 (1997).

_____. *The Hedgehog, the Fox, and the Magister's Pox*. New York: Harmony Books, 2003.

_____. *The Mismeasure of Man*. New York: W. W. Norton, 1981.

_____. *The Structure of Evolutionary Theory*. Cambridge, Mass.: Harvard University Press, 2002.

Greenberg, Clement. "Modernist Painting." *Art and Literature* 4 (1965): 193~201.

Gross, C. G. "Genealogy of the "Grandmother Cell." *Neuroscientist* 8 (2002): 512~518.

_____. "Neurogenesis in the Adult Brain: Death of a Dogma." *Nature Reviews Neuroscience* 1 (2000): 67~72.

Haas, Robert Bartlett, ed. *A Primer for the Gradual Understanding of Gertrude Stein*. Los Angeles: Black Sparrow, 1971.

Hacking, I. *The Taming of Chance*. Cambridge: Cambridge University Press, 1990.

_____. "Wittgenstein the Psychologist." *New York Review of Books* (1982).

Haight, Gordon, ed. *George Eliot's Letters*. New Haven, Conn.: Yale University Press, 1954~1978.

Hauser, Marc, Noam Chomsky, and Tecumseh Fitch. "The Faculty of Language: What Is It, Who Has It, and How Did It Evolve?" *Science* 298 (2002): 1569~1579.

Heisenberg, Werner. *Philosophic Problems of Nuclear Science*. New York: Pantheon, 1952.

Herz, Rachel. "The Effect of Verbal Context on Olfactory Perception." *Journal of Experimental Psychology: General* 132 (2003): 595~606.

Hill, Peter. *Stravinsky: The Rite of Spring*. Cambridge: Cambridge University Press, 2000.

Hollerman, J. R., and W. Schultz. "Dopamine Neurons Report an Error in the Temporal Prediction of Reward During learning." *Nature Neuroscience* 1 (1998): 304~309.

Holmes, Richard. *Coleridge: Darker Reflections*. London: HarperCollins, 1998.

Hoog, Michel. *Cézanne*. London: Thames and Hudson, 1989.

Horgan, John. *The End of Science*. London: Abacus, 1996.

Hubel, D. H., T. N. Weisel, and S. LeVay. "Plasticity of Ocular Dominance Columns in Monkey Striate Cortex." *Philosophical Transactions of the Royal Society of London Biology Letters* 278 (1977): 377~409.

Husserl, Edmund. *General Introduction to Phenomenology*. New York: Allen and Unwin, 1931.

Huxley, Aldous. *Literature and Science*. New Haven, Conn.: Leete's Island Books, 1963.

Huxley, Thomas. "On the Hypothesis That Animals Are Automata, and Its History." *Fortnightly Review* (1874): 575~577.

Jackendoff, Ray. *Patterns in the Mind*. New York: Basic Books, 1994.

Jackendoff, Ray, and Steven Pinker. "The Nature of the Language Faculty and Its Implication for Evolution of Language." *Cognition* 97 (2005): 211~225.

James, Henry. *The Art of Criticism*. Chicago: University of Chicago Press, 1986.

_____. *The Figure in the Carpet and Other Stories*. London: Penguin, 1986.

James, Kenneth. *Escoffier; The King of Chefs*. London: Hambledon and London, 2002.

James, William. "The Consciousness of Lost Limbs." *Proceedings of the American Society for Psychical Research* 1 (1887): 249~258.

_____. *Pragmatism*. New York: Dover, 1995.

_____. *The Principles of Psychology*. Vol. 1. New York: Dover, 1950.

_____. *The Principles of Psychology*. Vol. 2. New York: Dover, 1950.

_____. "What Is an Emotion?" *Mind* 9 (1884): 188~205.

_____. *Writings: 1878~1899*. New York: Library of America, 1987.

_____. *Writings: 1902~1910*. New York: Library of America, 1987.

_____. *The Varieties of Religious Experience*. New York: Penguin Classics, 1982.

Jarrell, Randall. *No Other Book*. New York: HarperCollins, 1999.

Joyce, James. *Ulysses*. New York: Vintage, 1990.

Kandel, Eric. *In Search of Memory*. New York: Norton, 2006.

Kandel, Eric, James Schwartz, and Thomas Jessell. *Principles of Neural Science*. 4th ed. New York: McGraw Hill, 2000.

Kant, Immanuel. *The Critique of Pure Reason*. Translated by J.M.D. Meiklejohn. New York: Prometheus Books, 1990.

Kaplan, M. S. "Neurogenesis in the Three-Month-Old Rat Visual Cortex." *Journal of Comparative Neurology* 195 (1981): 323~338.

Kaplan, Michael, and Ellen Kaplan. *Chances Are...* New York: Viking, 2006.

Kaufmann, Michael Edward. "Gertrude Stein's Re-Vision of Language and Print in Tender Buttons." *Journal of Modern Literature* 15 (1989): 447~460.

Keats, John. *Selected Letters*. Oxford: Oxford Universiy Press, 2002.

Kelly, Thomas. *First Nights*. New Haven, Conn.: Yale University Press, 2000.

Kermode, Frank. *History and Value*. Oxford: Clarendon Press, 1988.

Keynes, R. D., ed. *Charles Darwin;s Beagle Diary*. Cambridge: Cambridge University Press, 2001.

Kitcher, Philip. *In Mendel's Mirror*. Oxford: Oxford University Press, 2003.

Koch, Christof. *The Quest for Consciousness*. Englewood, Colo.: Roberts and Company, 2004.

Kolocotroni, Vassiliki, Jane Goldman, and Olga Taxidou, eds. *Modernism: An Anthology of Sources and Documents*. Chicago: University of Chicago Press, 1998.

Kozorovitskiy, Y., et al. "Experience Induces Structural and Biochemical Changes in the Adult Primate Brain." *Proceedings of the National Academy of Sciences* 102 (2005): 17478~17482.

Kuhn, Thomas. *The Structure of Scientific Revolutions*. 3rd ed. Chicago: University of Chicago Press, 1996.

Kummings, Donald, and J. R. LeMaster, eds. *Walt Whitman: An Encyclopedia*. New York: Garland, 1998.

Landy, Jshua. *Philosophy as Fiction: Self, Deception, and Knowledge in Proust*. Oxford; Oxford University Press, 2004.

Laurent, G. "Odor Encoding as an Active, Dynamical Process." *Annual Review of Neuroscience* 24 (2001): 263~297.

Lee, Hermione. *Virginia Woolf*. New York: Vintage, 1996.

Levine, George, ed. *Cambridge Companion to George Eliot*. Cambridge: Cambridge University Press, 2001.

Lewes, George Henry. *Comte's Philosophy of Science*. London, 1853.

_____. *The Life of Goethe.* 2nd ed. London; Smith, Elder, and Co., 1864.

_____. *The Physical Basis of Mind. With Illustrations. Being the Second Series of Problems of Life and Mind.* London: Trübner, 1877.

Lewontin, Richard. *Biology as Ideology.* New york: Harper Perennial, 1993.

Lewontin, Richard, and Stephen Jay Gould. "The Spandrels of San Marco and the Panglossian Paradigm: A Critique of the Adaptationist Programme." *Proceedings of the Royal Society of London* 205, no. 1161 (1979): 581~598.

Lindemann, B., et al. "The Discovery of Umami." *Chemical Senses* 27 (2002): 843~844.

Litvin, O., and K. V. Anokhin. "Mechanisms of Memory Reorganization During Retrieval of Acquired Behavioral Experience in Chicks: The Effects of Protein Synthesis Inhibition in the Brain." *Neuroscience and Behavioral Physiology* 30 (2000): 671~678.

Livingstone, Margaret. *Vision and Art: The Biology of Seeing.* New York: Harry Abrams, 2002.

Loving, Jerome. *Walt Whitman.* Berkeley: University of California Press, 1999.

Luria, A. R. *The Mind of a Mnemonist.* Cambridge, Mass.: Harvard University Press, 1995.

Ma, X., and N. Suga. "Augmentation of Plasticity of the Central Auditory System by the Basal Forebrain and/or Somatosensory Cortex." *Journal of Neurophysiology* 89 (2003): 90~103.

_____. "Long-Term Cortical Plasticity Evoked by Electrical Stimulation and Acetylcholine Applied to the Auditory Cortex." *Proceedings of the National Academy of Sciences,* June 16, 2005.

Mahon, Basil. *The Man Who Changed Everything: The Life of James Clerk Maxwell.* London: John Wiley, 2003.

Maia, T., and J. McClelland. "A Reexamination of the Evidence for the Somatic Marker Hypothesis: What Participants Really Know in the Iowa Gambling Task." *Proceedings of the National Academy of Sciences* 101 (2004): 16075~16080.

Mainland, J. D., et al. "One Nostril Knows What the Other Learns." *Nature* 419 (2002): 802.

Malcolm, Janet. "Someone Says Yes to It." *The New Yorker,* June 13, 2005, 148~165.

Martin, Kelsey, et al. "Synapse-Specific, Long-Term Facilitation of Aplysia Sensory to Motor Synapses: A Functions for Local Protein Synthesis in Memory Storage." *Cell* 91 (1997): 927~938.

McAdams, C. J., and J.H.R. Maunsell. "Effects of Attention on Orientation-Tuning Functions of Single Neurons in Macaque Cortical Area V4." *Journal of Neuroscience* 19 (1999): 431~441.

McEwan, Ian. *Saturday.* London: Jonathan Cape, 2004.

McGee, Harold. *On Food and Cooking.* New York: Scribner, 2004.

McGinn, Colin. *The Mysterious Flame.* New York: Basic Books, 1999.

McNeillie, Andrew, and Anne Olivier Bell, eds. *The Diary of Virginia Woolf.* 5 vols. New York: Harcourt Brace Jovanovich, 1976~1984.

Mellow, James. *Charmed Circle: Gertrude Stein and Company.* London: Phaidon, 1974.

Melville, Herman. *Redburn, White-Jacket, Moby Dick.* New York: Library of America, 1983.

Menand, Louis. *The Metaphysical Club.* New York: Vintage, 1997.

_____. ed. *Pragmatism: A Reader.* New York: Vintage, 1997.

Meyer, Leonard. *Emotion and Meaning in Music.* Chicago: University of Chicago Press, 1961.

_____. *Explaining Music.* Berkeley: University of California Press, 1973.

_____. *Music, the Arts, and Ideas.* Chicago: University of Chicago Press, 1994.

_____. *The Spheres of Music.* Chicago: University of Chicago Press, 2000.

Meyer, Steven. *Irresistible Dictation.* Palo Alto: Stanford University Press, 2001.

_____. "The Physiognomy of the Thing: Sentences and Paragraphs in Stein and Wittgenstein." *Modernism/Modernity* 5.1 (1998): 99~116.

Milekic, M. H., and C. M. Alberini. "Temporally Graded Requirement for Protein Synthesis Following Memory Reactivation." *Neuron* 36 (2002): 521~525.

Miller, Edwin Haviland, ed. *Walt Whitman: The Correspondence.* 6 vols. New York: New York University Press, 1961~1977.

Miller, George. "The Magical Number Seven, Plus or Minus Two." *The Psychological Review* 63 (1956): 81~97.

Mitchell, Silas Weir. *Injuries of Nerves, and Their Consequences.* Philadelphia: Lippincott, 1872.

Muotri, A. R., et al. "Somatic Mosaicism in Neuronal Precursor Cells Mediated by L1 Retrotransposition." *Nature* 435 (2005): 903~910.

Myers, Gerald E. *William James: His Life and Thought.* New Haven, Conn.: Yale University Press, 1986.

Nabokov, Vladimir. *Lectures on Literature.* New York: Harcourt Brace, 1980.

_____. *Strong Opinions.* New York: Vintage, 1990.

Nader, K., et al. "Characterization of Fear Memory Reconsolidation." *Journal of Neuroscience* 24 (2004): 9269~9275.

Nader, K., et al. "Fear Memories Require Protein Synthesis in the Amygdala for Reconsolidation after Retrieval." *Natre* 406: 686~687.

Nelson, G., et al. "An Amino-acid Taste Receptor." *Nature* 416 (2002): 199~202.

Nicolson, Nigel, and Trautmann, Joanne, eds., *The Letters of Virginia Woolf.* 6 vols. New York: Harcourt Brace Jovanovich, 1975~1980.

Nietzsche, Friedrich. *The Gay Science.* Translated by Walter Kaufmann. New York: Vintage, 1974.

_____. *The Genealogy of Morals.* Translated by Walter Kaufmann. New York: Vintage, 1989.

Nottebohm, Fernando. "Neuronal Replacement in Adulthood." *Annals of the New York Academy of Science* 457 (1985): 143~61.

Olby, Robert. *The Path to the Double Helix.* London: Macmillan, 1974.

Otis, Laura, ed. *Literature and Science in the Nineteenth Century.* Oxford: Oxford University Press, 2002.

Papassotiropoulos, A.., et al. "The Prion Gene Is Associated with Human Long-Term Memory." *Human Molecular Genetics* 14 (2005): 2241~2246.

Patel, A., and E. Balaban. "Temporal Patterns of Human Cortical Activity Reflect Tone Sequence Structure." *Nature* 404 (2002): 80~83.

Pater, William. *The Renaissance: Studies in Art and Poetry.* Oxford: Oxford University Press, 1998.

Peirce, Charles Sanders. *Peirce on Signs: Writings on Semiotics.* Chapel Hill: University of North Carolina Press, 1991.

Peretz, I., and R. Zatorre. "Brain Organization for Music Processing." *Annual Review of Psychology* 56 (2005): 89~114.

Peretz, I., and R. Zatorre, eds. *The Cognitive Neuroscience of Music.* Oxford: Oxford University Press, 2003.

Perez-Gonzalez, D., et al. "Novelty Detector Neurons in the Mammalian Auditory Midbrain." *European Journal of Neuroscience* 11 (2005): 2879~2885.

Perry, Ralph Barton. *The Thought and Character of William James.* 2 vols. Boston: Littel, Brown, 1935.

Pincock, Stephen. "All in Good Taste." *FT Magazine,* June 25, 2005, 13.

Pinker, Steven. *The Blank Slate.* New York: Penguin, 2003.

_____. *The Language Instinct.* London: Penguin, 1994.

_____. *How the Mind Works*. New York: W. W. Norton, 1999.

_____. *Words and Rules*. New York: Basic Books, 2000.

Plato. *Timaeus*. Translated by Donald Zeyl. New York: Hackett, 2000.

Poirier, Richard. *Poetry and Pragmatism*. Cambridge, Mass.: Harvard University Press, 1992.

_____. *Trying It Out in America*. New York: Farrar, Straus and Giroux, 1999.

Polley, D. B., et al. "Perceptual Learning Directs Auditory Cortical Map Reorganization Through Top-Down Influences." *Journal of Neuroscience* 26 (2006): 4970~4982.

Popper, Karl. *Conjectures and Refutations*. New York: Routledge, 2002.

_____. *Objective Knowledge*. Oxford: Oxford University Press, 1972.

Proust, Marcel. *The Captive and the Fugitive*. Vol. V. New York: Modern Library, 1999.

_____. *The Guermantes Way*. Vol III. New York: Modern Library, 1998.

_____. *Letters to His Mother*. New York: Greenwood Press, 1973.

_____. *On Art and Literature*. New York: Carrol and Graf, 1997.

_____. *Pleasures and Regrets*. London: Peter Owen, 1986.

_____. *Sodom and Gomorrah*. Vol IV. New York: Modern Library, 1998.

_____. *Swann's Way*. Vol. I. New York: Modern Library, 1998.

_____. *Time Regained*. Vol. VI. New York: Modern Library, 1999.

_____. *Within a Budding Grove*. Vol. II. New York: Modern Library, 1998.

Quine, V. W. *From a Logical Point of View*. Cambridge, Mass.: Harvard University Press, 2003.

_____. *Ontological Relativity and Other Essays*. New York: Columbia University Press, 1977.

_____. *Quintessence*. Cambridge, Mass.: Belknap Press, 2004.

Quiroga, R., et al. "Invariant Visual Representation By Single Neurons in the Human Brain." *Nature* 435 (2005): 1102~1107.

Rakic, P. "Limits of Neurogenesis in Primates." *Science* 227 (1985): 1054~1056.

Ramon y Cajal, Santiago. *Advice for a Young Investigator*. Cambridge: MIT Press, 2004.

_____. *Nobel Lectures, Physiology or Medicine, 1901~1921*. Amsterdam: Elsevier Publishing, 1967.

Reed, Edward. *From Soul to Mind*. New Haven, Conn.: Yale University Press, 1997.

Renton, Alex. "Fancy a Chinese?" *Observer Food Magazine*, July 2005, 27~32.

Rewald, John. *Cézanne*. New York: Harry Abrams, 1986.

Reynolds, John, et al. "Attentional Modulation of Visual Processing." *Annual Review of Neuroscience* 27: 611~647.

Richardson, Alan. *British Romanticism and the Science of the Mind*. Cambridge: Cambridge University Press, 2001.

Richardson, Richard. *Emerson: The Mind on Fire*. Berkeley: University of California Press, 1996.

Richter, Joel. "Think Globally, Translate Locally: What Mitotic Spindles and Neuronal Synapses Have in Common." *Proceedings of the National Academy of Sciences* 98 (2001): 7069~7071.

Rilke, Rainer Maria. *Letters on Cézanne*. London: Vinatage, 1985.

Rizzolatti, Giacomo, Leonardo Fogassi, and Vittorio Gallese. "Neurophysiological Mechanisms Underlying the Understanding of Imitation and Action." *Nature Reviews Neuroscience* 1 (2001): 661~670.

Rorty, Richard. *Contingency, Irony, and Solidarity*. Cambridge: Cambridge University Press, 1989.

_____. *Essays on Heidegger and Others*. Cambridge: Cambridge University press, 1991.

_____. *Objectivity, Relativism, and Truth*. Cambridge: Cambridge University Press, 1991.

_____. *Philosophy and the Mirror of Nature*. Oxford: Basil Blackwell, 1978.

_____. *Philosophy and Social Hope*. New York: Penguin, 1999.

Rose, Steven. *Lifelines: Biology, Freedom, Determinism*. London: Allen Lane, 1997.

_____. *The 21st century Brain*. London: Jonathan Cape, 2005.

Rosen, Charles. *Arnold Schoenberg*. Chicago: University of Chicago Press, 1996.

Ross, Alex. "Prince Igor." *The New Yorker*, November 6, 2000.

_____. "Whistling in the Dark: Schoenberg's Unfinished Revolution." *The New Yorker*, February 18, 2002.

Ryan, Judith. *The Vanishing Subject*. Chicago: University of Chicago Press, 1991.

Sacks, Oliver. *An Anthropologist on Mars*. London: Picador, 1995.

_____. *The Man Who Mistook His Wife for a Hat*. London: Picador, 1985.

_____. *Seeing Voices*. New York: Vintage, 2000.

Sanfey, Alan, and Jonathan Cohen. "Is Knowing Always Feeling?" *Proceedings of the National Academy of Sciences* 101 (2004): 16709~16710.

Santarelli, Luca, et al. "Requirement of Hippocampal Neurogenesis for the Behavioral Effects of Antidepressants." *Science* 301 (2003): 805~808.

Schjeldahl, Peter. "Two Views." *The New Yorker*, July 11, 2005.

Schmidt-Hieber, C. "Enhanced Synaptic Plasticity in Newly Generated Granule Cells of the Adult Hippocampus." *Nature* 429 (2004): 184~187.

Schoenberg, Arnold. *Style and Idea: Selected Writings*. London: Faber, 1975.

_____. *Theory of Harmony*. Berkeley: University of California Press, 1983.

Schoenfeld, M., et al. "Functional MRI Tomography Correlates of Taste Perception in the Human Primary Taste Cortex." *Neuroscience* 127 (2004): 347~353.

Schultz, Wolfram, et al. "Neuronal Coding of Prediction Errors." *Annual Review of Neuroscience* 23: 473~500.

Senghas, Ann, et al. "Children Creating Core Properties of Language: Evidence from an Emerging Sign Language in Nicaragua." *Science* 305: 1779~1782.

Shapin, Steven. *The Scientific Revolution*. Chicago: University of Chicago Press, 1996.

Sharma, J., A. Angelucci, and M. Sur. "Induction of Visual Orientation Modules in Auditory Cortex." *Nature* 404 (2000): 841~847.

Shattuck, Roger. *Proust's Way*. New York: W. W. Norton, 2001.

Shuttleworth, Sally. *George Eliot and 19th Century Science*. Cambridge: Cambridge University Press, 1984.

Si, K., et al. "A Neuronal Isoform of CPEB Regulates Local Protein Synthesis and Stabilizes Synapse-Specific Long-Term Facilitation in Aplysia." *Cell* 115 (2003): 893~904.

Si, K., E. Kandel, and S. Lindquist. "A Neuronal Isoform of the Aplysia CPEB Has Prion-Like Properties." *Cell* 115 (2003): 879~891.

Sifton, Sam. "The Cheat." *New York Times Magazine*, May 8, 2005.

Silvers, Robert. *Hidden Histories of Science*. New York: New York Review of Books Press, 1995.

Simms, Byran. *The Atonal Music of Arnold Schoenberg*. Oxford: Oxford University Press, 2000.

Sinclair, May. *Mary Oliver: A Life*. New York: New York Review of Books Press, 2002.

Specter, Michael. "Rethinking the Brain." *The New Yorker*, July 23, 2001, 42~65.

Sperry, Roger. "Cerebral Organization and Behavior." *Science* 133 (1961): 1749~1757.

_____. "Some Effects of Disconnecting the Cerebral Hemispheres." Nobel lecture, 1981. Available from nobelprize.org/medicine/laureates/1981/sperry-lecture.html (accessed March 5, 2005).

Squire, Larry, and Eric Kandel. *Memory: From Mind to Molecules*. New York: Owl books, 1999.

Stein, Gertrude. *As Fine as Melanctha*. New Haven, Conn.: Yale University Press, 1954.

_____. *The Autobiography of Alice B. Toklas*. London: Penguin Classics, 2001.

_____. *Everybody's Autobiography*. Cambridge: Exact Change, 1993.

_____. *Lectures in America*. Boston: Beacon Press, 1985.

_____. *Picasso*. Boston: Beacon Press, 1959.

_____. *The Selected Writings of Gertrude Stein*. New York: Vintage, 1990.

_____. *Writings: 1903~1932*. New York: Library of America, 1998.

_____. *Writings 1932~1946*. New York: Library of America, 1998.

Steingarten, Jeffrey. *It Must've Been Something I Ate*. New York: Vintage, 2003.

Stevens, Wallace. *The Necessary Angel*. New York: Vintage, 1951.

_____. *Opus Posthumous*. New York: Knopf, 1975.

_____. *The Palm at the End of the Mind*. New York: Vintage, 1967.

Stoddard, Tim. "Scents and Sensibility." *Columbia*, spring 2005, 17~21.

Stravinsky, Igor. *Poetics of Music*. New York: Vintage, 1947.

_____. *Chronicle of My Life*. Gollancz: London, 1936.

Stravinsky, Igor, and Robert Craft. *Conversations with Igor Stravinsky*. London: Faber, 1979.

_____. *Memories and Commentaries*. London: Faber and Faber, 1960.

_____. *Expositions and Development*. London: Faber and Faber, 1962.

Stravinsky, Vera, and Robert Craft, eds. *Stravinsky in Pictures and Documents*. New York: Simon and Schuster, 1978.

Suga, N., and E. Gao. "Experience-Dependent Plasticity in the Auditory Cortex and the Inferior Colliculus of Bats: Role of the Cortico-Fugal System." *Proceedings of the National Academy of Sciences* 5 (2000): 8081~8086.

Suga, N., et al. "The Corticofugal System for Hearing: Recent Progress." *Proceedings of the National Academy of Sciences* 22 (2000): 11807~11814.

Sur, M., and J. L. Rubenstein. "Patterning and Plasticity of the Cerebral Cortex." *Science* 310 (2005): 805~810.

Sylvester, David. *About Modern Art*. London: Pimlico, 1996.

Tadie, Jean Yves. *Marcel Proust: A Life*. New York: Penguin, 2000.

Tanaka, S. "Dopaminergic Control of Working Memory and Its Relevance to Schizophrenia: A Circuit Dynamics Perspective." *Neuroscience* 139 (2005): 153~171.

Taruskin, Richard. *Stravinsky and the Russian Tradition*. Oxford: Oxford University Press, 1996.

Toorn, Pieter van den. *Stravinsky and the Rite of Spring*. Oxford: Oxford University Press, 1987.

Tramo, M., et al. "Neurobiological Foundations for the Theory of Harmony in Western Tonal Music." *Annals of the New York Academy of Science* 930 (2001): 92~116.

Traubel, Horace. *Intimate with Walt: Selections from Whitman's Conversations with Horace Traubel, 1882~1892*. Des Moines: University of Iowa Press, 2001.

Trubek, Amy. *Haute Cuisine: How the French Invented the Culinary Profession*. Philadelphia: University of Pennsylvania Press, 2001.

Updike, John. *Self-Consciousness*. New York: Fawcett, 1990.

Vollard, Ambroise. *Cézanne*. New York: Dover, 1984.

Wade, Nicholas. "Explaining Differences in Twins." *New York Times*, July 5, 2005.

Walsh, Stephen. *Igor Stravinsky: A Creative Spring*. Berkeley: University of California Press, 2002.

Wang, L., et al. "Evidence for Peripheral Plasticity in Human Odour Response." *Journal of Physiology* (January 2004): 236~244.

Weiner, Jonathan. *Time, Love, Memory*. New York: Knopf, 1999.

Weiskrantz, Lawrence. "Some Contributions of Neuropsychology of Vision and Memory to the Problem of Consciousness." In *Consciousness in Contemporary Science*, edited by A. Marceland E. Bisiach. Oxford: Oxford University Press, 1988.

West-Eberhard, Mary Jane. *Developmental Plasticity and Evolution*. Oxford. Oxford University Press, 2003.

Whitman, Walt. *Democratic Vistas and Other Papers*. Amsterdam: Fredonia Books, 2002.

_____. *Leaves of Grass: The "Death-Bed" Edition*. New York: Random House, 1993.

Wilshire, Bruce, ed. *William James: The Essential Writings*. Albany: State University of New York, 1984.

Wilson, Edmund. *Axel's Castle*. New York: Charles Scribner's Sons, 1931.

Wilson, E. O. *Consilience: The Unity of Knowledge*. New York: Vintage, 1999.

_____. *Sociobiology: The New Synthesis*. Cambridge, Mass.: Belknap Press, 2000.

Woolf, Virginia. *Between the Acts*. New York: Harvest Books, 1970.

_____. *Collected Essays*. London: Hogarth Press, 1966~1967.

_____. *The Common Reader: First Series*. New York: Harvest, 2002.

_____. *Jacob's Room*. New York: Harvest, 1950.

_____. *Moments of Being*. London: Pimlico, 2002.

_____. *Mrs. Dalloway*. New York: Harvest Books, 1990.

_____. *A Room of One's Own*. New York: Harvest, 1989.

_____. *To the Lighthouse*. New York: Harcourt, 1955.

_____. *The Virginia Woolf Reader*. New York: Harcourt, 1984.

_____. *The Waves*. New York: Harvest Books, 1950.

_____. *The Years*. New York: Harvest, 1969.

_____. *Congenial Spirits: The Selected Letters of Virginia Woolf*. Edited by Joanne Trautmann Banks. New York: Harvest, 1991.

_____. *The Diary of Virginia Woolf*. Edited by Anne Olivier Bell. 5 vols. London: Hogarth, 1977~1980.

| 찾아보기(인물 및 용어) |

| 옮긴이 **최애리** |

서울대학교 불어불문학과 및 동대학원에서 공부했고, 중세 아서 왕 문학에 관한 논문으로 박사학위를 받았다. 서울대, 이대 통번역대학원 등에서 가르쳤으며, 현재 출판기획 및 번역 네트워크 '사이에'의 위원으로 활동하고 있다. 대표적인 번역서로 『연옥의 탄생』 『그리스로마 신화사전』 등이 있으며, 과학사에도 관심을 가져 『피타고라스의 바지』 『지식의 증류』 등을 번역했다. 저서로는 여성인물사 『길 밖에서』 『길을 찾아』가 있다.

| 옮긴이 **안시열** |

서울대학교 화학교육학과를 졸업했다. 서강대학교 경영대학원 MBA 과정을 수료, 한국외국어대학교 통역번역대학원을 졸업했다. 한국네슬레, 인터브랜드 코리아, 옥시 레킷 벤키저 등에서 다양한 경험을 쌓았으며 현재 프리랜스 전문통번역사로 일하면서 출판기획 및 번역 네트워크 '사이에'의 위원으로 활동하고 있다. 번역서로는 『소크라테스 카페』 『엄마와 딸』 『여성의 행복한 인생을 위한 101가지 이야기』 등이 있다.

프루스트는 신경과학자였다

초판 1쇄 인쇄일 | 2007년 12월 13일
초판 1쇄 발행일 | 2007년 12월 20일

발행처 | 지호출판사
발행인 | 장인용
출판등록 | 1995년 1월 4일
등록번호 | 제10-1087호
주소 | 경기도 고양시 일산동구 장항동 751번지 삼성라끄빌 1319호
전화 | 031-903-9350
팩시밀리 | 031-903-9969
이메일 | chihopub@yahoo.co.kr

표지 디자인 | 오필민
본문 디자인 | 이미연
편집 | 김희중
마케팅 | 윤규성

종이 | 대림지업
인쇄 | 대원인쇄
라미네이팅 | 영민사
제본 | 경문제책

ISBN 978-89-5909-032-7